Die Pflanzenwelt der Alpen

Fritz-Martin Engel

Die Pflanzenwelt der Alpen

Magnus Verlag

Umschlagentwurf: Design Team, München

Gesamtherstellung: SVS Stuttgart

Inhalt

Verzeichnis der Farbtafeln

Meiner Frau gewidmet

Bergsteiger und Botaniker

Welch herrlicher Genuß, was für eine Wonne ist es, die unermeßlichen Bergmassen bewundernd zu betrachten. Nur Menschen mit träger Seele bewundern nichts, bleiben in dumpfer Gefühlslosigkeit zuhause, liegen gleich Murmeltieren in einem Winkel begraben.

Conrad Gesner nach der Besteigung des Pilatus im Jahre 1555.

Irgendwie sind die Berge für den Menschen eine stete Herausforderung. Sie waren es in der Frühzeit für Bärenjäger und Hirten, die wohl ›ersten Bergreisenden‹, die ihren Weg schon mit Steinmännern und Stangen markiert haben mögen, und sie sind es erst recht für unsere Zeit, deren Massentourismus in Herden in die Berge einfällt.

In der Tat: Immer mehr Menschen, der Hektik und Bedrängnis des Alltags entfliehend, zieht es aus den Steinwüsten der Städte zu den Schönheiten der unvergleichlichen Gebirgswelt – winters zum Schilauf, in den Sommermonaten zum Wandern durch stille Wälder, über grüne Matten und genußreiche Höhenwege oder zum Klettern im steilen Fels.

Bei leider nicht wenigen Bergurlaubern ist es so, daß sie zunächst und vor allem das Erlebnis ›Gipfel‹ suchen, voll Ungeduld immer weiterdrängen und um sich herum kaum etwas sehen, nicht den sonnenüberfluteten Lärchenwald, nicht die blühenden Almwiesen, um nur möglichst rasch zum ›Einstieg‹ zu kommen, dorthin, wo die Vegetation aufhört und der Berg endlich ›nur mehr Berg‹ ist. Wie viele haben beim Wandern und Steigen nur ›vorgegebene Gehzeiten‹ im Kopf und vergessen das Schauen. Wer sich aber noch seine ganze Aufgeschlossenheit gegenüber der Natur bewahrt hat, der weiß, daß eine Bergfahrt zum doppelten Genuß wird, wenn man sich Zeit läßt und mit offenen Sinnen durch die Bergwelt wandert. Aus dem Antlitz der Landschaft, ihrer Talformen, Berghänge und Seebecken die Sprache ihrer Geschichte zu lesen und zu verstehen, die Begegnung mit Gestein und Getier, das Leuchten der Bergblumen auf Almmatten, in wilden Hochkaren oder an der steilen Felswand, das verzweifelte Selbstbehaupten der letzten Wettertanne in der Kampf-

zone über der Baumgrenze – solches und vieles mehr zu schauen, ist, wer wollte es leugnen, auch ein Stück Bergabenteuer, das jeden Aufenthalt im Gebirge schöner und reicher macht.
Gerade für den botanisch Interessierten ist der Berg ein Lehrstück par excellence; auf jeder Wanderung wird er das bestätigt finden. Nirgendwo entfaltet sich das Pflanzenhafte mit solcher Vielfalt, mit soviel Lebenswillen und Lebenstüchtigkeit wie im Gebirge. Nirgend woanders finden wir auf engstem Raum einen so sichtbaren Wechsel von Klima und Vegetation wie in den Bergen, wo wir vom Tal bis in die höchsten Regionen hinauf eine ganze Reihe ›klimatischer Vegetationszonen‹ – gleichsam stockwerkartig übereinandergeschichtet – durchsteigen. Sozusagen von Schritt zu Schritt ändert sich das Bild der Pflanzengesellschaften. Auf eine Distanz von nicht einmal 3000 Höhenmetern drängt der Berg, in welchem Bereich der Alpen auch immer er liegen mag, ›Standorttypen‹ zusammen, die, vom Vertikalen ins Horizontale übertragen, in der Ebene viele Hunderte von Kilometern getrennt liegen würden.

Daß das Pflanzenstudium am Berg »jede Bergtour zu einem Hochgenuß für unsere Sinne« macht, das wußten bereits vor 400 Jahren die ›Väter der Alpenbotanik‹, allen voran der Züricher Naturforscher und Arzt *Conrad Gesner,* dem wir die ersten Aufzeichnungen über Alpenpflanzen verdanken. Im Jahre 1555 bestieg dieser wohl vielseitigste Gelehrte seiner Zeit mit Freunden den Pilatus (2132 m), der seines Doppelgipfels wegen damals *mons fractus,* der ›gebrochene Berg‹ genannt wurde. Unter den rund 40 Pflanzen, die *Gesner* auf jener Bergtour gefunden und getreulich niedergeschrieben hat, sind vier Enzian-Arten, mehrere Steinbrech- und Doldengewächse, Germer, Silberdistel, Gemswurz, Fettkraut u. a. Schon *Gesner* ist damals die vertikale Verbreitung der einzelnen Pflanzenarten aufgefallen, ebensowenig wie ihm, dem scharfsinnigen Gelehrten, die Unterschiede in Aussehen und Bau der Pflanzen der Berge und denen der Täler verborgen geblieben sind: »Die Pflanzen der Berge weichen von denen, die in tieferen Lagen wachsen, durch kleinere und gedrungenere Blätter ab.«

Von einem Zeitgenossen *Gesners,* einem gewissen *Johann Schmid,* genannt *Fabricius,* gibt es ein Pflanzenverzeichnis vom Calanda, einem zwischen Chur und Ragaz aufragenden, 2800 m hohen Bergrücken, das insofern interessant ist, als in ihm neben mehreren Bergorchideen und einigen Primeln erstmals die *Wullblume* [Wollblume], das Edelweiß, aufgeführt ist.

Während *Gesner* der Schweizer Alpenflora seine Aufmerksamkeit zuwandte, fand die Flora der nördlichen Ostalpen einige Jahrzehnte später in *Charles de l'Ecluse,* genannt *Clusius,* ihren ersten Erforscher. Auf seinen zahlreichen Alpenreisen entdeckte dieser Arzt und Botaniker eine große Anzahl von Pflanzen, die in den früheren Kräuterbüchern, etwa eines *Brunfels* oder *Fuchs,* nicht enthalten waren. In einem großangelegten, mit nicht weniger als 364 Holzschnitten geschmücktem Werk veröffentlichte *Clusius* seine Funde. Hier finden wir den Zwergwacholder, die Gemsheide, Zwergalpenrose und Zwergprimel, den Stengellosen Enzian, das Quirlblättrige Läusekraut, die Silberwurz und wiederum das Edelweiß, das im Laufe der Zeiten zum Symbol werden sollte für alles, was etwas mit den Bergen zu tun hat. In seiner ›Historia‹ seltener Pflanzen vom Jahre 1583 führt *Clusius* meist auch die einzelnen Fundorte und die Vergesellschaftungen der einzelnen Arten an. Auch verschweigt er nicht, daß das Botanisieren in den Alpen mitunter gefährlich sein kann, so zum Beispiel bei der Steinraute. Er schreibt da: »Zuerst fand ich sie Ende Juli 1574 in voller Blüte und grub sie aus, als ich von der Hohenbergerin über die höchsten Jöcher zur Schneealpe stieg, etwa auf halbem Wege an abschüssigen und – ich schaudere, es zu erzählen – in sehr hohe Abgründe überhängenden Felsen; dann im August desselben Jahres in größerer Menge am Ötscher und Dürrenstein.« Verschiedene Alpengewächse verpflanzte *Clusius* in seinen Hausgarten, beispielsweise Zwerg-Alpenrosen, Frühlingsenziane und Soldanellen, und obwohl er sie samt Rasen umgepflanzt hatte, gingen sie nach kurzer Zeit ein. Eine gewiß betrübliche Erfahrung eines Botanikers des 16. Jahrhunderts, die aber auch heute jeder Gebirgsurlauber machen muß, der aus der Sommerfrische Edelweiß, Enzian, Bergorchideen und andere Alpenblumen mitnehmen zu müssen glaubt, um sie zu Hause in seinem Garten oder gar im Balkonkasten einzusetzen.

Ansonsten verdanken unsere Gärten dem Alpenbotaniker *Charles de l'Ecluse* manches Wertvolle, was die Einführung von Wildpflanzen betrifft. Da erscheint zum Beispiel in seinem Werk eine rotblühende Aurikel – anfangs dunkelrot »wie mit Maulbeersaft gefärbt«, dann »rot mit weißem Nabel«. Nach dem Bild und der Be-

Charles de l'Ecluse »Clusius« (1526–1609).

schreibung handelt es sich fraglos um den vor mehr als 100 Jahren am Tribulaun wiedergefundenen Bastard zwischen der Gelben Aurikel und der rosabläulich blühenden Leimprimel, den später der Wiener Botaniker *Jacquin* mit einem eigenen Namen, *Primula pubescens,* belegte. Dies ist die Stammpflanze der heute in zahllosen Farbvarianten kultivierten Gartenprimel.

Nach *Gesner* und *Clusius* sollte es fast zwei Jahrhunderte um die Alpenbotanik recht ruhig werden. Erst im Zeitalter *Linnés* nahm sie einen erneuten Aufschwung, nicht zuletzt durch den großen Arzt und Dichter *Albrecht von Haller,* seit 1736 Professor der Anatomie, Botanik und Chirurgie in Göttingen. Wenn heute die Schweiz – und damit das Herzstück der Alpen – als das floristisch mit am besten durchforschte Gebiet Mitteleuropas gilt, so ist dies nicht zuletzt den Einflüssen zuzuschreiben, die von Hallers Florenwerk ›Historia stirpium Helvetiae‹ (Bern, 1768) ausgingen. Die Grundlage dieses Meisterwerkes einer Landschaftsflora mit beinahe 1000 Seiten Umfang und 48 minuziös ausgeführten Kupfertafeln (besonders schön die Orchideen-Tafeln!) bildeten in erster Linie die von ihm selbst auf 15 größeren Reisen durch die Schweiz gesammelten

Pflanzen. In der Vorrede schildert *Haller* die Höhenstufen der Vegetation und vergleicht sie mit den Vegetationsgürteln Europas von Spitzbergen über Lappland, Schweden, Mitteleuropa bis Spanien.
Daß in der Natur die Pflanzen weder einzeln oder isoliert noch bunt durcheinander wachsen, sondern vergesellschaftet und in bestimmten Artenkombinationen auftreten, war zwar schon den älteren Botanikern nicht verborgen geblieben, aber erst um die Mitte des vorigen Jahrhunderts begann man, klar umgrenzte ›Pflanzengesellschaften‹ zu unterscheiden. Es ist kein Zufall, daß diese für die Pflanzensoziologie so elementaren Forschungen gerade in den Alpen ihren Ausgang nahmen. Nur hier haben wir es mit einer natürlichen, von Menschen wenig beeinflußten Vegetation zu tun. Jedenfalls mag dies in weitgehendem Maße noch für die Zeit vor 100 Jahren zugetroffen haben, als der Österreicher *Anton Kerner* sein Werk ›Pflanzenleben der Donauländer‹ verfaßte. Nach jahrelangem Studium der Vegetation von der ungarischen Steppe bis zu den Hochalpen Tirols kommt er zu einer Gliederung in zahlreiche ›Formationen‹ unter

Steinraute *(Achillea clavenae)*.
Aus Clusius, 1583.

besonderer Hervorhebung ihrer Charakterarten, der jahreszeitlichen Veränderungen, ihres schichtartigen Aufbaus (Bäume, Sträucher, Stauden, Moose) und ihrer Abhängigkeit von Boden und Klima. Die Alpen blieben fortan ein bevorzugtes Versuchs- und Arbeitsfeld für die Pflanzenökologie. Was bergsteigende Botaniker im 16. Jahrhundert mit der Beschreibung und Erforschung der Alpenflora eingeleitet hatten, war dazu angetan, künftiges Interesse für ökologische Fragen zu wecken und zu beflügeln. Heute ziehen die Wissenschaftler mit transportablen Meßgeräten zur Pflanze auf den Berg hinauf - wenn es sein muß, bis in die Region ewigen Schnees und Eises. So konnte, um ein Beispiel zu nennen, in den Ötztaler

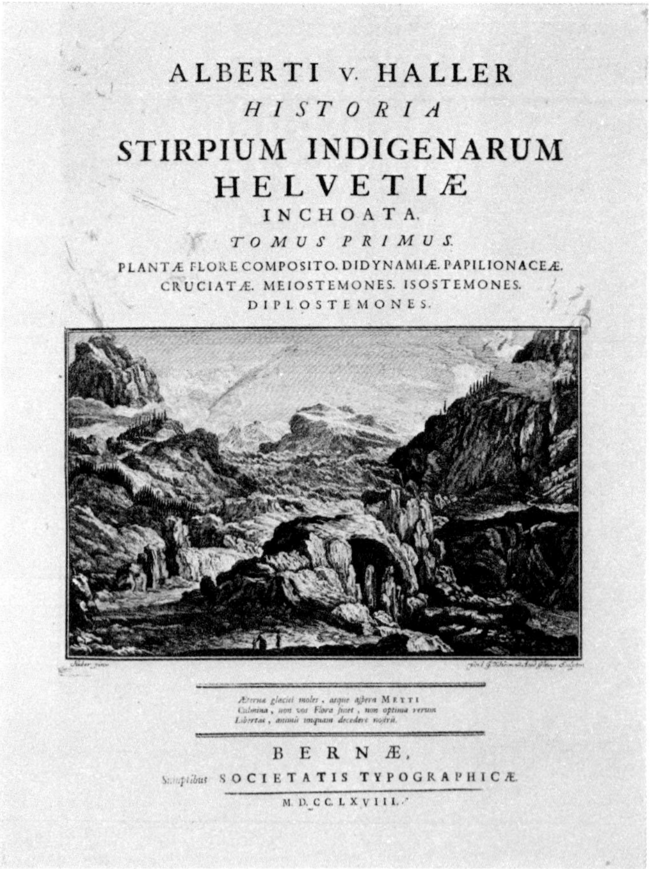

ALBERTI v. HALLER
HISTORIA
STIRPIUM INDIGENARUM
HELVETIÆ
INCHOATA.
TOMUS PRIMUS.
PLANTÆ FLORE COMPOSITO. DIDYNAMIÆ. PAPILIONACEÆ.
CRUCIATÆ. MEIOSTEMONES. ISOSTEMONES.
DIPLOSTEMONES.

Æterna glaciei moles, atque aspera METTI
Culmina, non vos Flora fugit, non optima verum
Libertas, animis unquam decedere nostris.

BERNÆ,
Sumptibus SOCIETATIS TYPOGRAPHICÆ.
M. D. CC. LXVIII.

Alpen der Nachweis erbracht werden, daß Rhizomstauden, wie Gletscher-Hahnenfuß und Petersbart, in 3000 m Höhe kaum 30 schneefreie Sommertage benötigen, um den Kohlenstoff für die Entwicklung ihrer oberirdischen Teile zu erwerben.

Experimentalökologen forschen heute mit modernster Ausrüstung in vielen Gebirgen der Erde, und das nicht allein in unseren Alpen, sondern auch in den amerikanischen Felsgebirgen, auf den Bergen der japanischen Inseln und im Pamir, wo man in Höhen zwischen 3700 m und 6000 m für ganzjährige Registrierung wichtiger Faktoren des Standortklimas und zur Messung des Stoffwechsels und der Stoffproduktion hochalpiner Blütenpflanzen Laboratoriums-Stützpunkte errichtet hat.

Die *scientia amabilis* hat eben doch zwei Gesichter - ein mühevolles und an Gefahren reiches im Rahmen derartiger Hochgebirgunternehmen und, im wörtlichen Sinne, ein über alle Maßen liebenswertes für den botanisierenden Bergwanderer - Alpenbotanik wird immer ein Abenteuer bleiben.

Titelblatt des ersten Bandes der »Historia stirpium« (1768) von Albrecht von Haller mit einer Ansicht des Mettenbergs (links) und des Untergrindelwaldgletschers. Der unter den Kupferstich gesetzte Vers Hallers lautet in freier Übersetzung: »Ewige Eismassen und rauhe Gipfel des Mettenberges, Euch verläßt nicht Flora, nicht das beste der Dinge, die Freiheit, die niemals aus unseren Gemütern weicht.« Schweizerische Landesbibliothek Bern.

Woher kommt die Alpenflora?

Viele Erscheinungen der Alpenvegetation, ihre Vielfalt, ihr Formenreichtum, die Eigenarten ihrer Pflanzengesellschaften, bleiben weitgehend unverständlich, wenn man außer ihren heutigen Lebensansprüchen und Standortbedingungen nicht auch die Geschichte ihrer Entstehung und Entfaltung in der Vergangenheit kennt. Und man kann füglich sagen: Die Pflanzen unserer Alpen haben eine bewegte Geschichte.

Das Beispiel der Dolomiten

Welch ein immer wieder überwältigender Anblick: die zum Himmel strebenden und dann wieder jählings in wilde Schluchten stürzenden Felszinnen der Dolomitenberge – eine steingewordene Wunderwelt! Es übersteigt beinahe unsere Phantasie, sich das Werden eines solchen Gebirges vorzustellen, das uns Heutigen eine Pflanzenwelt beschert, wie wir sie in solcher Schönheit kaum irgendwo in den Nord- oder Zentralalpen finden.
Die Dolomiten sind meergeboren. Sie entstammen dem großen Triasmeer, der sogenannten *Thetys,* einem sehr viel größeren Mittelmeer einer erdgeschichtlichen Epoche, die 200 Millionen Jahre zurückliegt und in der es noch nicht den europäischen Kontinent gab, wie wir ihn heute kennen. In diesem Ur-Mittelmeer, aus dem große Teile der heutigen Alpen stammen, errichteten kalkspeichernde Steinkorallen, Schwämme, Muscheln und nicht zuletzt Algen, krustig-knollige Rotalgen, grüne Filzalgen und Blaualgen-Kolonien, ihre Riffbauten als Wälle (›Tafelriffe‹) oder ringförmige ›Atolle‹. Ein fossiles Tafelriff haben wir beispielsweise in den ungeschichteten Dolomiten des Rosengartens, demgegenüber dürften die deutlich geschichteten Vajolettürme eine echte Lagunenbildung darstellen. Die Felszinnen rund um das Fassatal, teilweise selbst kleine Atolle, bildeten dereinst vielleicht ein einheitliches Riesenatoll (nach *Leonardi*). Die ursprüngliche Struktur von Riffen und Lagunen wurde sehr häufig durch den Prozeß der ›Dolomitisierung‹, der Umwandlung des von den Organismen abgelagerten Kalziumkarbonats (Kalk)

in Magnesiumkarbonat (›Dolomit‹) unter gleichzeitiger Umkristallisation weitgehend verändert. Dabei kam es zu einer Verdichtung des Materials und zu einer weitgehenden Zerstörung der Fossilien. Andernorts wiederum »glaubt man sich auf einem tropischen Korallenriff der Gegenwart zu befinden, so zahlreich sind die in ihrer ursprünglichen Stellung erhaltenen Korallenstöcke« (*Leonardi*). Dies ist der Fall beispielsweise auf der Roterdspitze am Schlern und ähnlich bei den nahezu ganz aus Wirtelalgen-Resten aufgebauten Marmolata- und Latemar-Kalken. Die genannten Wirtelalgen *(Dasycladales)* sind eine sehr alte Pflanzengruppe und dürfen als die wichtigsten Gesteinsbildner der Dolomiten angesehen werden.
Im Zusammenspiel von Riff- und Lagunenbildungen und sicherlich auch unter Mitwirkung vulkanischer Kräfte ist so in Jahrmillionen währenden Prozessen die Schönheit der Gipfel, der Türme, Wände, Grate und Zinnen in der Dolomitenlandschaft herausgebildet worden. Wo vor undenklichen Zeiten noch ein warmes, seichtes Tropenmeer brandete, erfreut uns heute das zarte, farbenbunte Blühen in Almwiesen, auf Schutthalden und in Felsfugen: das pfirsichfarbene Dolomiten-Fingerkraut, die glänzende Edelraute,

Wirtelalge *Diplopora* im Längsschnitt. Im Inneren des Zentralfadens die kugeligen Sporen, schwarz der Kalkmantel. Nach Reisigl-Tatzreiter.

Morettis wunderschöne Glockenblume – erstmals 1818 im Fassatal gefunden –, der Gelbe Augentrost, die blauviolett blühende Dolomiten-Rapunzel oder *Facchinis* Steinbrech, der im Schlern- und Langkofelgebiet ebenso verbreitet ist wie im Rosengarten oder an der Marmolata.

Im Tertiär: Subtropische Wälder

Nach dem allmählichen Rückzug des Meeres kam vor etwa 60 Millionen Jahren, in der früheren Tertiärzeit, in Mitteleuropa ein feuchtwarmes, subtropisches Klima. Ihm entsprach eine artenreiche, üppig entwickelte Flora mit vorwiegend immergrünen Gewächsen: Palmen, Magnolien, mehrere Arten von Lorbeer- und Kampferbäumen, Mammutbäumen und Sumpfzypressen. Fossilfunde kennen wir zum Beispiel aus den Häringer Schichten in der Nähe des Wilden Kaisers. Die Vegetation dürfte damals etwa heutigen Bergwäldern Südostasiens ähnlich gewesen sein. So aber blieb es nicht, denn zwei Ereignisse brachten in den folgenden Jahrmillionen der damaligen mitteleuropäischen Flora eine einschneidende Wandlung. Gewaltige Erdkrustenbewegungen falteten im jungen Tertiär den Gebirgsbogen der Alpen zum Hochgebirge auf und gleichzeitig setzte eine langsame Klimaverschlechterung ein. All das konnte natürlich an der Pflanzenwelt nicht spurlos vorübergehen.
Zunächst traf es die Mehrzahl der wärmebedürftigen Tropengewächse, sie wurden abgedrängt oder vernichtet. Die Nachkommen dieser alttertiären Alpenflora treffen wir heute teils in den Tropen der südlichen Halbkugel, teils in Ostasien und Kalifornien. Schon *Engler* hat vor 100 Jahren in seiner ›Entwicklungsgeschichte der Pflanzenwelt‹ auf das »afrikanische Element« in der alpinen Vegetation hingewiesen. Die Schneeheide und der Zwergbuchs sind hier die bekanntesten Beispiele; hierher gehören aber auch Hauswurz und Christrose, höchstwahrscheinlich auch die formenreichen Frauenmäntel der Gattung *Alchemilla,* deren Vorfahren durchwegs strauch- bis baumförmigen Wuchs zeigten, und die Greiskräuter (*Senecio*), die in den Alpen mit über zwanzig Arten vertreten sind, allerdings nicht als Bäume und Kettersträucher, wie sie Afrika besitzt, aber doch als Halbsträucher und Halbrosettenstauden. Als Relikt einsti-

ger Zedernwälder sicherlich afrikanischen Ursprungs ist die in den Alpenländern fast ausschließlich an alten Lärchen und Arven wachsende schwefelgelbe, giftige Wolfsflechte *Letharia vulpina* sowie das merkwürdige Schneckenmoos (*Leptodon Smithii*), das um die Ufer der großen Südalpenseen hauptsächlich an Bäumen, weiter nördlich und östlich fast ausschließlich an Felsen wächst.

Woher kam nun aber die Masse der Alpenpflanzen?

Nach der Auffaltung war das Hochgebirge der Alpen völlig neuer, zunächst noch unbesiedelter Leerraum, den sich Pflanzen erst erobern mußten. Fraglos mag das eine oder andere Tieflandgewächs darunter gewesen sein, das fähig war, sich den veränderten Bedingungen anzupassen und in der Folge Nachkommen hervorzubringen, die zunehmend besser mit den harten Daseinsbedingungen des Hochgebirges fertig wurden. Die Habichtskräuter sind für solche ›Umwelt-Modifikationen‹ innerhalb des Pflanzenreiches ein immer wieder lehrreiches Beispiel.

Der wohl ergiebigste Weg, der den Alpen zu ihrer Flora verhalf, dürfte die Zuwanderung aus anderen Gebieten mit ähnlichem Klima gewesen sein. Verhältnismäßig wenige alpine Gewächse kommen aus den Kältesteppen und Gebirgen Hochasiens, vor allem des Altai: verschiedene Steinbreche, die Akeleien und Primeln, Mannsschilde und Alpenrosen, einjährige Enziane, Eisenhut-Arten, Alpenscharte, Läusekraut und nicht zuletzt der Alpenmohn. Zahlreiche andere haben sich in Europa selbst gebildet, und zwar aus Gattungen, deren Arten noch heute im Mittelmeerraum vertreten sind. Solche Einwanderer aus mediterranen Gebirgen sind z. B. Krokus, Narzissen, Knabenkraut- und Nelkengewächse, viele Kreuzblütler, die Glokkenblume und andere.

Die Eiszeitkatastrophe

Im wesentlichen dürfte dies der Grundstock unserer Alpenflora gewesen sein, als die große Kälteperiode der Eiszeit hereinbrach. Gegen Ende der Tertiärzeit setzte eine allgemeine Klimaverschlechterung ein, die Niederschläge müssen damals ein nicht vorstellbares Ausmaß angenommen haben. Der Alpenraum wurde in einen nahezu geschlossenen Eispanzer gehüllt, mächtige Gletscherströme füll-

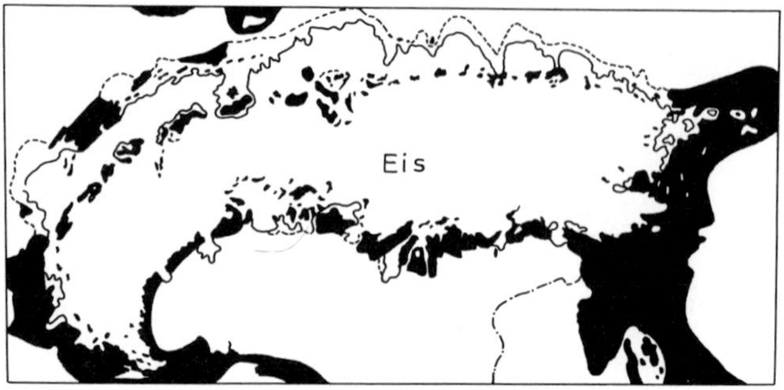

Die eiszeitliche Vergletscherung der Alpen. Weiß die Eismassen, *schwarz* die gletscherfreien Refugien. Nach Merxmüller.

ten die Täler bis weit in die Vorländer hinaus. Zu gleicher Zeit drangen riesige Eismassen von Skandinavien nach Süden und in geringerem Umfang auch von den Alpen nach Norden vor, nur durch eine etwa 300-Kilometer breite eisfreie Zone voneinander getrennt. Für die ältere tertiäre Flora Europas bedeutete dieser Klimaumschwung so ziemlich das Ende. Einem Ausweichen der Pflanzen in unserem Raum nach Süden stand der Ost-West-Verlauf der Gebirge entgegen – anders als etwa in Nordamerika, wo die großen Bergketten in der Nord-Süd-Richtung verlaufen. Dies ist die einfache Erklärung dafür, daß sich im mitteleuropäischen Raum keine Holzgewächse und nur wenige krautige Pflanzen aus dieser Zeit erhalten konnten, während die nordamerikanischen Wälder heute immer noch reich an tertiären Arten sind.

Inmitten des gewaltigen Gletschermeeres konnten lediglich die widerstandsfähigsten und anspruchlosesten Pflanzen an eisfreien oder wenig vergletscherten Graten und Gipfeln, die im Sommer ausaperten, überleben. Etwas Ähnliches kennen wir in der Gegenwart aus Grönland, aus dessen Inlandeis sich während des Sommers einzelne schneefreie Felsinseln erheben, die sogenannten *Nunatakr,* die nur eine karge Vegetation tragen. Wo zwischen den Eisströmen größere Gebiete unvergletschert blieben – auch solche gab es –, da entstanden Refugien, in denen nicht wenige Hochgebirgspflanzen rettende Zuflucht fanden. Solche Reliktstandorte finden sich besonders am Alpensüdrand, so im Raum der Tessiner und Bergamasker Alpen, des Monte Baldo am Gardasee, der Dolomiten, Karawanken und Julischen Alpen. Sie alle sind reich an alten, teilweise bis in die Tertiärzeit zurückreichenden Pflanzen. Genannt seien nur die Nabelmiere *Moehringia glaucovirens,* die Veroneser und die Insubrische

Glockenblume, der Felsen-Seidelbast, die seltene Schopf-Teufelskralle, die heute in den Bergen Montenegros und Albaniens verbreiteten *Ramonda*-Arten und, nicht zu vergessen, *Wulfenia carinthiaca,* die Wulfenie, Kärntens blaue Nationalblume.
Wohl war die Eiszeit mehrmals durch wärmere Perioden, die Zwischen-Eiszeiten, unterbrochen, dessenungeachtet war das Klima in diesem Wechselspiel von Eisvorstoß und Gletscherrückgang weitgehend vegetationsfeindlich. Die Eiszeit war, als Ganzes gesehen, eine erdgeschichtliche Periode der Vegetationsverarmung und der großen Vegetationswanderungen. Mitteleuropa war damals, abgesehen von armseligen Birken- und Kiefernwaldbeständen, von einer Tundra-Vegetation bedeckt. Reste dieser Glazialflora hat man in tonigen Ablagerungen von Seen, die unmittelbar nach dem Rückzug des Eises entstanden sind, gefunden und nach ihrem Leitfossil *Dryas-Floren* benannt. Von deren Charakterarten sind heute arktisch-alpin neben der namengebenden Silberwurz (*Dryas*) die Krautweide *Salix herbacea,* die Gamsheide (›Alpenazalee‹), Scheuchzers Wollgras und der Lebendgebärende Knöterich *Polygonum viviparum;* nur alpin sind das Gold-Fingerkraut und die Teppichweide *(Salix retusa),* ein wichtiger Pionier der alpinen und nivalen Stufe. Die in den Dryas-Zonen noch vertretene Zwergbirke *Betula nana* kommt heute nur noch in wenigen alpinen Mooren vor.
Nur wenig mehr als 10000 Jahre umfassen Nacheiszeit (Postglazial) und Gegenwart. Die fortschreitende Wiedererwärmung führte zu einer Rückwanderung klimatisch anspruchsvollerer Pflanzen, insbesondere unserer Waldbäume. Schrittweise vollzog sich eine Wie-

Verbreitung der Monte-Baldo-Segge *(Carex baldensis)*. Der Schwerpunkt ihres Vorkommens liegt in den eiszeitlich unvergletscherten Zufluchtsgebieten der Südalpen.

derbewaldung der baumlosen Tundra. Föhrenwälder mit vereinzelten Ulmen-, Erlen- und Lindenbeständen gelangten zur Herrschaft, bald folgten Tanne und Fichte. Damals lag die Waldgrenze 300 bis 400 Meter höher als heute. Tatsächlich entdeckt man immer wieder Baumreste über der heutigen Baumgrenze. So befinden sich bei der Heidelberger Hütte in der Silvretta gut einen Meter mächtige Torfmoore in 2380m Höhe – die Baumgrenze liegt hier wohlgemerkt bei 1900m – mit großen Kiefernholzrückständen.

Einen genauen Einblick in die nacheiszeitliche Vegetationsentwicklung, insbesondere den Gang der Wiederbewaldung, haben wir durch die *Pollenanalyse* erhalten. Bekanntlich besitzen die Pollenkörner eine sehr widerstandsfähige Außenmembran, so daß sie, in Seeablagerungen und Torfen eingeschlossen, von nahezu unbegrenzter Lebensdauer sind und über viele Jahrtausende die feinsten Strukturmerkmale bewahren. Die Form und Größe der Pollenkörner ist für die einzelnen windblütigen, vereinzelt auch insektenblütigen Baumarten kennzeichnend; unterschiedlich sind auch Pollenproduktion und Schwebefähigkeit des Pollenstaubes in der Luft. Die Bestimmung des Alters der Pollenfunde erfolgt auf geologischem Wege (durch Auswertung der Jahresschichtung der beim Eisrückgang entstandenen Bändertone) und neuerdings an radioaktivem Kohlenstoff – mit einer Datierungsgenauigkeit von ± 150 Jahren!

So erfahren wir aus den fossil erhaltenen Überresten von Blütenstaub im langsam und schichtenweise gewachsenen Torf von Hochmooren, beispielsweise am Mooserboden im Großglocknergebiet in einer Höhe von knapp 2000 m, daß das Moor sein Wachstum in der Spätwärmezeit eingestellt hat. Nach dem Pollendiagramm der untersten Torfschichten entfallen von den bestimmbaren Blütenstaubkörnern 14 Prozent auf Tanne, 8 Prozent auf Erle, 5 Prozent auf Buche und der Rest nahezu ausschließlich auf Fichte; in den oberen Schichten zeigen sich allein Fichten- und Kiefernpollen (nach *Firbas*).

Mit dem Wechsel der Lebensbedingungen in der Nacheiszeit zog sich auch die arktisch-alpine Flora, die mit den aufkommenden Pflanzengesellschaften, insbesondere mit dem Wald, nicht mehr konkurrieren konnte, nach Norden und Süden zurück. Wo sich Alpenpflanzen in Mittelgebirgen, etwa im Riesengebirge, im südlichen Schwarzwald, an den Steilabstürzen der Schwäbischen Alb oder im Harz, also weitab von ihren heutigen Hauptverbreitungsgebieten,

bis in die Gegenwart erhalten haben, stammen diese samt und sonders aus der Eiszeit, sind mithin Glazialrelikte.
Die Alpenflora in ihrer ebenso verwirrenden wie faszinierenden Vielfalt ist, historisch betrachtet, ein Gemisch von Pflanzen unterschiedlichsten Alters und Ursprungs. Unbedeutend ist, wie wir gesehen haben, die Zahl der in den Alpen selbst entstandenen, der sogenannnten alpigenen Arten, gering die der voreiszeitlichen Tertiärrelikte, hingegen gewichtig die Masse der Zuwanderer, solcher aus Nordamerika, der Arktis, dem Mittelmeerraum oder Sibirien. Dieses Nebeneinander der unterschiedlichsten alpinen Florenelemente läßt sich freilich kaum allein historisch erklären. Eine Vielzahl allgemeinlebensnotwendiger Umweltfaktoren beeinflußt in ganz entscheidendem Maße die Entfaltung, Lebenstätigkeit und Auswahl der Arten und Pflanzengesellschaften und kann, wie wir im folgenden sehen werden, zur Lebens*bedingung* oder zum Lebens*hindernis* werden.

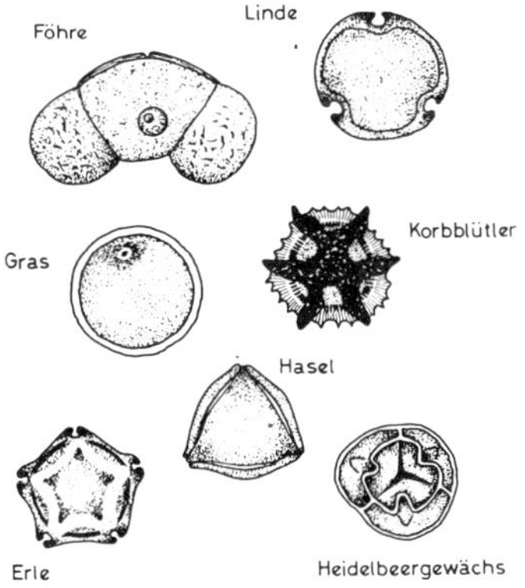

Pollen aus Alpenmooren, die sich über Jahrtausende erhalten haben.

Der Kampf ums Dasein und Dableiben

Das Leben der Pflanzen vollzieht sich im Gebirge inmitten einer denkbar ungünstigen Umwelt, unter ständigen Schwierigkeiten und Gefährdungen. Ein hartes, durch große Temperaturgegensätze gekennzeichnetes Klima, die mehr oder weniger kurze Vegetationszeit, dazu Wind, Schnee und Eis beeinträchtigen in nicht geringem Maße Entwicklung und Entfaltung der Flora. Hinzu kommt, daß bei den auf relativ engem Raum zusammengedrängten alpinen Landschafts- und Lebensbereichen hinsichtlich ihrer Milieubedingungen auffallend wechselnde Extreme zutage treten: Inmitten von Bergwaldungen können ausgedehnte Schneefelder liegen, Geröllhalden wechseln mit fruchtbaren Matten, steile Felsgrate erheben sich über mächtige, von eisigen Gletscherwässern durchflossene Schluchten. Der Wettbewerb um Licht, Wasser und Nahrungsstoffe ist praktisch immerwährend – manches bescheidene Pflanzendasein im hochalpinen Bereich ist buchstäblich auf jedes Quentchen Spaltenhumus angewiesen, in das die Wurzeln lebensgierig gesenkt werden. Doch scheint es, daß gerade im Hochgebirge die simple Wahrheit des Begriffes *Anpassung* besonders deutlich wird, eine Wahrheit, die besagt, daß jedes Lebewesen, egal ob Pflanze oder Tier, tauglich ist zu leben – und zu überleben – wo es tatsächlich lebt.
Da stellt sich manche Frage: Warum leuchtet im Bergsommer die Flora der Matten in so unvergleichlich satteren Farben als die der Wiesen drunten im Tal? Warum hat das Berg-Edelweiß so zauberhaft schöne, silberschimmernde Blütensterne, während sie beim Kultur-Edelweiß beinahe unansehnlich erscheinen? Warum endet der Wald im Gebirge in einer so scharf ausgeprägten Grenze? Wie erklären sich die in den Alpen so auffallenden Wuchsformen von Zwergwuchs, Spalier-, Polster- und Rosettenwuchs? Wie werden

▷

Bild 1: Die niederen, meist kurzstieligen Enziane blühen früh im Jahr, darunter auch die breitblättrige Art *Gentiana acaulis,* der die Alpenbewohner zahlreiche Volksnamen gegeben haben.

Gewächse der Hochregionen mit Kälte und Wind, mit der übermäßigen Strahlung, mit Frosttrocknis und Schneedruck fertig und wie schaffen sie es Jahr um Jahr, wieder aufs neue zu keimen, zu blühen und Frucht zu tragen? Wie kommt es, daß bestimmte Gegenden unserer Alpen sich durch einen geradezu unerschöpflichen Florenreichtum auszeichnen, wogegen andere ausgesprochen vegetationsarm sind?
Fragen über Fragen, die sich wohl jedem aufdrängen, der die Berge mit offenen Augen durchwandert, und auf die er befriedigende Antworten zu bekommen versucht.

Das Klima – Umweltfaktor Nummer eins

Große Gegensätze und rascher Wechsel kennzeichnen das Klima in den Alpen. Die allgemeine Minderung der Temperatur und der schnee- und frostfreien Zeit, dazu Lufttrockenheit und intensive Sonneneinstrahlung, hohe Windstärken, die Verschärfung der Gegensätze zwischen Schatten- und Sonnenseite selbst auf kleinstem Raum und, damit zusammenhängend, der große Einfluß des Mikroklimas der bodennahen Luftschichten, dem die Pflanzen am Standort unmittelbar ausgeliefert sind – das alles sind vom Klima her die lenkenden und auslesenden Kräfte für pflanzliches Leben auf dem Berg.
Zunächst wird die Verteilung der Vegetationsgürtel und Höhenstufen vom großklimatischen Witterungsverhalten bestimmt. Gegenüber den feuchteren, temperaturstabileren Alpenrandgebieten ist das Alpeninnere mit seinen gewaltigen Erhebungen trockener und wärmer, aber auch größeren Temperaturschwankungen ausgesetzt. Buche und Bergahorn, vor allem aber immergrüne Holzgewächse wie Tanne, Eibe, Stechpalme und Seidelbast charakterisieren das Klima des Alpenrandes, auf dessen hohe Luftfeuchtigkeit Farnkräuter und der auffallend dichte Baumbewuchs mit Bartflechten und Hängemoosen hinweisen, aber auch so manche uralte Feuchtwald-Pflanze: das Alpenveilchen, die gefingerten und zwiebeltragenden Zahnwurzen, das dreiblättrige Schaumkraut, die weichhaarige Mandel-Wolfsmilch und *Aposeris foetida,* der Stinkende Hainsalat.
 Für das im Regenschatten liegende Alpeninnere ist in Tallagen die

Föhre, an der Waldgrenze die Zirbelkiefer Charakterbaum. Auf waldfreien Hochflächen und windgepeitschten Graten der alpinen Stufe weisen die ebenso trockenen wie kälte- und windharten Grasheiden des *Elynetum*-Nacktrieds – seine Heimat sind die sibirischen Bergsteppen – auf den Charakter des Standortklimas hin.
Diesem Standortklima, und auf engstem Raum dem Klein- oder Mikroklima der bodennahen, primär mit der Geländeform (Gipfel-, Mulden- oder Hanglage) zusammenhängenden Luftschicht, kommt für die Verteilung und Entfaltung der Pflanzengesellschaften gerade im Alpenraum eine große Bedeutung zu.

Die niedrigen Temperaturen

Daß in den Alpen eine so große Zahl von Pflanzen tiefe und tiefste Temperaturen ohne Schädigung zu ertragen vermag, ist ein Phänomen, das immer wieder in Erstaunen versetzen muß. Möglich wird dies durch die Ausbildung höchst sinnvoller Schutzeinrichtungen und Anpassungen. Bei immergrünen Arten finden nach neueren Untersuchungen bemerkenswerte Stoffwechselvorgänge in den Blättern statt, indem sich diese im Winter durch aktive Stärke- und Zuckeranreicherung ein hochwirksames, den Gefrierpunkt senkendes ›Frostschutzmittel‹ schaffen. Der Kältetod immergrüner Alpengewächse ist nämlich in Wahrheit kein Erfrieren, sondern ein langsames Vertrocknen (Frosttrocknis).

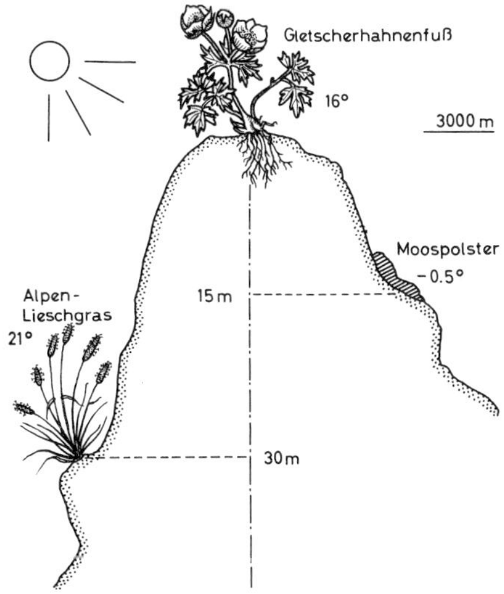

In der Region ewigen Schnees bestimmt das Kleinklima den Pflanzenwuchs. Auf der besonnten Südseite erwärmt sich der Grat bei Tag auf 21 Grad, während zu gleicher Zeit an der im Schatten liegenden Nordseite das Moospolster gefroren ist. Nach Messungen von Dr. W. Moser am Nebelkogel (3200 m) im Ötztal/Tirol.

Laubabwerfende Gehölze der alpinen Stufe, wie die Alpen-Bärentraube, die Stumpfblättrige Weide oder der Zwerg-Kreuzdorn schützen die jungen Organe vor Frosteinwirkung mit Hilfe von Knospenschuppen. Rosettenpflanzen, Steinbreche beispielsweise, verlagern die jungen Blätter tief in das Innere der Rosette, wo sie von den alten, meist dichtbehaarten Blättern abgeschirmt werden. Auch Zwergwuchs, Spalier- und Polsterwuchs bilden einen gewissen Kälteschutz, insofern, als die solchergestalt dem Boden angeschmiegten Pflanzen lange Zeit im Schutz der wärmenden Schneedecke verbleiben. Bleibt einmal in schneearmen Jahren dieser Schutz aus, so sterben die oberirdischen Teile dieser Pflanzen meist ab.
Nun gibt es nicht wenige Alpenpflanzen, die gegen extrem tiefe Temperaturen gefeit sind. Zu solchen kälteresistenten Pflanzen gehört der Gletscher-Hahnenfuß, der noch in Höhen über 4000 m zu blühen imstande ist. Wie eingehende gebirgsökologische Untersuchungen durch *Moser* (Innsbruck) gezeigt haben, ist meist bereits im Spätherbst unter den Deckschuppen der Knospe die Blüte weitgehend ausgebildet. Die Kelchblätter tragen schon die charakteristische Behaarung, deutlich sind Staubgefäße und Fruchtknoten zu unterscheiden. Wenige Zentimeter unter der Bodenoberfläche überwintern die kaum 5 Millimeter messenden Blütchen, um im kommenden Frühjahr wenige Tage nach der Schneeschmelze an das Licht geschoben zu werden. Während einer unwahrscheinlich kurzen Vegetationszeit ist die Pflanze also gezwungen, ausreichend Substanz für Sproß und Blattmaterial, für das Blühen und Fruchten zu produzieren; darüber hinaus müssen für einen raschen Start im kommenden Jahr genügend Reservestoffe gespeichert werden. In den Schweizer Alpen fand *Wetter* in nahezu 4000 m Höhe glasartig durchfrorene Polsterrosetten vom Strauß-Steinbrech *(Saxifraga cotyledon),* der beim Auftauen im Frühling nicht einmal an den Blattspitzen gelitten hatte. Und wie hart ist das Dasein der hochalpinen Mannsschilde, die mit ihren dichten, blütenreichen Kugel- und Halbkugelpolstern vielfach an exponierten schneefreien Felsen und Geröllhängen sitzen und hier allnächtlich Temperaturen unter Null und

Bild 2: An sonnigen Steilhängen, auf Rasenbändern in Felswänden und gelegentlich auf Felsschutt oder in Felsspalten wächst das Edelweiß *(Leontopodium alpinum)* – Symbol und »Souvenir« der Berge.

an klaren Sonnentagen Hitzewerten bis 30 Grad und mehr ausgesetzt sind. Unter den Gebirgsbäumen ist die Zirbelkiefer ausgesprochen frosthart, eine allmähliche Eisbildung in ihren Nadeln läßt sich erst ab minus 4 Grad feststellen. Als besonders resistent gilt die Windeckenflora abgeblasener Grate: die Gemsheide, Blauer Speik und Krautheide, Polsterseggen- und Nacktriedgräser.

In hohen Lagen der Alpen können Pflanzen um so eher bestehen, je intensiver sie die wenigen günstigen Tage zur Kohlenstoffgewinnung auszunützen imstande sind, je weniger Wärme sie dazu brauchen und je rascher sie den Gewinn ohne Umwege in produktive Einrichtungen, d. h. in neue Blätter, Blüten und Früchte stecken. Am besten können das die echten Nivalpflanzen, sie sind Meister in ›Intensiv-Assimilation‹.

Über die Blütenpflanzen hinaus steigt nur die niedere Flora, neben einigen Moosen in erster Linie Flechten, die in den Alpen Höhen bis 4000 m erreichen. Es ist schon höchst erstaunlich, daß z. B. die nitrophile, leuchtend orangerote Krustenflechte *Caloplaca elegans,* die im Kalk- und Dolomitgebiet in Hochgipfeln mit Vorliebe auf Vogelrastplätzen siedelt, im Himalaja noch in 7000 m Höhe entdeckt wurde! Und Nabelflechten gedeihen noch nahe dem geographischen Südpol auf 86° Breite im Frostschutt des Mt. Fridtjof-Nansen (4010 m).

Extreme Kältehärte zeigt die niedere Schneevegetation, die durch Verfärbung des Schnees seit eh und je die Aufmerksamkeit der Bergsteiger auf sich lenkt. Es handelt sich um mikroskopisch kleine

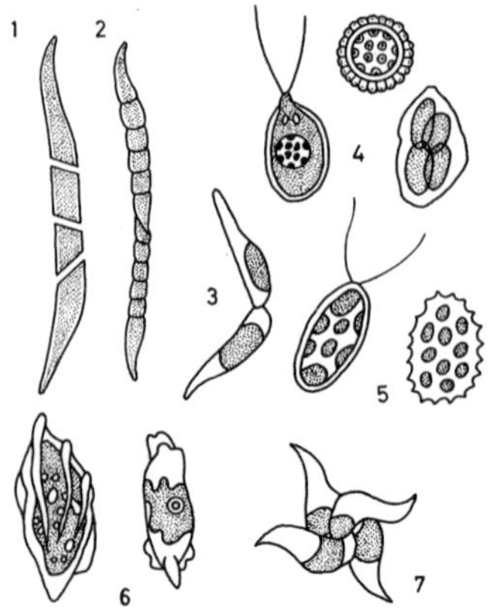

Die niedere Vegetation des Schnees. Grünalgen: *Raphidonema chorati* (1), *R. sabaudum* (2), *R. tatrae* (3), *Gyorffyella tatrica* (7). Flagellaten: *Chlamydomonas nivalis* (4), *Chl. alpina* (5), *Scotiella nivalis* (6). Vergrößerung etwa 1000fach.

Algen und Geißelzellen (Flagellaten). Diese sogenannten *Kryophyten* entwickeln sich allerdings nie auf frischgefallenem Schnee; erst auf Altschnee, der im Sommer in kühlen Lagen und auf Gletschern liegen blieb, finden sie günstige Bedingungen für ihre Entwicklung. Farbiger Schnee entsteht mit Vorliebe auf Schneefeldern in geschützten Dolinen in Höhen um 2000 m und darüber. Blutroter Schnee – meist auf saurer Unterlage (auf Granit oder kristallinen Schiefern mit pH-Werten um 5.5) – wird am häufigsten durch Vermehrung des grünen Flagellaten *Chlamydomonas nivalis* hervorgerufen. Grüne Schneeverfärbungen treten vorzugsweise in Kalksteingebieten der Alpen auf, wenn Grünalgen der Gattungen *Raphidonema* und *Koliella* zu Massenvermehrung gelangen. In den Karpaten beispielsweise sind es *Ankistrodesmus*-Algen, die sich zu wunderbar smaragdleuchtenden Schneeteppichen vereinigen. Schwarzer Schnee, für den in der Regel eine Algen-Mischvegetation verantwortlich sein dürfte, ist besonders aus dem Oberengadin bekannt. Völlig andersartig ist, was nebenbei erwähnt sei, die kryophile Flora arktischer Gletscher und auf antarktischem Treibeis. Hier sind es Kieselalgen, die eine tiefe Braunfärbung verursachen. Sie kommen in solch unvorstellbaren Massen vor, daß in einem einzigen Kubikmeter Polareis bis zu 1000 Gramm Kieselalgen gefunden wurden!

Doch zurück zu dem uns hier interessierenden Alpenraum. Blutiger Schnee, der ja besonders häufig ist, hat seit alters Anlaß zu wildestem Aberglauben gegeben; er sollte Krieg und Pestilenz ankündigen, Unheil für die Bergbauern und für das Vieh auf der Alm. Und selbst in unserer so aufgeklärten Zeit gehen bei der alpenländischen Bevölkerung die wirrsten Vorstellungen in Umlauf – und mitunter auch durch die Tagespresse –, wenn ›wieder einmal‹ irgendwo in den Alpen ›Blutschnee‹ gefallen ist. Von seiten der Wissenschaft hat man lange angenommen, daß die Anwesenheit von roten Carotinoiden, des sog. Hämatochroms, bei Schneealgen einen Schutz gegen die kurzwellige Strahlung im Hochgebirge darstellt. Heute betrachtet man die Rotfärbung nicht mehr als physiologische Anpassung, seit der Nachweis gebracht werden konnte, daß eine reiche Ausbildung von Hämatochrom in den Algenzellen eine Folge von Stickstoffmangel ist.

Die wirklich frostempfindlichen unter den Algenpflanzen sind auf die Schutzwirkung des Schnees angewiesen, der ja bekanntlich eine

vorzügliche Isolierschicht gegenüber der kalten Außenluft darstellt. Zweifellos gingen ohne den ›wärmenden Schnee‹ viele Arten der Mattenflora zugrunde, wie der Pyramiden-Günsel, der Stengellose Enzian, das Alpen-Habichtskraut, der Alpenlattich, das Gold-Fingerkraut u. a. Auch die Alpenrose ist ohne Schneeschutz ziemlich frostempfindlich, da ihre Blätter, wie Untersuchungen zeigen, fünfmal schneller ihr Wasser abgeben als etwa die Nadeln der Arve. So erklärt sich die Vorliebe des Almrausches für die (viel später ausapernden) Nordhänge.

Zur Kälte kommt der Wind

Wer in den Bergen unterwegs ist, weiß um den Wind, der an vielen Tagen fast unausgesetzt weht und nach vielleicht kurzen Pausen völlig unvermutet wieder hervorbricht als wütendes Element, das über das Gestein fegt, als Sturm um Grate heult, Wolken und Wetter eintreibt. »Der Wind regiert nun mal das Wetter«, das man nicht zu Unrecht die ›Sprache der Berge‹ nennt. Mehr als es einem vielleicht zu Bewußtsein kommt, ist der Bergwind für die Flora ein Umweltfaktor ersten Ranges. Wie übel er Pflanzen mitspielen kann, zeigen die ›Wetterbäume‹ in den exponierten Hochlagen der Alpen, die Wetterfichten und Wetterarven, riesenhafte Veteranen des Sturmes, die, wiewohl gebeugt, zerzaust und tausendfach verstümmelt, mit ihrem Wurzelwerk fest im Erdreich verankert sind und ungebrochen in den Berghimmel ragen. Sie sind Zeugen eines ständigen und verzweifelten Kampfes gegen den Bergwind, der in hohen Lagen – beispielsweise auf dem sehr windreichen Säntis (2500 m) – an stürmischen Tagen Geschwindigkeiten von 40 m/sec und mehr erreichen kann! Wie sollte in solchen Regionen etwa ein Strauch die Möglichkeit haben hochzukommen! Hier sind dann auch die Holzgewächse durch Zwerg- und Spaliersträucher vertreten, deren dem Boden dicht angedrücktes Sproßsystem dem Wind nur eine minimale Angriffsfläche darbietet. An ungeschützten Standorten

◁ **Bild 3:** Die Schopf-Teufelskralle *(Phyteuma comosum)* ist eine echte Reliktpflanze, die in den Südalpen die Eiszeitkatastrophe überdauert hat. Feuchte Spalten von Kalk- und Dolomitfelsen sind der Lebensraum dieses zauberhaften Glockenblumengewächses.

haben die von Wind und Sturm über den Erdboden gefegten Gesteinspartikel und Eiskristalle die Wirkung eines Sandstrahlgebläses, das Pflanzenpolster asymmetrisch abschleift und Krummholz hekkenförmig schert. Auf Schritt und Tritt findet man in hohen Berglagen winderodierte Polster von Nacktried-Horsten, Stengellosem Leimkraut, Steinbrechen, vom Schweizer Mannsschild u. a. Nicht selten werden die Äste von Zwergsträuchern, etwa von Kriechwacholder, Rauschbeere oder Alpenheide, durch Schnee- und Sandgebläse vollständig von ihrer Rinde entblößt.

Die Widerstandsfähigkeit der Alpenpflanzen gegen die Windwirkung ist unterschiedlich. Oberhalb der Schneegrenze fliehen naturgemäß viele den Wind, vor allem, wenn sie so zart und zerbrechlich sind wie die Anemonen, Soldanellen und Schaumkräuter. Ziemlich windempfindlich sind die Alpenrosen, die Heidel- und Preiselbeeren, aber auch Bärentraube, Alpenlattich, Alpen-Gänsekraut und die Ruhrkräuter. Eine recht unterschiedliche Windempfindlichkeit zeigen die Enzian- und Ehrenpreis-Arten. Gewächse, die an ständig schneefreien Graten und Windecken siedeln, sind gegenüber der Gefahr des Absterbens durch Vertrocknen offensichtlich besonders resistent. Zu dieser sturmharten Windeckenflora zählt neben bestimmten Seggen-Arten z. B. die Dreispaltige Binse *(Juncus trifidus)*, das sog. ›Gamsgras‹, das noch über der Dreitausendergrenze hinaus vorkommt.

Wie die Messungen von *Jenny* im Schweizer Nationalpark zeigen, führt die Wirkung des Windes in den Bergen auch zu beachtlichen Staubablagerungen – zwischen 8 und 18 Tonnen pro Jahr und Hektar! –, besonders auf Gletschern und Altlawinen, deren Oberfläche, wie jedem Bergwanderer wohl schon aufgefallen ist, oft ausgesprochen schmutzig aussieht. Im Hinblick auf den erwiesenermaßen beachtlichen Kalkgehalt (zwischen 15 und 38 Prozent!) sind diese Flugstaubmengen nicht ohne Bedeutung für die Ernährung der Pflanzen, insofern sie regulierend auf die Auslaugungsprozesse des Bodens wirken. Eine solche Nährstoffzufuhr muß sich zwangsläufig für alle jene Pflanzen günstig auswirken, die mit ihrem flachstreichenden

Bild 4: Um Pfingsten erscheinen die goldgelben Kugelblüten der Trollblumen *(Trollius europaeus)*, ihre Verbreitung reicht vom Tal bis in die alpine Stufe. Aufnahme: Monte Baldo.

Wurzelsystem sauren Humusboden nicht zu durchdringen vermögen.
Eine weitere durchaus positive Wirkung des Windes ist die Verbreitung von Samen und Früchten, ja sogar von ganzen Pflanzenteilen. Diese können von den Stürmen über weite Strecken hin, selbst über Gletscher – hier als sog. ›Schneeläufer‹ – verfrachtet werden, um weitab vom natürlichen Standort wieder Fuß zu fassen. Es überrascht nicht, daß die Zahl der Windblütigen mit der Höhe zunimmt. Während in der montanen und subalpinen Stufe rund 40 Prozent der Arten durch den Wind verbreitet werden, beträgt dieser Anteil in der alpinen Stufe über 50 Prozent und in der Schneeregion über 60 Prozent.

Die Alpenflora ist eine Lichtflora

Wie sehr optimale Lichtverhältnisse eine Vegetation zu prägen vermögen, zeigt so recht die Alpenflora. Die Üppigkeit und Farbenpracht der Bergpflanzen, der Enziane und Anemonen, Nelken, Orchideen und Vergißmeinnichte, der Alpenrosen- und Seidelbaststräucher – was ist dies anders als der sichtbare Ausdruck von Assimilationsleistungen, wie sie eben nur das alpine Strahlungsklima ermöglicht. Versetzt man Pflanzen der Ebene ins Gebirge, werden ihre Blütenfarben leuchtender und satter, ihr Duft schwerer, die

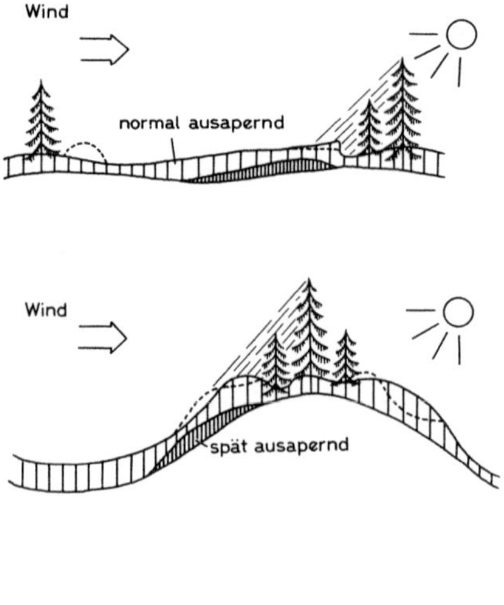

Einfluß von Wind, Sonnenstrahlung und Beschattung durch Bäume auf die Mächtigkeit der Schneedecke und die Aperzeit. Südhänge werden naturgemäß sehr früh schneefrei. Vorwiegend aus *einer* Richtung wehender Wind und die Beschattung durch Bewaldung bewirken eine späte Ausaperung. Die Waldgrenze im Gebirge bildet in jedem Falle eine Klimagrenze zwischen einem offenen, windbeeinflußten Bereich und einem Hochwaldbereich, in dem die Einstrahlungsunterschiede von größerer Bedeutung sind. Nach Aulitzky.

Nektarabsonderung stärker. Man erkennt: Das gesteigerte Aufgebot an Formen, Farben und Düften bei Alpenpflanzen ist nicht zuletzt ein Mittel zu einer gesicherten Befruchtung angesichts der mit der Höhe abnehmenden Zahl von Blütenbesuchern, insbesondere von Bienen und Hummeln. Darüber hinaus hat das Höhenlicht eine nicht zu übersehende formbildende Wirkung. Vor allem hemmt das alpine Lichtklima, insbesondere der Reichtum an UV-Strahlen, das Längenwachstum der Zellen und Organe. Nicht zufällig zeichnen sich die meisten Pflanzen der hochalpinen Region durch einen gedrungenen Wuchs aus, der also nicht allein durch die niederen Temperaturen, sondern nicht zuletzt durch den Reichtum an kurzwelligen Strahlen bedingt ist. Hier wirken Temperatur und Licht in gleichgesinnter Richtung.
Berühmt geworden sind die Löwenzahn-Versuche des Franzosen *Bonnier* gegen Ende des vorigen Jahrhunderts. Pflanzenstöcke, die in Paris gewachsen waren, wurden geteilt und diese Teilstücke in verschiedener Höhenlage (zwischen 1000 m und 2400 m) wieder angepflanzt. In der Ebene wuchsen sie zur bekannten Form mit großen Blättern und langgestielten Blütenköpfen. Anders die in der Höhe der Waldgrenze kultivierten Pflanzen; bei ihnen bildeten sich gedrungenere Formen mit kleineren, dafür fleischigeren Blättern und bedeutend vergrößertem Wurzelsystem aus. Wohl waren die Blütenköpfe normal groß, aber ganz kurz gestielt, was sie optisch größer erscheinen ließ. Diese Beobachtungen machte *Bonnier* noch an vielen anderen Blütenpflanzen.
Umgekehrt erleiden viele Alpenpflanzen, die in die Ebene, also in ein weniger intensives Lichtklima gebracht werden, Veränderungen, wie sie ja jedem Besitzer eines Steingartens bekannt sind. Die für das Höhenklima charakteristische ›alpine Tracht‹ geht verloren. Das beste Beispiel ist unser Edelweiß, das in der Niederung zu einer langstengeligen Pflanze wird, ihr dichtes Wollkleid nahezu verliert und kaum noch als Edel›weiß‹ wiederzuerkennen ist. Deutlicher läßt sich der Zusammenhang zwischen Lebensform und Lebensweise nicht mehr machen. So ist es, wie schon gesagt, kein Zufall, daß sich die meisten Pflanzen der hochalpinen Region durch einen gedrungenen Wuchs auszeichnen. In den Alpen finden wir unter den Gewächsen die Kleinsten ihres Geschlechtes: die Zwergweiden, die sich nur wenige Zentimeter vom Boden erheben, das manchmal nur

Bonniers berühmt gewordener Löwenzahn-Versuch. Pflanzenstock in der Ebene und (rechts) im Gebirge kultiviert. Links oben die Pflanze in der dem Flachland-Löwenzahn entsprechenden Verkleinerung, um den durch die kurze Vegetations-und Produktionsdauer des Hochgebirges bedingten Zwergwuchs deutlich zu machen.
Nach Bonnier, 1890.

1 cm hoch werdende Felsenblümchen *Draba fladnizensis,* den kleinsten Augentrost, das Zwergveilchen aus alpinen Sumpfwiesen und die vielen, vielen anderen, welche die Natur in ihrem Wachstum auf ›Sparflamme‹ gesetzt hat. Ohne Zweifel hat der Zwergwuchs auch seine Vorteile: Optimale Ausnutzung der Bodenwärme, minimale Angriffsfläche für den Wind. Eine Regel ist der Zwergwuchs, der sog. *Nanismus,* freilich nicht, denn es gibt Ausnahmen unter Kräutern und Stauden genug, die eine ›normale‹ Größe haben,

Bild 5: Die Silberwurz *(Dryas octopetala)* war während der Eiszeit die Charakterpflanze der Tundra, in der Gegenwart kennt man sie als einen Pionier-Zwergstrauch alpiner Schuttböden. Im Juni öffnen sich die schönen weißen Blüten, die acht Kronblätter haben — eine ungewöhnliche Zahl.

beispielsweise die Arnika, das Alpen-Kreuzkraut, die Gemswurz oder die nicht minder stattliche Kratzdistel.
Gerade bei der Alpenflora erscheint so vieles als ›nützlich‹, als sichtbare ›Anpassung‹, als Ergebnis ›zweckmäßiger Auslese‹, daß man nolens volens in den ebenso alten wie fruchtbaren Streit zwischen Lamarckismus und Darwinismus gerät. ›Erklären‹ läßt sich in der Biologie alles – und wiederum nichts.

Die Wasserbilanz

Der Gefahr zu großer Austrocknung durch die Wirkung des Windes steht im Alpenraum die allgemein große Niederschlagsmenge gegenüber. Zwar fallen nicht überall die gleichen Niederschlagsmengen, doch sind weiteste Gebiete allein durch die von Firnen und Gletschern gespeisten Bergbäche hinreichend mit Wasser versorgt.
Wir können sagen, daß die Wasserbilanz in den Alpen ausgeglichen ist. Selbst bei Felsflächen oder Geröllhalden ist die Feinerde in den Spalten und zwischen den Steinen selten ganz trocken. Immerhin verfügen Geröllpflanzen über ein sehr ausgedehntes Wurzelsystem, das sich zwischen dem locker liegenden und teilweise noch beweglichen Gestein ausbreitet. Auch die Bewohner schmaler Felsspalten verzichten ihrerseits in dem Drang nach dem Feuchten und zum

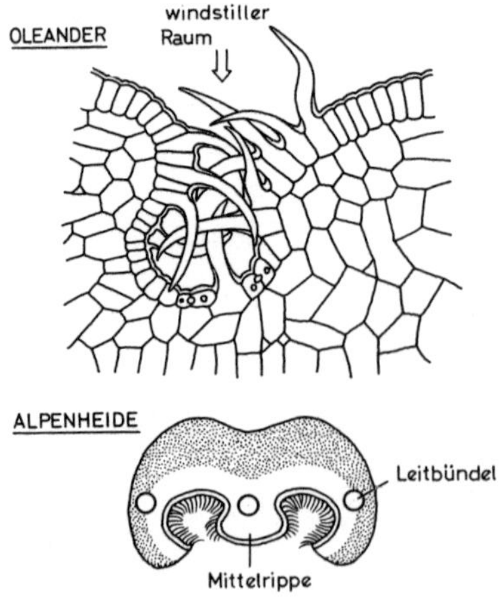

Schutz vor Wasserverlust. Dornartige Verzahnungen beim Oleander und zum Vergleich: Blatteinrollung bei der Alpenheide *(Loiseleuria procumbens)*. Nach Kienitz-Gerloff und Hegi, verändert.

Zwecke fester Verankerung nicht auf tiefgreifende Pfahlwurzeln. Die Wasserversorgung der oberirdischen Pflanzenteile ist bei manchen Alpenpflanzen dadurch erleichtert, daß sie imstande sind, Feuchtigkeit (Nebel, Schmelzwasser, Regen) direkt aufzunehmen, wie dies beispielsweise bei der Pestwurz und der Gemsheide der Fall ist. Eine wichtige regulatorische Bedeutung kommt vor allem den Moosen zu, einmal weil sie im Gebirge auf allen Bodenarten, vom Felsgestein bis zum Wald und Hochmoor verbreitet sind, und dann ihrer Schwammnatur wegen, die sie zum Aufsaugen erheblicher Wassermengen befähigt. Auf diesem Vermögen der Moospflanzen beruht im wesentlichen die ausgleichende Wirkung der Wälder auf den Wasserhaushalt der Landschaft. In den Bergen ist das nicht anders als in der Ebene.

Lebensnotwendig für Gebirgspflanzen ist der Schutz vor zu starken Wasserverlusten, die in besonderem Maße der Wind fördert. Soll die Transpiration vermindert werden, rollen manche Gewächse ihre Blätter zusammen, wodurch die unterseitigen Spaltöffnungen in einen ›windstillen‹ Hohlraum verlagert werden. Als ideale Studienobjekte für solches Verhalten bieten sich zahlreiche Moos- und Farnpflanzen an, aber auch die Alpenheide und die Schwarze Krähenbeere bilden ›Rollblätter‹. Gleichermaßen ›hydroaktiv‹ sind die Felsen-Schwingelgräser *(Festuca)*, der bis 2900 m steigende Goldpippau und die in den Alpen verbreiteten Habichtskräuter, sobald die Wasserabgabe eine über das Normale hinausgehende Steigerung erfährt. Die wohl vollkommenste Form von Transpirationsschutz ist das Nadelblatt der Koniferen mit ihrer auf ein Minimum verkleinerten Oberfläche, der verdickten, lederartigen Oberhaut und dem Wachsüberzug. Für zahlreiche andere Alpenpflanzen wird die auffallend dichte, wollige Behaarung an Blättern und Sproßteilen zu einem echten Verdunstungsschutz und gleichzeitig zu einem Schirm gegen Abkühlung und intensive UV-Bestrahlung, wie sie in großen Höhen gegeben sind. Ein klassisches Beispiel ist unser

▷

Bild 6: Die in den Gebirgen der nördlichen Balkanhalbinsel vorkommende *Ramonda serbica* ist eine nahe Verwandte des als Zimmerpflanze beliebten Usambaraveilchens.

Bild 7: Punktierter Enzian *(Gentiana punctata)*. Seine Wurzel ist »ein treffenliche Artzney für allerley gifft. Ist nit die Tugend vihe vnd Menschen bekannt?«, lesen wir im Kräuterbuch des Leonhart Fuchs (1543).

Gemsenschwingel *(Festuca halleri)*, verbreitet in den Zentral- und Südalpen zwischen 1800 und 4200 m.

Edelweiß, das seinen ursprünglichen Namen *Wullkraut* eben der wolligen Behaarung verdankt. Einen Haarbesatz finden wir gleichermaßen beim seidigschimmernden Weißen Speik, bei Mannsschilden und bei den Alpen-Kreuzkräutern.

In den höheren Lagen fallen die atmosphärischen Niederschläge nur zum geringsten Teil als Regen, vielmehr als Schnee; oberhalb von 3300 m sind Regenfälle auch im Hochsommer eine Seltenheit.

Ohne Zweifel ist der Schnee ein wichtiger Umweltfaktor für die Alpenflora. Er schützt, wie bereits erwähnt, die Gewächse vor zu starker Abkühlung; er bildet eine Isolierschicht, welche die vom Sommer gespeicherte Bodenwärme zurückhält. Selbst bei einer Lufttemperatur von minus 20 Grad ist der Boden hier kaum gefroren.

Hinzu kommt, daß selbst durch eine dicke Schneedecke Licht bis zum Boden vordringen kann. Bei einer so intensiven Lichtstrahlung, wie wir sie im Hochgebirge haben, vermögen daher die Pflanzen – in erster Linie die immergrünen – an hellen Wintertagen noch unter dem Schnee zu assimilieren. Neben seiner schützenden Funktion spielt der Schnee aber auch als Feuchtigkeitsspender und Wasserreservoir eine wichtige Rolle. Wie stark sind Matten und Geröll zur Zeit der Schneeschmelze im Frühjahr von Wasser durchfeuchtet!

 Oder denken wir an solche Gebirgspflanzen, die in dichten Horsten wachsen, wie viele Gräser und Seggen, oder in Spalieren dem Boden dicht anliegen, wie Silberwurz, Gemsheide und die kriechenden Zwergweiden. Solche und ähnliche ›Erfindungen‹ zur Sicherung der Wasserbilanz präsentieren sich in den Alpen auf Schritt und Tritt. So verwundert es nicht, daß auch unter den Alpenpflanzen Sukkulenten vorkommen, die ihre Blätter zu dicken Wasserspeichern aufblähen, wie die Hauswurzen und Fetthennen, oder sich als Polsterpflanzen mit Hilfe ihrer aus abgestorbenen Blättern bestehenden Füllmasse eine Wasserreserve für Trockenzeiten schaffen. Diese einem Schwamm ähnliche, gegen Verdunstung weitgehend geschützte Füllmasse ist durchaus mit dem Wassergewebe eines Wüstenkaktus vergleichbar.

Nicht wegzuleugnen sind allerdings auch die zerstörerischen Kräfte des Schnees in den Bergen. Wenn die Bäume im Winter durch Schnee oder Rauhreif schwer belastet sind, ist die Windbruchgefahr besonders groß. Noch gesteigert wird sie bei strengem Frost, denn das tiefgefrorene Holz ist spröde wie Glas. Zu einer Katastrophe kann es im Gebirgswald kommen, wenn sich die Schneemassen zur Grundlawine entwickeln, die möglicherweise in wenigen Augenblicken zu Tode schindet, was viele Jahrzehnte des Wachstums aufgebaut haben. Wo Schneelawinen öfters herabkommen, ist ein Baumwuchs nicht möglich. Damit entfällt in solchen Lawinenzügen für das Krummholz eine Konkurrenz, so daß hier die Bestände der Grünerle, zuweilen auch der Latsche oft tief unter die Baumgrenze, mitunter bis zur Talsohle herunterreichen. Die elastischen, ungemein zähen Äste dieser Krummhölzer werden durch den Lawinendruck nicht gebrochen, sondern lediglich niedergedrückt und richten sich nach Durchgang der Schneemassen wieder auf.

Wenig Zeit zum Wachsen und Blühen

In den Hochalpen gibt es soviel Lebenshärte und Lebensfeindlichkeit, daß sich die Frage aufdrängt, wie es die Natur allen Widrigkeiten zum Trotz fertig bringt, daß alles Pflanzliche am rechten Ort und zur rechten Zeit sein Dasein leben kann, daß die Samen nicht zu früh keimen, die Knospen nicht zu früh austreiben, die Blüten sich nicht zur Unzeit öffnen. Immerhin ist der Zeitabschnitt, der Wachstum und Stoffgewinn möglich macht, denkbar kurz. Wenn

Alpen-Rispengras *(Poa alpina var. vivipara)*, verbreitet auf Fettweiden und Geröllhalden (1400–2500 m).

in den Tälern längst der Frühling eingezogen ist, diktieren oben noch Frost, Eis und Schnee das Geschehen der Natur. Und wenn drunten noch alles in sommerlicher Blüte steht, kündigt sich in höheren Lagen bereits der Herbst an. Daß der Frühling in den Alpen die Berge hinauf- und der Herbst die Berge herabsteigt, ist eben doch eine alte, sich immer wieder bestätigende Wahrheit.
Mit zunehmender Meereshöhe und sinkender Temperatur wird die Vegetationsperiode kürzer und kürzer; sie beträgt in einer Höhe von 2000 m kaum zweieinhalb Monate. In Höhen über 3000 m gibt es überhaupt keinen Sommer mehr; der Bergfrühling dauert oft nur wenige Tage, nicht viel länger ist der Herbst.
Wie schaffen es nun aber die Pflanzen, insbesondere in der hochalpinen Region, den kurzen Bergsommer zur Keimung, Blüten- und Fruchtbildung voll auszunutzen? Viele Gewächse, namentlich Polster- und Rosettenstauden, aber auch Zwergsträucher, bilden nicht jedes Jahr neues Laub. Sie überwintern mit grünen Blättern, so daß unmittelbar nach der Schneeschmelze eine Wiederaufnahme der Assimilationstätigkeit gesichert ist. Andere Gewächse legen ihre

◁

Bild 8: Winzige Schwebfliegen sind die Bestäuber des Einblütigen Hornkrautes *(Cerastium uniflorum)*. Aufnahme: Hochstubai 2950 m.

Blütenknospen für das kommende Jahr bereits im Spätsommer und Herbst an. Mit vollausgebildeten Knospen überwintern außer dem schon genannten Gletscher-Hahnenfuß die Frühlings-Küchenschelle, der Frühlings-Enzian, die Gemskresse, die zierlichen Soldanellen, die Schneeheide und viele Primeln. Aber auch Pflanzen der ›Windeckenflora‹ überdauern den Winter ohne Schneeschutz mit ausgebildeten Blütenknospen; wir nennen nur die Alpenaurikel, den Schweizer Mannsschild und die Hungerblümchen. Die ersten warmen Tage im Frühjahr lassen die Blüten zur Entfaltung bringen und zaubern über die Matten beinahe über Nacht einen dichten Blumenteppich – eine Augenweide für jeden Bergsteiger und Naturfreund. Daneben gibt es nicht wenige alpine Pflanzen, die ihre Fruchtstände im Herbst stehen und den Winter über ausreifen lassen, wie es etwa das hübsche Dolomiten-Felsenblümchen tut, das auf den Schnee aussät. Dieses winterliche Durchfrieren der Samen bildet gerade bei alpinen Gewächsen überhaupt erst die Voraussetzung für den Keimungsprozeß, was im Gartenbau und in der Landwirtschaft ja schon lange bekannt ist. Etwa ein Viertel aller Pflanzen der alpinen und nivalen Bergregion gehört zu den Winterstehern und Frostkeimern. In diesem Bereich spielt neben der Fortpflanzung durch Samen auch die vegetative Vermehrung durch Ausläufer und Brutsprosse eine Rolle. So wachsen beim Alpen-Rispengras die Ährchen zu beblätterten Brutknospen (Bubillen) aus, fallen ab, bewurzeln sich und wachsen zu neuen Pflanzen heran. Diese vegetative Sprossung findet sich gleichermaßen bei dem in Schneetälchen bis zu 3000 m vorkommenden Knöllchen-Knöterich – in beiden Fällen ist die Blühbereitschaft an Kälteeinwirkung gebunden. Auch die Bildung von Ausläufern, an deren Knoten Laubblätter und sproßbürtige Wurzeln entstehen, dient der vegetativen Vermehrung. Beispiel: Kriechender Günsel.

Daß in den hochalpinen Regionen die Zeit für den Entwicklungsrhythmus ganz einfach zu knapp ist, erhellt nicht zuletzt daraus, daß einjährige Pflanzen gegenüber den ausdauernden weit in den Hintergrund treten. Manche Einjährige der Ebene werden in der alpinen Region zu Ausdauernden, das Rispengras *Poa annua* zum Beispiel, das der Trittpflanzengesellschaft zugehört und in den Alpen bis 2400 m verbreitet ist. In der Gesamtheit der Alpenflora sind (nach *Kerner*) die Einjährigen mit nur vier Prozent beteiligt.

Die Kürze der Vegetationsperiode und die dadurch bedingte minimale Stoffproduktion prägen sich auch in dem geringen Dickenwachstum der Holzgewächse, insbesondere der Spaliersträucher, aus. Obwohl diese ein Alter von durchschnittlich 100 Jahren erreichen, weisen ihre Stämme und Zweige selten einen Durchmesser von mehr als zwei Zentimeter auf, da die Jahresring-Breiten, d. h. der jährliche Zuwachs, nur Werte zwischen 0,05 mm (Alpen-Bärentraube) und 0,35 mm (Bergkiefer, Zwergwacholder) zeigen.

Auf den richtigen Boden kommt es an

Der Boden trägt und ernährt alle Pflanzen, von seiner Beschaffenheit und Zusammensetzung, seinen Untergrund- und Wasserverhältnissen hängen Verteilung, Gedeihen und Entwicklung der Vegetation ab.

Die Beziehungen zwischen Boden und Pflanze sind im Gebirge komplexer Natur. Daß im Gebirge Kräuter, Stauden, Gebüsch und Wald Fuß fassen können, dazu bedarf es pflanzlicher ›Vorarbeit‹ in einem Ausmaße, wie man es vielleicht gar nicht vermutet. Wie notwendig sie ist, zeigt die Erstbesiedlung herausgewitterter Gesteinsflächen, von Schichtenfurchen, Spalten und Rissen, die das Werk des Spaltenfrostes sind.

Die ersten Pioniere auf Felsgestein sind Algen, meist aus dem Formenkreis der fädigverzweigten, gallertigen Blaualgen, von denen man früheste Reste aus dem Präkambrium gefunden hat. Im Laufe von Jahren und Jahrzehnten bilden sich hauchdünne Algenüberzüge, die in unterschiedlichen Tönen den Fels färben und ihm jene warme Patina verleihen, die im Gebirge unserem Auge so wohltut. Grün oder braun, mitunter violett sind im Felsbereich der Kalkalpen die Lager der artenreichen *Gloeocapsa*-Blaualgen, gelbrot die Vliese von *Trentepohlia aurea,* leuchtendes Rot zeigen die Lager der wohlriechenden ›Veilchenstein‹-Alge *(T. iolothus).* Und wem sind auf seinen Wander- und Klettertouren an Felswänden noch nicht die schwarzen, oft meterbreiten, in der Richtung des periodisch herabfließenden Riesel- und Sickerwassers verlaufenden Streifen aufgefallen? Auch diese besonders auf Kalk und Dolomit auftre-

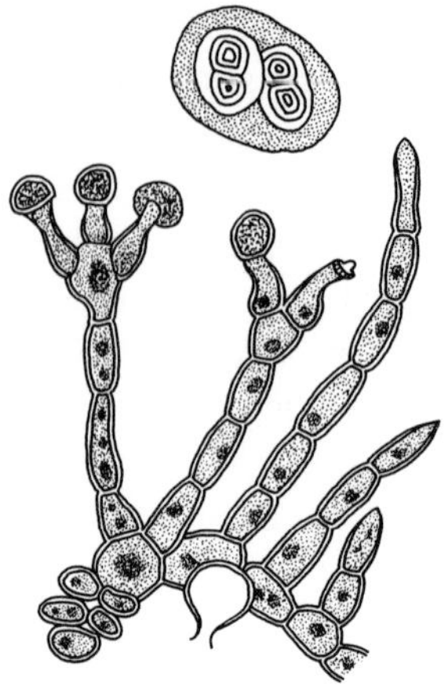

Pionieralgen. Oben Gallerthülle der *Gloeocapsa*-Blaualge, die je nach der chemischen Reaktion der Unterlage, aber auch durch ungleiche Belichtung eine rote oder violette Farbe annimmt. Unten Gallertfäden der Grünalge *Trentepohlia aurea,* die auf Felsen orangegelbe, filzige Überzüge bildet. Vergrößerung etwa 1000fach.

tenden sogenannten ›Tintenstriche‹ stammen von Luftalgen. Allen diesen ›auf Stein lebenden‹ Urpflanzen genügen die Spuren von Nährsalzen, die das Wasser aus dem Gestein herauslöst. Stärkste Durchhitzung und Durchfrierung können diese *Lithobionten* dank ihrer dicken Gallert›mäntel‹ ertragen. Diese Algengallerte freilich macht die Felsen glitschig und für den Bergsteiger gefährlich, der klugerweise Wände mit Tintenstrichen immer meiden wird.
Die durch Algen minuziös vorbereitete biologische Verwitterung setzen Flechten fort, die in wechselnder Gestalt und Farbe bis zu den höchsten und schroffsten Zinnen und Graten emporsteigen. Sie überklettern im Kaukasus die Fünftausendergrenze und ihnen begegnen wir in den Alpen noch weit über 3000 m. Selbst Eiszeiten haben die Flechten nachweislich im Vergletscherungsgebiet überdauert. Teils bevorzugen sie basischen Untergrund, teils sind sie dem sauren Boden der Silikatberge angepaßt. Die wichtigste säureliebende Gruppe ist die Gesellschaft der verbreiteten Landkartenflechte, die das Gestein mit ihrer gefelderten gelbgrünen Lagerkruste überzieht. An sonnigen, kurzzeitig berieselten Kalkfelsen entdecken wir die graubraune, schuppig-blättrige Lederflechte und auf Silikatgestein die schmutzigweißen, durch Tierfraß vielfach ge-

Bild 9: Blutrot gefärbter Schnee galt einst als unheilverkündend. Heute wissen wir, daß niedere Pflanzen, *Nivalalgen,* die natürliche Ursache solcher Verfärbungen sind.

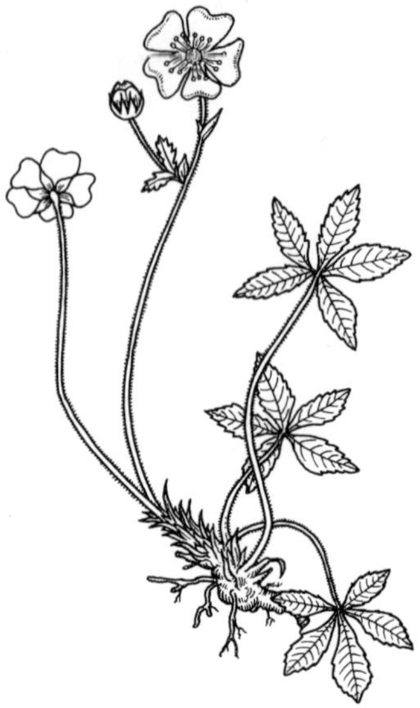

Gold-Fingerkraut *Potentilla aurea ssp. aurea*, häufig auf kalkarmer Unterlage.

schädigten Lager der Tintenflechte mit ihren kreisförmig angeordneten Fruchtkörpern.

Wo sich im Gefels nur ein Quentchen Humus bildet, da folgt den Flechten bereits das Moos nach, dessen zartes Wurzelwerk das Gestein mit Säuren vollends auslaugt, mürbe und locker macht und damit aufnahmefähig für die Wurzeln höherer Pflanzen, für Gräser und für die Vielzahl von Kräutern und Stauden.

Wer in den Alpen viel herumkommt, wird sich mitunter fragen, warum bestimmte Gegenden so reich an Pflanzenarten, andere wieder so auffallend artenarm sind. Wir brauchen nur an die geradezu unerschöpfliche Florenfülle der Walliser und Bündner Berge, der Seealpen und Dolomiten zu denken; wie vergleichsweise dürftig ist die Vegetation verschiedener Silikatberge der Zentralalpen (Mont Blanc, St. Gotthard). Die Gründe für derart eklatante Unterschiede in der Artenverbreitung und -verteilung sind mannigfacher, sicher zum Teil historischer Natur, ohne Zweifel ist aber der Bodenaufbau, die Gesteinsunterlage, von nicht geringer Bedeutung. Das bunteste Florenbild wird sich uns in den Alpen wohl immer dort bieten, wo auf engstem Raum Kalk und Silikat wechseln, wo mithin kalk*liebende* und kalk*fliehende* Pflanzen nebeneinander vorkommen. Interessant ist nun, daß es Pflanzenarten ein und derselben Gattung gibt, die sich offensichtlich auf Kalk oder auf Silikatgestein gegenseitig vertreten. Dies ist der Fall beispielsweise bei den Alpenrosen, von denen der Almrausch *(Rhododendron hirsutum)* streng an Kalk gebunden, die rostblättrige *ferrugineum*-Art aber in kieselreichen Gebieten am häufigsten ist. In entsprechender Weise gilt diese bemerkenswerte Gegensätzlichkeit hinsichtlich der Bodenansprüche für eine Reihe anderer Pflanzengattungen, so für den Alpen- und Gletscher-Hahnenfuß *(Ranunculus alpestris* und *glacialis)*, die gelbe und die rote Alpenprimel *(Primula auricula* und *hirsuta)*, für die großblumige und die weichblättrige Gemswurz *(Doronicum grandiflorum* und *clusii)*. Wir kennen aber noch weitere solche an Kalk gebundene bzw. kalkmeidende, sog. ›vikarisierende‹ Artenpaare, etwa unter Steinbrechen *(Saxifraga androsace* und *seguieri)*, Anemonen *(Pulsatilla alpina* und *sulphurea)*, Eisglöckchen *(Soldanella alpina* und *pusilla)*, Enziane *(Gentiana clusii* und *acaulis)* u. a. Die erstgenannte ist jeweils die Kalk-Art. Auf diese Unterschiede hat bereits vor 140 Jahren der Steirer *F. Unger* hingewiesen, Professor der Botanik in Wien, in seinem Werk ›Über den Einfluß des Bodens auf die Verteilung der Gewächse‹.

Wie überall, so spielt besonders auch in der Pflanzenökologie der Alpen der Stickstoffgehalt, genauer gesagt, die Stickstoffnachlieferung eine nicht zu übersehende Rolle. Die Gebirgsböden, insonderheit die sauren Humusböden, sind arm an für die Pflanzen aufnehmbarem Stickstoff. Das ist keineswegs verwunderlich, denn bei den niedrigen Temperaturen ist die Tätigkeit der Bodenorganismen nicht gerade intensiv; entsprechend langsam verläuft der Abbau der Humussubstanzen. In der unteren alpinen Stufe breitet sich auf nährstoffarmen, sauren, verdichteten und schlecht durchlüfteten Rohhumusböden das trittfeste Borstgras aus. Diese ertragsarmen *Nardus*-Weiden sind in den Alpen über der Baumgrenze weitverbreitet. Eine ganz andere Vegetation stellt sich ein, sobald der Boden mit Stickstoff angereichert wird. Dieserart gedüngte Stellen sind die Plätze, wo das Wild lagert. Die ausgesprochene Lägerflora findet man allerdings mehr auf Weidelägern und im Umkreis von Almhütten. Sie besteht großenteils aus hochwachsenden Kräutern, die dann die bekannten Hochstaudenfluren bilden. Charakteristische Lägerpflanzen sind in den Alpen Eisenhut- und Alpendost-Arten, Meisterwurz, Milchlattich, Filzige Kratzdistel, Alpen-Weidenröschen, Weißer Germer u. a. Auf stark überdüngten Stellen in der

Nähe von Sennhütten und Ställen bildet der Alpen-Sauerampfer, der im Montafon im Winter als Schweinefutter verwendet wird, fast reine Bestände. Durch Beweidung begünstigt werden auch die Krokusse, deren Blüten gleich nach dem Ausapern die noch nicht ergrünten Viehweiden schmücken. Zu einer gewissen Stickstoffanreicherung des Bodens trägt auch die Grünerle bei, die auf feuchten Hängen die Latsche in der Krummholzstufe verdrängt, da sie Wurzelknollen mit symbiontischen Pilzen (Actinomyceten) besitzt, die elementaren Stickstoff assimilieren. Nitrophile Arten finden wir in den Alpen aber auch an anderen Standorten, z. B. an den Nistplätzen von Vögeln. Außer ›koprophilen‹ Flechten bilden hier Brennnesseln, Rispengräser, Lichtnelken und Löffelkräuter oft die einzige Vegetation.

Mahd und Beweidung

Naturgemäß bedeuten Mahd und Beweidung empfindliche Eingriffe in das pflanzliche Lebensgefüge. Die Mahd trifft unter den Kräutern eine strenge Auslese; es verbleiben nur solche Arten, die leicht regenerieren, die vor und zwischen dem Schnitt zur Fruchtreife gelangen, und natürlich Rosetten- und Halbrosettenpflanzen, die durch das Mähen weniger in Mitleidenschaft gezogen werden. Eine Überbesetzung mit Weidevieh zerstört in jedem Falle die Grasnarbe der Bergwiesen. Die ›Viehgangerl‹ sind nicht allein Angriffsflächen für die Erosion der Hänge, sie bedeuten auch, und das nicht zuletzt, durch eine Pressung des Porenvolumens des Bodens eine Vernichtung der Kleinlebewelt, des sog. *Edaphons,* das für die Bildung humoser Stoffe von allergrößter Wichtigkeit ist. Die wohl schärfste Auslese unter der Vegetation wird durch Schafe getroffen. Ihr scharfer Tritt und der kurze Biß sorgen für eine rasche Schwächung der Kräuter. Bei intensiver Schafbeweidung in den Hochlagen der Alpen verwandeln sich die Matten, deren Farben- und Formenfülle Ausdruck einer harmonischen Biozönese ist, in zunehmendem Maße in eine artenärmere, nur noch von robusten Kräutern durchsetzte

Bild 10: In der Bernina, nahe der Dreitausendergrenze, hat die Kamera dieses Blumenmotiv mit dem Gletscher-Hahnenfuß *(Ranunculus glacialis)* eingefangen. »Sonnenauge« heißt diese ebenso schöne wie lebenstüchtige Alpenpflanze im Volksmund.

›Milchkrautweide‹. Länger behaupten sich in der Regel nur solche Pflanzen, die wegen ihres Gehaltes an Bitter- und Giftstoffen von Schafen – und auch anderem Weidevieh – gemieden werden, wie Germer, Eisenhut, Arnika u. a. Während das Schaf Gras allem anderen Futter vorzieht, ist die Ziege naschhaft. Sie frißt mit Vorliebe Laub von Erlen, Buchen, Eschen, selbst Baumnadeln, Isländisches Moos und Bartflechten. Diese Vorliebe für Waldpflanzen macht sie zum ausgesprochenen Waldschädling.

Das ›entdeckte Geheimnis‹ der Alpenblumen

Woran liegt es, daß von der Blumenwelt, die uns auf Bergwiesen und Matten, in Hochstaudenfluren, Geröllhalden und Felsspalten entgegentritt, eine solche Faszination ausgeht? Sicher ist es die Vielgestaltigkeit der Kräuter und Stauden, vor allem aber deren einmalige Farbigkeit, die uns Bergsteiger und Naturfreunde immer wieder aufs neue gefangen nimmt. Leicht läßt uns der Zauber der Alpenflora zu uferlosem Schwärmen kommen, doch wir wissen, daß alle Farbigkeit der Blüten keineswegs »der Schönheit halber zur Erquickung unserer Seele« da ist, sondern daß sie innerhalb des pflanzlichen ›Planes‹ eine entscheidende Funktion zu erfüllen hat, nämlich Bestäuber anzulocken. Die Bestäubung ist nun einmal die Voraussetzung für die Befruchtung und damit die Samen- und Fruchtbildung – denn das Leben muß weitergehen in der Vielfalt seiner Formen, auch und gerade in der Welt des Hochgebirges mit seinen harten Daseinsbedingungen.

Für die Bergflora ergeben sich mit zunehmender Höhe manche *blütenbiologische* Probleme, insofern als die Blütenbesuche durch pollenübertragende Insekten nachlassen. Durch Intensivierung der Anlockungsmittel – leuchtendere Farben, gesteigerter Duft, erhöhte Nektarproduktion – muß hier die Pflanze um ihre Bestäuber ›werben‹.

Unverkennbar treten die Blüten vieler Alpenblumen auffälliger hervor, weil die grünen Teile viel stärker reduziert, die Stengel kürzer, die Blätter kleiner sind. Häufig stehen auch viele kleine Einzelblüten zu dichten Blütenkugeln zusammen, wodurch sie einen größeren optischen Effekt erzielen. Die dichten Rasen des niedrigen Seifen-

krautes, die Polster des Stengellosen Leimkrautes oder des Schweizer Mannsschildes, die Doldentrauben etwa des Täschelkrautes oder die auffallenden Blütenähren mancher Bergorchideen sind einige Beispiele für die Vielzahl, die hier genannt werden könnte.
Längst hat die neuzeitliche Blütenbiologie das ausgezeichnete Farbsehvermögen von Schmetterlingen, Bienen und anderen blütenbesuchenden Insekten nachgewiesen. Wir wissen aber auch, daß sich deren Farbensinn von dem des Menschen unterscheidet, daß nämlich Bienen und Hummeln – im Gegensatz zu vielen Tagfaltern – rotblind sind, Ultraviolett (UV) aber als eigene Farbqualität zu unterscheiden imstande sind. Diesen Leistungen des Insektenauges entsprechen auch die Blütenfarben. Reines Rot ist bei tropischen Vogelblumen, deren Bestäuber diese Farbe wohl unterscheiden können, weitverbreitet, hingegen in unserer heimischen Flora sehr selten; unter den Alpenpflanzen kommt es beispielsweise bei der Feuerlilie vor. Was wir bei Bienenblumen vielfach als ›Rot‹ bezeichnen, ist in Wahrheit eine Mischung von Rot und Blau, also Purpur, wie z. B. bei den Blüten vom Beinwell. Zahlreiche Biologen, wie *Seybold, Daumer, Kugler* u. a., haben gefunden, daß viele Blüten Ultraviolett reflektieren, für Insekten werden diese Blumen also in einer Mischfarbe aus dem uns sichtbaren Farbton und UV erscheinen. Ein gelber Berg-Hahnenfuß z. B. ist für uns gelb, für Bienen zeigt er eine Mischfarbe aus Gelb und Ultraviolett – ›Bienenpurpur‹.

Glänzende Skabiose *(Scabiosa lucida)*, ein Kardengewächs der wärmebedürftigen Blaugras-Horstseggenrasen (1000–2600 m). Die randständigen Blüten sind größer und strahlender als die Innenblüten (rechts außen). Die nektarreichen Blütenköpfe werden besonders gern von Bluttröpfchen-*(Zygaena-)*-Faltern angeflogen.

So ergeben sich für UV-wahrnehmende Insekten zum Teil ganz neue Farbqualitäten. Anders ist es bei Weiß, und bemerkenswerterweise überwiegen in den Alpen weißblühende Pflanzen mit fast 40 Prozent (nach *Steber*). Die Mehrzahl der uns weiß erscheinenden Blumen reflektiert UV nicht, d. h. den Insekten können sie gar nicht weiß, sondern nur farbig erscheinen, und zwar in der Komplementärfarbe zu Ultraviolett, und das ist nach den Untersuchungen von *Daumer* ›Bienenblaugrün‹. Beispiele: Silberwurz, Sägeblättrige Wucherblume, Weißer Alpenmohn.

Bei vielen Blumen sind die einzelnen Kronblätter, wie wir wissen, nicht gleichmäßig gefärbt. Sie zeigen auffällige, meist kontrastierende Musterungen, welche Blütenbesuchern mit ausgeprägtem Farbsinn als ›Wegweiser‹ zum Nektar dienen. Bei den tiefvioletten Blüten des Alpen-Leinkrautes z. B. ist die wulstige vorgewölbte Unterlippe, der ›Gaumenfleck‹, safrangelb oder ziegelrot gefärbt, bei der hellpurpurnen Krone der Mehlprimel ist der Blüteneingang von einem intensiv gelben Ring umgeben. Andere Alpenblumen lassen auf der Krone deutliche ›Saftmale‹ erkennen. So zeigt die Unterlippe beim Gelben Fingerhut bräunliche, netzförmige Zeichnungen. Bei dem in der montanen Stufe verbreiteten Rührmichnichtan ist die Kronen-Innenseite mit vielen roten Punkten übersät.

Nicht wenige Alpenblumen haben Blütenmusterungen, die uns Menschen unsichtbar sind, weil sie nur im UV-Bereich auftreten. Beim Gold-Fingerkraut beispielsweise zeigen, worauf *Kugler* hinweist, die Kronblätter bereits im sichtbaren Licht einen orangefarbenen Fleck am Grunde. Für Insekten sind die Blumen dreifarbig: nämlich außen gelb und ultraviolett, in der Mitte rein gelb, am Grunde orange. Nur für Blütenbesucher sichtbar sind die den Blüteneingang markierenden Male z. B. bei der purpurroten Polsternelke, dem Stengellosen Leimkraut. Dieselbe Wirkung haben die ebenfalls uv-freien Fransen des Deutschen Enzians. Bei der Arnika reflektieren nur die Strahlenblüten UV, die Mitte nur Gelb, Insekten sehen also den Rand der Blumen gelb und uv, die Mitte nur gelb. Die Unterlippe des in den Alpen verbreiteten Klebrigen Salbeis zeigt nur für Insekten sichtbare braune Strichzeichnungen, das-

Bild 11: Oberhalb des Val Verzasca in den Tessiner Bergen stehen diese windgescherten Baumveteranen als Zeugen ungebrochener Lebenskraft.

selbe gilt auch für die Unterlippe verschiedener Bergorchideen (Brand-Orchis, Salep- und Helm-Knabenkraut). Beim Alpen-Goldregen zeigt die gelbe Fahne am Grunde bräunliche, UV stark reflektierende Striche; nur an ihrem Grunde und im vorderen Teil des Schiffchens fehlt die UV-Reflexion – das sind die für das Insekt sichtbaren Stellen, wo der Rüssel eingeführt werden muß.

Diese Raffung von Beispielen sollte genügen, um deutlich zu machen, daß immer diejenigen Blütenstellen uv-frei sind, die in der Nähe der Nektarausscheidung liegen oder dorthin führen. Unverkennbar ist auch die Beziehung zwischen Blütenform und Häufigkeit der Blütenmusterungen. Von Scheiben-, Trichter- und Glokkenblumen ist etwa die Hälfte Malträger, von Stielteller-, Köpfchen- und Lippenblumen etwa zwei Drittel, von Schmetterlingsblumen nahezu 90 Prozent. Daß die Häufigkeit der Blütenmale mit der Kompliziertheit der Blütenausbeutung zunimmt, erkannte gegen Ende des 18. Jahrhunderts *Christian Konrad Sprengel,* der ›Vater der Blütenbiologie‹.

Als Blütenbestäuber kommen in den Alpen vor allem Schmetterlinge und Hummeln in Betracht. Die große Zahl der Falter, die während des kurzen Bergsommers die sonnigen Matten beleben, fallen wohl jedem Bergwanderer auf. Tatsächlich gibt es auf den Hochalmen mehr Falter als im Tiefland – wohl weil die Anzahl insektenfressender Vögel geringer ist. Insbesondere sind die zahlreichen Nachtfalter aus der Familie der Spanner, die hier am Tage fliegen, nicht zu übersehen. Auf offenen Matten, ebenso wie am Alpenrosen-Gebüsch finden sich zahlreiche Tagfalter ein, Bräunlinge, Bläulinge und Perlmutterfalter, und eine Vielzahl der schönsten Kleinschmetterlinge, die als Raupen in unterschiedlichster Weise an Pflanzen leben, Minen und Fraßgänge anlegen oder Blätter zu Wickeln zusammenrollen. In zunehmendem Maße verschwindet die Schmetterlingsfauna, je mehr wir uns der oberen Grenze der Nadelwaldstufe nähern, um in der alpinen Zone immer seltener zu werden und in der Schneeregion völlig zu verschwinden. Einer der bekanntesten am höchsten aufsteigenden Flachland-Schmetterlinge ist unser Kleiner Fuchs *(Vanessa urticae),* der auch als Raupe mit seiner Futterpflanze, der Brennessel, bis zu den höchsten Grenzen ihrer Verbreitung (1800 m) vordringt und als Falter sogar noch oft in der Nivalzone angetroffen wird.

Von den Hautflüglern dominieren in Höhen über 1500 m bemerkenswerterweise die Hummeln, deren dichter Haarpelz sie vor allzu großen Wärmeverlusten schützt. Für die Honigbiene ist das Klima in der eigentlichen alpinen Region zu rauh, die Winter zu hart, die Honigtracht zu kurz und unbeständig. Dem sucht man in vielen Alpentälern durch die Wanderbienenzucht abzuhelfen. Man stellt die Völker in geschützten Berglagen über 1500 m auf, verlängert auf diese Weise die Tracht und erhält den wertvollen Gebirgshonig.
In der hochalpinen Zone sind die Fliegen die wichtigsten Blütenbesucher, insbesondere gilt dies für die Syrphiden, die Schwebfliegen, die man an warmen Tagen noch in Höhen zwischen 2600 und 2800 m in großer Zahl antreffen kann. Von den echten Fliegen ist die bis 3000 m vorkommende Art *Myiospila meditabunda alpina* der hauptsächlichste Bestäuber der alpinen Zwergweiden. Hochalpine Sumpfstellen mit Seggen und Wollgräsern sind der Biotop zahlreicher Schnaken-Arten, die in den Alpen bis zur Dreitausendergrenze steigen, und die man öfters an Blüten beim Saugen und bei der Aufnahme von Wassertröpfchen beobachten kann.

Bild 12: Felsenstandorte, dem Wind und starker Erhitzung ausgesetzt, sind Pionierstandorte, welche von der Flora besondere Anpassungen erzwingen, Polsterwuchs zum Beispiel. Hier das prächtige Kugelpolster des Stengellosen Leimkrautes *Silene acaulis.*

Bild 13: Im Pflanzenschutzgebiet des Heutals (Val dal Fain), nördlich der Bernina, findet der Wanderer solche »Blütensträuße« auf Schritt und Tritt: rotes Seifenkraut und Enzian neben Alpenstiefmütterchen und -vergißmeinnicht.

Die Alpenflora – vom Tal zum Gipfel

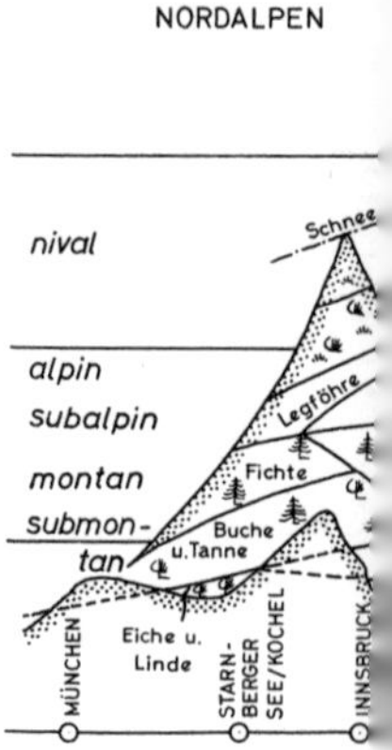

Keineswegs sind es die mächtig aufgetürmten Gebirgsmassen mit ihren Gesteinshalden, Graten und Gletschern allein, die das Antlitz der Bergwelt prägen. Was wäre auch die Alpenlandschaft ohne die Vielfalt und den steten Wechsel ihres Pflanzenkleides, ohne die herrlichen Wälder und die blühenden Almwiesen, ohne die vom Sturm gezeichneten Wettertannen in der Kampfzone einsamer Kare!

Wer von einem Alpental aus einen firnbedeckten Dreitausender besteigt, durchschreitet in Stunden mehrere klimatische Vegetationszonen, einen Bereich, der, auf die Horizontale übertragen, über eine Strecke von vielen tausend Kilometern bis an den Rand der Arktis gehen würde.

Die verschiedenen Höhenstufen, die erstmals von keinem Geringeren als *Leonardo da Vinci* und 100 Jahre später von dem Veroneser Arzt und Apotheker *Francesco Calzolari* bei seiner berühmt gewordenen Besteigung des Monte Baldo beobachtet wurden, sind charakterisiert durch gemeinsame Lebensbedingungen, gemeinsame Pflanzenarten und Pflanzengesellschaften.

Wir beginnen unsere Bergwanderung. Oberhalb der Wiesen- und Ackervegetation durchschreitet man zunächst Laub- und Mischwälder. Diese unterste sog. *Hügelstufe* reicht in den Nordalpen bis etwa 700 m, in den Zentral- und Südalpen 100 bis 200 Meter höher. Bei etwa 1200 m in den Nordalpen (bei 1400–1500 m in den Zentralalpen, zwischen 1500 und 1700 m in den Südalpen) ist die Wald-, die *montane* Stufe erreicht, charakterisiert durch Berg-Mischwälder, Fichten-, Lärchen- und Föhrenwälder. Darüber schließt sich die Gebirgs- oder *subalpine* Stufe an, die in den Zentralalpen bis 1900 m, nicht selten bis 2400 m geht und vorzugsweise mit Zirben-Lärchenwäldern bestockt ist. An der Grenze zwischen dem geschlossenen Wald und der nunmehr beginnenden Hochgebirgs- oder *alpinen* Stufe der Matten- und Felsregion schließen sich niedrige Gehölze aus Latsche, Grünerle, Alpenrose und Wacholder oft zu großen Beständen zusammen. In besonders günstigen, windgeschützten Lagen steigen diese mitunter kaum durchdringbare Dickichte bildenden Kleinsträucher selbst über die *Baumgrenze* hinauf. Im

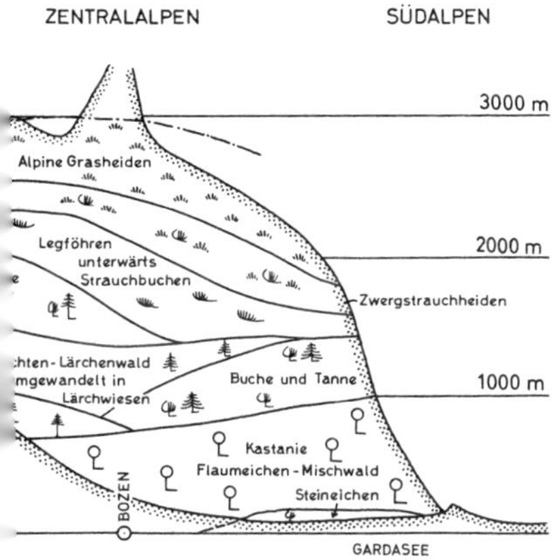

Die Vegetationsstufen der Alpen auf der Linie München–Gardasee. Nach Gams (etwas verändert).

Bild 14: Bis in Höhen über 3000 m steigt die Ganzrandige Primel *(Primula integrifolia);* für eine ›kalte‹ Felswand könnte es keinen farbenprächtigeren Blütenschmuck geben.

Bild 15: In eiszeitlichen und nacheiszeitlichen Ablagerungen sind von Gletscherweiden, so auch von der abgebildeten Netzweide *Salix reticulata,* fossile Reste festgestellt worden.

Bereich der Schutt- und Felsfluren löst sich die geschlossene Decke der Wiesenvegetation mehr und mehr auf. Trockenheit, Humusmangel, rollendes Gestein, Hitze, Frost und schneidende Winde prägen diese alpine Kampfzone oberhalb der (in den einzelnen Alpengebieten auf ungleicher Höhe verlaufenden) Baumgrenze, bis schließlich in der Region des ewigen Schnees, der sog. *Nivalzone*, der Pflanzenwuchs völlig schwindet – abgesehen von Moos- und Flechtenlagern und vielleicht einzelnen in besonders geschützten Felsnischen sich behauptenden Polsterpflanzen.

Naturgemäß unterliegt dieses ›Vegetationsmodell‹ einer Vielzahl von lokalklimatischen Einflüssen. So pflegen etwa in warmen Föhntälern die Pflanzen der tieferen Lagen weit höher zu steigen; umgekehrt nehmen am Grund von Lawinenbahnen, wo der Schnee bis weit in den Sommer hinein liegenbleibt, hochalpine Gewächse entsprechend tiefere Standorte ein. Auch die Himmelslage ist nicht ohne Einfluß auf das Vegetationsbild. Je höher wir steigen, um so mehr verschärfen sich die Temperaturgegensätze zwischen besonnten Südlagen und schattigen Nordhängen. Selbst auf engstem Raum, etwa auf der Sonnen- und Schattenseite eines Felsblockes oder am Rande und im Inneren eines Gehölzes, können die durch Temperatur und Feuchtigkeit bedingten kleinklimatischen Verhältnisse denkbar unterschiedlich sein. Gerade in der hochalpinen Nivalregion ist das Mikroklima kleiner und kleinster ›Wärmeinseln‹ unter Umständen vegetationsbestimmend. Welchem Bergwanderer ist solche Augenweide noch nicht begegnet: Inmitten einer zunächst vegetationsfeindlich erscheinenden Fels- und Eiswüste sprießt auf ein paar Quadratdezimetern blühendes Pflanzenleben. Vielleicht aus weißem Kalkfels leuchtend, der seidig schimmernde, mit rosaroten Blütenmustern durchwirkte Teppich des Dolomiten-Fingerkrautes, vielleicht die kompakte Halbkugel eines Schweizer Mannsschildes oder das Blütenpolster der Leimprimel, zu der man im Tirolischen *Schrofenrösl* sagt und die bald nach der Schneeschmelze in warme Silikatwände rote Farbtupfen zaubert.

Zum Bild der Alpen gehören Wald und Baum. Die Forststatistiker der Alpenländer schätzen, daß ursprünglich, d. h. in der Wärmezeit vor sieben Jahrtausenden, etwa zwei Drittel bewaldet waren – heute ist es nur etwa ein Drittel! Nicht zuletzt war es der Mensch, der die Bewaldung des Alpenraumes tiefgreifend verändert hat. Unberührte *Urwälder* gibt es so gut wie nicht mehr. Größere Reste ursprünglicher Waldungen sind im Schweizerischen Nationalpark gegeben; auch andere Großschutzgebiete, wie in den Tauern und um den Königssee, weisen noch Teile urwaldartiger Bestockung auf. Wohl das beste geschlossene Urwaldgebiet ist der Rothwald am Südostabhang des Dürrensteins bei Lunz am See. Bleiben noch einige wildromantische ›Märchen- und Zauberwälder‹, deren sich Fremdenverkehrsvereine (z. B. Ruhpolding) mit viel Eifer und Publicity angenommen haben und die bei Naturfreunden und Kurgästen den Eindruck des Urwüchsigen, Unberührten, vielleicht auch etwas des Romantisch-Unheimlichen erwecken sollen.
Bis in die höchsten und abgelegensten Gebiete haben Alm- und Heimweide seit Jahrhunderten die Wälder verfolgt und umgeformt. Bereits im Mittelalter waren großflächige Rodungen gang und gäbe. Aus dem Holz der Alpenwälder bauten Genua und Venedig ihre Flotten, Unmengen von Gruben- und Sudholz verschlangen der Bergbau und die Salinen, zahllose Gewerbe (Schachtelmacher, Schnitzer, Dreher, Mulden-, Rechen- und Holzschuhmacher) bedurften ständig des Holzes, nicht geringe Mengen verarbeitete der Bergbauer für Almbauten und Umzäunungen, oder sie dienten als Hausbrand. Ein drastisches Beispiel bietet die Nutzung der Schindeln für Dächer und Verschalungen; im ganzen Alpengebiet wurden sie aus spaltbaren Fichten und Lärchen, gelegentlich auch aus Weißtannen gewonnen. Ganze Bergzüge wurden im Laufe der Zeit dieser besten Bäume beraubt. Manche Baumarten wurden gegend-

Bild 16: Gleich nach der Schneeschmelze schmücken sich die Alpenmatten mit dem zarten Teppich des Frühlings-Krokus *(Crocus albiflorus)* – ein bezaubernder, leider schnell vergänglicher Anblick für den Bergwanderer.

Bild 17: Die durch Algen vorbereitete »biologische Verwitterung« setzen Flechten fort, die dann das Gestein unaufhaltsam auslaugen, mürbe und locker machen und damit erst besiedlungsreif für höheres Pflanzenleben.

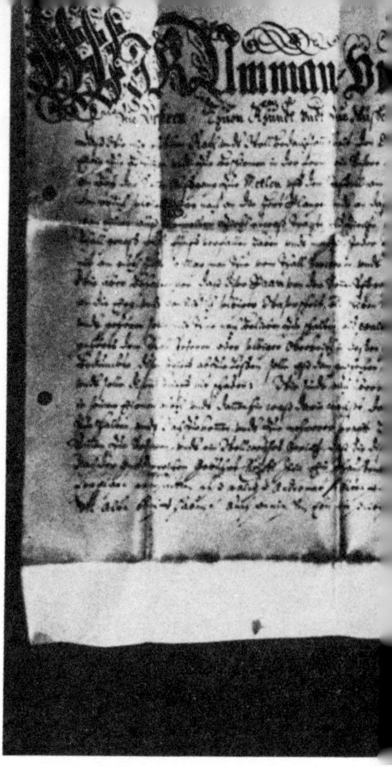

weise völlig ausgerottet, wie die Eibe, deren Holz zu Bogen, Schnitzereien u. dgl. verarbeitet wurde. Nicht genug damit haben zu allen Zeiten Brände, Steinschlag, Muren, Schneelawinen und Wildwasser ihren Tribut vom Bergwald gefordert.
Es muß immer wieder ins Bewußtsein gerückt werden, daß kaum einer anderen Pflanzengesellschaft im Kreislauf des Naturgeschehens eine so große Bedeutung zukommt, wie dem Wald.
In hohem Maße bietet der Wald im Gebirge Schutz vor Naturgefahren. Er sichert gegen Bodenerosion und jähen Wasserabfluß, er muß Bollwerk gegen Steinschlag und Erdbrüche, gegen Muren und Lawinen sein. Hier liegt der große Wert von Bannwäldern für die Bewohnbarkeit der Gebirgstäler, für die Verkehrswege, Bahnen und Straßen. Vielleicht am bekanntesten ist der Bannwald von Andermatt am Gotthard. Bereits im Jahre 1397 wurde er durch einen ›Bannwaldbrief‹ zum Schutzwald erklärt, so daß über Jahrhunderte bis auf den heutigen Tag dessen nachhaltige Bewirtschaftung gesichert war.

Der Wald ist eine ausgewogene, weil sich weitgehend selbstregulierende Gemeinschaft von Pflanzen und Tieren – jedenfalls solange sich der Mensch nicht einschaltet und dieses Gleichgewicht zerstört. Gewaltsamen menschlichen Eingriffen bleibt die Natur ihre Antwort nicht schuldig, am wenigsten nach Zeiten übermäßiger Vernichtung der Waldungen. Beispiele gibt es mehr als genug, man braucht nur an die katastrophalen Folgen der Abholzung der Alpenwälder in der Dauphiné zu erinnern.
Die unterschiedlichen Klimazonen unserer Alpen haben unterschiedliche Waldformen entstehen lassen; jeder, der in den Bergen unterwegs ist, wird dies feststellen können.
In der mittleren montanen Stufe (um 1000 m NN) der Nordalpen ist die Buche *(Fagus silvatica)* meist allen anderen Baumarten über-

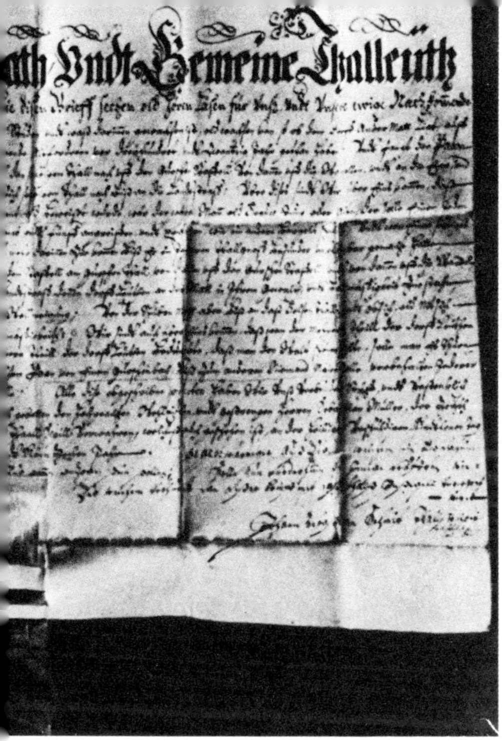

Waldbannbrief von Andermatt am Gotthard vom Jahre 1397. Erneuerte Pergamenturkunde vom 28. Dez. 1717. Teilarchiv der Korporation Urseren in Andermatt, Schachtel 2.

legen und bildet nahezu Reinbestände, die in höheren Lagen durch tannen- und fichtenreiche Wälder ersetzt werden. In den Zentralalpen bleibt sie vielfach schon in den Tälern zurück oder sie fehlt ganz, was seinen Grund in der hohen Sommerwärme und den geringeren Niederschlägen haben dürfte. Das Beispiel des Arlbergs mit dem Buchenreichtum auf der nach Westen weitgeöffneten Leeseite und dem Buchenmangel auf der trockenen Tiroler Seite ist bekannt.

In hochmontanen bis subalpinen Lagen sind die Berg-Buchenwälder meist reich an Hochstauden. Charakterarten sind: Rispen-Eisenhut, Weißer Germer, Alpenrachen, Rundblättriger Steinbrech, Rotes Waldvögelein u. a. Die hohe Luftfeuchtigkeit läßt zartblättrige Farngewächse (Eichenfarn, Frauenfarn, Wurmfarn) gut gedeihen, kennzeichnend sind auch blattgrünfreie Humusbewohner: die Nestwurz und der Fichtenspargel, seltener die Korallenwurz und der Widerbart. Im Buchenwald der östlichen Voralpen findet sich das zierliche Alpenveilchen, das unter Naturschutz steht.

Auf kräftigen, frischen Böden bildet der Bergahorn *(Acer pseudoplatanus),* der über 400 Jahre alt und bis 40 Meter hoch werden kann,

gelegentlich auch reine Bestände. Das Berchtesgadener Land, vor allem die Ramsau und die Schönau, sind für ihre prächtigen Ahorne bekannt, nicht minder das Karwendel mit seinem Ahornboden. Der Bergahorn steigt bedeutend höher als die Rotbuche: in den Bayerischen Bergen bis 1600 m, in den Karnischen Alpen über 1800 m, im Wallis gar auf 2000 m. Keine andere Baumart des Alpenlandes erweist sich gegen Verschotterung, Murgänge und Lawinen so widerstandsfähig wie das *Uhorn* – so heißt unser Bergahorn in Graubünden – das, wie eingehende Messungen zeigen, selbst Verschüttungen über 1 Meter jahrhundertelang überlebt.

Ist der Bergahorn mit seiner breitgewölbten Krone der auffallendste, die Buche der verbreitetste Laubbaum im Alpenraum, so machen sich Linde, Esche und Ulme um so rarer und beschränken sich meist auf Tal- und Hügellagen. Noch am höchsten, bis 1600 m, steigt die Esche *(Fraxinus excelsior)*, die an Bachläufen, in Gräben und feuchten Hängen bestens gedeiht.

Unter den Erlen nimmt die Alpen- oder Grünerle *(Alnus viridis)* einen besonderen Platz ein, insofern sie an ihrem natürlichen Standort – im Unterholz der Nadelwälder – nur strauchartig wird. Sie steigt bis in die Knieholzregion über der Waldgrenze (Name *Laublatsche*) und bildet hier oft ausgedehnte Bestände, steigt mit den Flüssen aber auch abwärts, im Tessin bis in die Kastanienregion. Durch ihren dichten Wuchs, die feste Verankerung im Boden sowie durch ihr starkes Ausschlagsvermögen schafft die Alpenerle einen vortrefflichen Schutzwall gegen Steinschlag, Erdrutsch und Lawinen.

Andere Klimazonen ließen in weiten Bereichen der Alpen andersartige Waldungen entstehen. In den Seealpen und Ligurischen Bergen überziehen ganze Wälder von Ölbäumen die Hänge. Gekennzeichnet ist die wilde *Olea europaea* durch dornige Zweige sowie (im Gegensatz zur Kulturform) durch kleinere Blätter und Blüten. Anderwärts finden wir die Edelkastanie *(Castanea sativa)*. Die Selven des Bergell bergen mächtige Riesen dieses zwar künstlich verbreiteten und veredelten Baumes, der aber von Natur aus am Südhang der Alpen heimisch ist; in ihm vereinen sich Schönheit und

◁

Bild 18: Welcher Bergsteiger meidet nicht die besonders auf Kalk und Dolomit auftretenden »Tintenstriche«, die von *Luftalgen* stammen und das Gefels gefährlich glitschig machen.

Der Bergmischwald ist die dauerhafteste und zugleich ertragsreichste Waldform, allerdings nur solange, wie die ursprüngliche Mischung und der ungleichartige Bestandsaufbau erhalten bleiben.

Nützlichkeit gleichermaßen. Am Alpensüdrand gedeihen in wärmster Lage Wälder der Korkeiche *(Quercus suber)*, darüber die Buschwälder der Steineiche *(Quercus ilex)*, die besonders im Tal der Durance weit nach Norden reichen.

In den eigentlichen Waldzonen unserer Alpen sind die Nadelhölzer das tragende Element. Vor allem gilt das für die Fichte *(Picea abies)*, die wie heute wohl schon seit Jahrtausenden das Landschaftsbild der Bergwälder prägt. Hoch und kraftstrotzend sind ihre Stämme, und ihre harzig duftenden, schwer herabhängenden Äste und Zweige sind in nebelreichen Lagen mit langen Flechtenbärten behangen. Die *Rottanne*, wie der Schweizer die Fichte nennt, bildet häufig die Baumgrenze zwischen 1500 m und bis über 2000 m hinauf, wo ihr ein flachstreichendes Wurzelwerk ermöglicht, sich an steilen und felsigen Hängen festzuklammern. Freilich verkümmert sie hier zu einer Zwergform (Volksname *Grotze*), ohne jedoch wie Buche und Bergföhre typischen Krummholzcharakter anzunehmen. Sie bleibt aufrecht, wächst aber kaum – in 100 Jahren höchstens 3 Zentimeter, wie an den dichten Altersringen abzulesen ist. In den Alpen ist die Fichte überall auch in die tiefer gelegenen Waldgesellschaften eingesickert oder dort zurückgeblieben. So ist sie auf den Flußalluvionen der Tieflagen ebenso zu finden wie in Kiefern-Trockenwäldern, in Buchen-Waldgesellschaften und im Moorbereich.

 Der montane Fichtenwald niederschlagsreicher Berggegenden ist reich an Farnen und Heidelbeeren; in den trockenen Gebieten, wie im Wallis oder Engadin, tritt in den Fichtenwäldern – hier oft noch zusammen mit Lärche und Engadin-Föhre – das Perlgras als typische Begleitpflanze auf. Im subalpinen Fichtenwald finden sich, eingebettet in Schatten und Feuchtigkeit, Moderorchideen wie Korallenwurz, Widerbart und Fichtenspargel, große Teppiche bilden die meterlangen kriechenden Ausläufer des Sprossenden Bärlapps, und im nassen Moosrasen ist das kleine, seltene Herzblatt leicht zu übersehen. An lichten Stellen siedeln zum Teil ansehnliche Stauden: der Dornfarn mit seinen stachelspitzigen Fiederchen, der hochgiftige Wolfs-Eisenhut, der Alpen-Milchlattich und der meist violett blühende Hasenlattich. Schon im zeitigen Frühjahr finden wir in Bachschluchten und Quellnischen die durch kriechende Wurzelstöcke sich ausbreitende Weiße Pestwurz. Den Fichtenwald der östlichen Kalkalpen ziert die herrliche Christrose mit dem Zauber ihrer porzellanartig erscheinenden Blüte. Nicht leicht zu finden sind das kleine, zierliche Moor-Zweiblatt, eine eurosibirisch-nordamerikanische Orchidee und, zwischen den Moospflänzchen mitunter halbversteckt, das duftende Einblütige Wintergrün. Am Rande von Fichtenwäldern blüht oft bis in den Bergsommer hinein der leider sehr selten gewordene Frauenschuh – es ist schon ein außergewöhnliches Erlebnis, auf einer Bergwanderung dieser unvergleichlich schönen Orchidee zu begegnen.

Neben der gewöhnlichen Fichte verdient die schmalwüchsige Omorika-Fichte *(Picea omorica)* erwähnt zu werden, die 40 m Höhe erreichen kann, im späten Tertiär weitverbreitet gewesen zu sein scheint

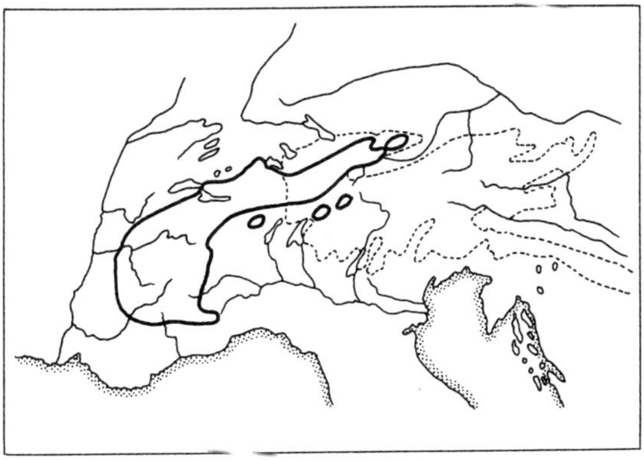

Die Verbreitung der Legföhre (*Pinus mugo*, punktiert) und der Spirke (*P. uncinata*). Nur im Raum Graubünden kommen beide Arten zusammen vor.

und heute als Relikt lediglich in einigen unwegsamen und sehr dichten Urwäldern der Dinarischen Alpen noch vorkommt.
Die Tanne *(Abies alba)* ist ein Baum der unteren Bergwaldstufe, der hohe Ansprüche an den Nährstoffgehalt des Bodens stellt, eine lange Vegetationszeit und Sicherheit vor Spätfrösten beansprucht. In den Alpen ist sie die typische Baumart der Randlagen. Die hochmontanen reinen Tannenwälder finden ihre Hauptverbreitung in den Südwestalpen. In der Schweiz stockt auf feuchten, tonigen Schichten der unteren subalpinen Stufe der farnreiche Hochstauden-Tannenwald, er entspricht dem Alpenrosen-Tannenwald der Südalpen.
Der Bodenwuchs im Tannenwald hat viel Ähnlichkeit mit dem des Buchenwaldes, in größerer Höhe treten die für den oberen Bergwald kennzeichnenden Arten wie Rippenfarn, Geißbart und Alpen-Milchlattich hinzu. Im Tannenwald des Alpenvorlandes sind charakteristisch das Rundblättrige Labkraut und der Hainsalat, auf Schlagflächen die Tollkirsche und der Attich.

Eine botanische Kostbarkeit der subalpinen Stufe ist die Spirke *(Pinus uncinata)*. Sie ist die aufrechte Form der Bergkiefer, hat auch genau die gleiche Benadelung, doch schiefe, unsymmetrische Zapfen. Verbreitet ist sie in Tirol und den Westalpen von 1400 bis 2000 m. Im vermurten Wimbachtal (Ramsau) beispielsweise bildet *Pinus uncinata* geschlossene Bestände, in denen die wuchstüchtigsten Exemplare Höhen bis zu 16 Meter erreichen.
Einen großartigen Kontrast zu dem tiefen, dunklen Grün der Fichten gibt der sonnig-heitere Lärchenwald mit seinem zarten Zweigwerk ab. Nächst der Fichte ist die Lärche *(Larix decidua)* der wohl häufigste Baum des Alpenraumes, wenn auch natürliche, reine Lärchenbestände zunehmend seltener werden (Oberwallis). Die verbreiteten Lärchenhaine mit ihren blumenreichen Grasfluren sind durchwegs von Menschen geschaffen und werden für Weide und Mahd genutzt. Die Lärche ist der lichthungrigste Nadelbaum, für das Leben in der Höhe befähigen sie vor allem ihre große Wider-

Bild 19: Von den Weidetieren gedüngte Lägerstellen bevorzugt der Alpendost *(Adenostyles alliariae)*, den man in Oberbayern frei heraus »Scheißblattl«, in der Schweiz »Schißchut« nennt.

Wetterarve, ein echter ›Bergveteran‹.

standsfähigkeit gegen Kälte und die feste Verankerung im Wurzelgrund. Vielhundertjährige, bis 50 Meter hohe Exemplare sind im Hochgebirge durchaus keine Seltenheit. Die Waldgrenze von *Larix* reicht bis 1900 m, im Oberwallis und Engadin bis 2100 m.
Zwei Bäume sind es, ohne die man sich das Landschaftsbild unserer Alpen kaum denken kann: die Bergkiefer und die Zirbe.
Die Zirbelkiefer *(Pinus cembra)* – in der Schweiz allgemein *Arve* genannt – ist mit der Fichte zusammen während der Eiszeit in den Alpenraum eingewandert, hat sich zum Unterschied von dieser aber nur in höheren Lagen erhalten. Ihre obere Verbreitungsgrenze liegt bei etwa 2200 m, im Bereich der Adamellogruppe bei 2300 m, im Engadin bei 2400 m, in den Walliser Alpen (Saastal) sogar bei 2800 m. Übrigens: Das größte Areal der Zirbelkiefer liegt nicht in den Alpen, sondern im Ural und in den Gebirgen zur Mongolei. Dort nehmen die Arvenwälder eine Fläche ein, die nahezu fünfmal so groß ist wie die gesamte Waldfläche der Bundesrepublik!
In ihrem frost-, wind- und nebelreichen Verbreitungsgebiet ist die Arve schlechthin *der* ›Wetterbaum‹: verkrüppelt der vielhundertjährige Stamm, von Stürmen geschunden die Zweige, doch selbst noch als Baumruine übermächtig, um nicht zu sagen, königlich in seiner Erscheinung und von ungebrochener Lebenskraft.
Wo Arve und Lärche im höchsten Alpenwald locker stehen, gedeiht

unter ihnen eine reiche Vegetation. Häufige Begleiter der Arve sind neben der Rostroten Alpenrose und der Grünerle die Bärtige Glokkenblume und die Arnika. Im Lärchenwald, der oft auf Kalk stockt, sind dagegen mehr Almrausch, Zwergwacholder und die Schneeheide zu finden. Hier klettert im Strauchwerk auch die einzige ›Liane‹ der Alpen, die mit ihren vierzipfeligen blauen Glocken zauberhaftschöne Alpenrebe. Neben verschiedenen Gräsern entdecken wir unter Lärchen und Arven auch die kleinen Blütenköpfe des Alpenlattichs und den Wald-Wachtelweizen, einen Halbschmarotzer, der mit Hilfe von Saugwurzeln anderen Gewächsen Nährstoffe entzieht. Im feuchten, moosigen Grund wächst das zierliche Moosglöckchen, ein Eiszeitrelikt, das in den Alpen weitverbreitet ist, westlich des Simplon aber seltener auftritt. Fast ausschließlich als Arven- und Lärchenbegleiterin lebt, kaum unter 1600 m herabsteigend, die giftige, schwefelgelbe Wolfsflechte aus der Verwandtschaft der Bartflechten, von der bereits die Rede war.

Wie sehr die Pflanze Meister ist hinsichtlich Anpassung, Genügsamkeit und Zähigkeit, das zeigt außer der Zirbe nicht minder die Bergkiefer *(Pinus mugo)*. Sie besiedelt heiße Lagen in kalkigen Südwänden, trockene Felskuppen, Alluvionen der Flußläufe und Geröllhalden, ebenso wie sie in den Bereich der Hochmoore eindringt. Und wandelbar wie ihre Standorte kann ihr Wuchs sein: mal hochstämmig (vorzugsweise in den Westalpen), mal kurzschäftig (besonders auf den Vorbergen der Alpen), dann wieder strauchartig niederliegend als *Latsche*, die im Unterholz des Nadelwaldes, über Schutthalden und Karrenfelder dahinkriecht. Horizontal weitausgreifende Wurzeln – bis zu einer Länge von 10 Metern – ermöglichen eine feste Verankerung selbst an steilen Felshängen. Dank ihres zähen und unwahrscheinlich elastischen Holzes können die Legföhren selbst gefährliche Lawinenzüge besiedeln und tonnenschwere Schneelasten unbeschadet tragen. Sichtbar dokumentieren

Bild 20: Die Greis- oder Kreuzkräuter sind herdenbildende Läger- und Viehweidenpflanzen, die nahezu im ganzen Alpenbereich vorkommen.

Bild 21: Bei dem hauptsächlich in den Südalpen verbreiteten Dreizähnigen Knabenkraut *(Orchis tridentata)* ordnen sich die rosa-violetten Blütchen zu einer rundlichen Ähre. Die Tüpfelmale auf der Lippe sind ein optisches Signal. Deutlich sichtbar unter dem Helm sind die beiden gestielten Pollenpakete, die den Bestäubern angeklebt werden.

Knietanne an einer Felswand in den Schlierseer Bergen. Nach einer Aufnahme von H. Dopfer.

sich die Bedingungen ihres Lebensraumes in dem jährlichen Zuwachs ihrer Jahresringe. Deren Breite, die im Maximum über anderthalb Millimeter beträgt, sinkt in ungünstigen und sehr hohen Berglagen auf drei zehntel Millimeter!

Das Latschengehölz ist in erster Linie Schutzgehölz, das durch sein Wurzelwerk die beweglichste Geröllhalde zur Ruhe bringt, den Boden vor dem Aufreißen durch Lawinen bewahrt und nicht zuletzt an der Baumgrenze den Jungwuchs von Fichten, Lärchen und Arven vor Wind, Frost, Geröll und Weidevieh schützt.

Künder des Vorfrühlings im Bergkieferngehölz ist neben der Schneeheide die Buchs-Kreuzblume, deren niederliegende verholzte Stämmchen zahlreiche Ausläufer entwickeln. Stellenweise bildet die Silberwurz dichte Spalierteppiche – eine Pflanze, die nicht allein hier unter Bergföhren lebt, sondern ihre Lebenstüchtigkeit gleichermaßen auf Geröllhalden, Schuttkare, Moränen- und Schwemmböden beweist.

 Im Bergkiefernwald, ebenso wie im Latschenbestand und auf steinigen Halden zwischen 1700 und 2700 m zu Hause ist das herrlich duftende Steinrösel. Mitunter finden wir zwischen ihm und der Silberwurz den Zwerg-Mannsschild mit seinen weißen oder zartrosa Blütendolden. Hier blüht auch in dichten violetten Kugelköpfchen die Herzblättrige Kugelblume, ein rasenbildendes Halbsträuchlein mit verholzten, kriechenden Sprossen, das aber auch steinige Hänge und selbst Felsen zwischen 800 und 2600 m bewohnt.

Nicht ganz zu Recht gilt die Waldföhre *(Pinus silvestris)*, gegendweise kurz *Föhre* genannt, als ausgesprochener Baum der Ebene und des Hügellandes. Wir finden die gemeine Kiefer sehr wohl auch im Alpenraum. Hier besitzt sie als spitzkronige Alpenkiefer einen echten Reliktcharakter. Ihr heutiges Vorkommen geht nämlich auf die in der Späteiszeit vorhandene Föhrenheide zurück, die infolge des Temperaturanstiegs in der Wärmezeit dem Eichenwald und später dem Buchen-Tannen-Fichtenwald weichen mußte. Dies ist auch der Grund für das heute eingeengte Verbreitungsgebiet der Alpenföhre und ihre weitgehend extremen Standorte: felsige Steilhänge, Schuttkegel, Gehängegeröll, Talschotter der Alpenflüsse. Wo also andere Baumarten keine geschlossenen Wälder bilden können, ist die anspruchslose, lichtliebende Föhre konkurrenzfähig und bildet nicht selten ausgedehnte Bestände. In den Tälern der Grajischen und Penninischen Alpen, im unteren Wallis, im Vintschgau und oberen Etschgebiet finden wir den leicht submediterranen Steppen-Föhrenwald, bei weniger extremer Trockenheit, z. B. in der montanen Stufe im Wallis, den Erika-Föhrenwald mit Schneeheide und umfangreichen Preiselbeerbeständen und in kalten, lange schneebedeckten Lagen mit Almrausch und Alpen-Bärentraube. An heißen Kalkhängen im südöstlichen Graubünden nimmt der Engadiner Föhrenwald die subalpine Stufe ein.

Leider nur noch in Resten findet sich, wie schon erwähnt, wild die

Bild 22: Die silbrigweißen Strahlen der prächtigen Wetterdistel *(Carlina acaulis)* sind selbst keine Blüten, sondern lediglich Hüllblätter für mehrere hundert Einzelblüten. Eine hohe UV-Reflexion bedingt den Seidenglanz – eine optische Signalisierung par excellence für Insekten.

Bild 23: Die Blüten»mimikry« der Hummelragwurz *(Ophrys fuciflora)* macht die hochspezialisierte Wechselbeziehung zwischen Blüte und Bestäuber deutlich. Der Duft als Lockreiz entspricht dem Sexuallockstoff der Stechimmen-Art; Gestalt, Färbung und der Samtcharakter der Lippe sind optische und taktile Signale und täuschen den Sexualpartner vor. Aufnahme: Monte Baldo.

Eibe *(Taxus baccata)*, ein im Tertiär noch sehr verbreiteter Baum. Die typischen Standorte der sehr zählebigen, in ihrer natürlichen Verbreitung an die Buchen-Tannenwälder gebundenen Bergeibe sind Nagelfluhfelsen in schattiger Lage und Mergelsteilhänge, wo kalkreiches Quellwasser auftritt. Alle Teile dieses immergrünen, unter Naturschutz stehenden ›Nadelbaumes ohne Zapfen‹ enthalten ein Herzgift (Taxin), ausgenommen der rote, süßschmeckende Mantel der Samen, die von Vögeln gern gefressen und auf diese Weise verbreitet werden.
Zwei Bäume des Gebirgswaldes sollen nicht unerwähnt bleiben, um so weniger als sie, wovon später noch die Rede sein wird, im alpenländischen Brauch- und Volkstum seit alters eine besondere Stellung einnehmen: Wacholder und Sadebaum.
Der Wacholder der Alpen, ein niederliegender, dem Boden vielfach spalierartig angedrückter Busch, bewohnt den oberen Nadelwald, steinige Matten, die Zwergstrauchheide, Geröllschutt und Karrenfelder. Dieses Erscheinungsbild kennzeichnet den Zwergwacholder *(Juniperus communis ssp. nana)*, dessen Verbreitung zwischen 1700 und 3700 m (Lyskam und Monte-Rosa-Gruppe) reicht und der in diesen Hochlagen den gewöhnlichen Wacholderbaum vertritt. Dadurch, daß er mit seinen tiefen Polstern beweglichen Schutt festigt und in seinem dichten Spaliergezweig Humus als Keimbett für andere Pflanzen sammelt, erweist er sich als eine echte Pionierpflanze.
Der zweite Vertreter der Nadelholzfamilie der Zypressengewächse ist der Sadebaum *(Juniperus sabina)*, der in den Alpen allerdings nur verstreut vorkommt; seine Hauptverbreitung findet er in den Gebirgen der Iberischen Halbinsel. Der Sadebaum gibt sonnig-heißen Südlagen den Vorzug, wobei er mit seinem bogenförmig oder waagrecht niedergestreckten Astwerk auf Felsgestein und ähnlichen Standorten meist engangeschmiegte Spaliere bildet.
In der unberührten Alpenlandschaft macht der Wald nahezu überall in weitgehendst geschlossener Front halt, ohne sich in Baumgruppen oder gar Einzelbäume aufzulösen. Meist wurde aber der Wald durch den Menschen, zuweilen auch durch Naturkatastrophen in seinem Grenzgürtel so stark gelichtet, daß man eine *Waldgrenze* von der durchschnittlich 100 bis 200 Meter darüber verlaufenden *Baumgrenze* unterscheiden kann, oberhalb der keine Bäume mehr wachsen können. Da die Verjüngung des Waldes und das Wachstum der Bäume

an der Waldgrenze sehr erschwert sind, können die in erster Linie durch Weide und Holzschlag entstandenen Verluste nicht ersetzt werden. An die Stelle des früheren Waldes treten heute auf großen Flächen die anspruchslosen Strauch- oder Zwergstraucharten (Bergkiefer, Grünerle, Alpenrose, *Vaccinium*-Arten usw.), die unter natürlichen Bedingungen nur einen schmalen Streifen über der fast geschlossenen Waldgrenze einnehmen. Eine Auflösung des Waldes in Baumgruppen oder einzelne Bäume erfolgt nur dort, wo der Untergrund sehr felsig ist. Wo der Mensch seine Hand noch nicht im Spiel hatte, auf einigen Bergrücken der Dinarischen Alpen beispielsweise, werden die Bäume zur klimatischen Waldgrenze hin immer niedriger, bleiben aber dichtgeschlossen.
In erster Linie sind es Klimaelemente, wie Temperatur, Niederschlags- und Windverhältnisse, Vegetationsdauer, Schneebedeckung usw., die in den Alpen dem Baumwuchs eine Grenze setzen. Hinzu kommen gewisse örtliche Verhältnisse, wie felsige Steilwände, Geröllhalden und Karrenfelder, Lawinenbahnen, Wildbäche und Gletscher, die für die Bäume kaum überwindbare Hindernisse darstellen. Wie jeder Kenner der Alpen weiß, verläuft die Waldgrenze nicht in einer geraden Linie, sondern setzt beinahe in jedem Gebirgsmassiv in unterschiedlicher Höhe ein. Am niederschlagsreichen Alpennordrand liegt die obere Grenze der Fichtenwälder bei 1700 bis 1800 m, und die letzten Fichtenkrüppel gehen über 1900 m hinauf. In den Zentralalpen, die bereits niederschlagsärmer sind, verschiebt sich die Waldgrenze um rund 500 Meter nach oben. In den südlichen und südöstlichen Kalkalpen (Karawanken, Julische Alpen) liegt die Grenze, die hier nicht von Fichte, Arve und Lärche, sondern von der Buche gebildet wird, zwischen 1800 und 1900 m. Vergleichsweise hört der Wald in der Hohen Tatra bei etwa 1600 m, in den Pyrenäen bei 2400 m auf, und in den Rocky Mountains reicht die dortige Fichte, die *Picea engelmannii,* bis nahe an 3800 m NN.

Bild 24: Der Bannwald ob Andermatt mit einer schon vor Jahren durch Lawinen geschlagenen Schneise.

Bild 25: »Lilie des heiligen Johannes« ist einer der zahlreichen Volksnamen für die edle Paradieslilie *(Paradisea liliastrum),* die zu den anmutigsten Blumen der südalpinen Bergwiesen gehört.

Die Schönheit der blühenden Bergwiesen und der hochgelegenen Matten ist nicht zu übersehen, nicht in der Hoch-Zeit des Sommers und schon gar nicht im Frühjahr nach der Schneeschmelze, wenn Krokusse und Anemonen hervorbrechen und die ersten Enziane und Primeln ihre Blütenkelche öffnen. Welcher Bergwanderer könnte solchem Zauber widerstehen! Und in der Tat, es gibt nur wenige Pflanzengesellschaften, die sich an Schönheit mit einer in Vollblüte stehenden Alpenmatte messen könnten. Sie rühmte vor einem halben Jahrhundert einer der hervorragendsten Kenner der Vegetation der Erde, der Züricher Professor *Carl Schröter* (1855–1939), nach einer Weltreise, die ihn unter anderem in die Florenwunder der Tropen geführt hatte, mit den Worten: »Alles das sank zurück hinter dem strahlenden Bild der im vollen Glanz der Alpensonne aufjauchzenden blütenreichen Alpenmatte, wie ich sie nach meiner Rückkehr auf dem Simplon sah.«
Mit den Augen des Pflanzenökologen gesehen, ist die farbenfreudige Flora der Mähder und Weiden kein zufälliges Gemisch von Kräutern und Gräsern, vielmehr eine in ihren Lebensansprüchen auf Standort und Umwelt abgestimmte Gemeinschaft von anspruchs-

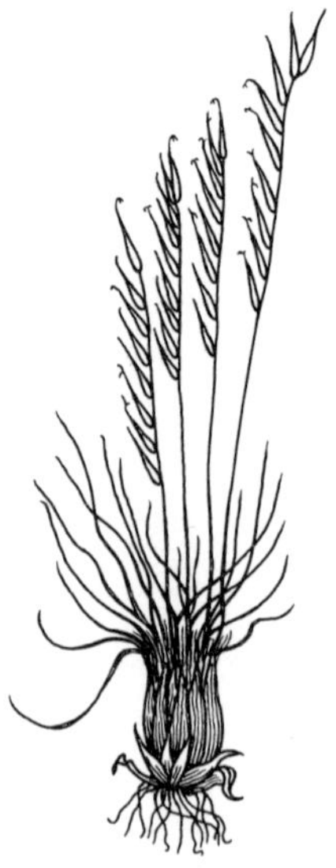

Borstgras *Nardus stricta.*

vollen und erwünschten Futterpflanzen und nicht wenigen unerwünschten Unkrautpflanzen.
Die durch weidendes Almvieh regelmäßig gedüngten Fettweiden zwischen 1200 und 1800 m sind für die Almwirtschaft die ohne Zweifel wertvollste Gesellschaft. Bei zu hohem Viehbesatz gehen die überdüngten Flächen, wo das Vieh sich lagert, in die Lägerflur über, während andererseits durch Tritt und Verbiß zahlreiche wertvolle Futterpflanzen verschwinden und sich nach und nach das Borstgras breitmacht, das wohl lästigste Unkraut, das dank seines Wurzelpilzes selbst auf ärmsten Hungerböden zu gedeihen vermag. Die weidewirtschaftlich minderwertigen Borstgrasrasen *(Nardetum)*, die von den Tallagen bis zur unteren alpinen Stufe reichen, sind im allgemeinen durch eine ziemliche Artenarmut gekennzeichnet. Hier finden sich unter anderem die Schwefelanemone, die Berg-Nelkenwurz, das Gold-Fingerkraut, der Alpenklee, die Bartglockenblume, Gelber und Punktierter Enzian, die Weiße Händelwurz und die Silberdistel mit ihren strahligen Hüllblättern. Natürliche Nardeten gibt es nur wenige, zum Beispiel in hochgelegenen, schneereichen Mulden innerhalb der Zwergstrauchgesellschaften. Sie können die Überreste ehemaliger Latschen- und Alpenrosenbestände sein, die zur Gewinnung von Weidefläche geschwendet wurden, zum Teil auch die Folgegesellschaft eines subalpinen Fichten-Lärchenkahlschlages. Neben dem namengebenden Borstgras finden sich in der Rasennarbe des Nardetums das Rote Straußgras *(Agrostis tenuis)* und bestimmte Formen des Rotschwingels *(Festuca)*. Eine besondere Zierde dieser auf sauren Böden in den Almgebieten gegenwärtig noch sehr verbreiteten Rasens sind die großen Blütenstände der Arnika.
Unkrautpflanzen, weil vom Weidevieh verschmäht, können sich auf Almwiesen nur allzu leicht ausbreiten: Disteln und Brennesseln und so giftige Gewächse wie der Blaue Eisenhut, der Weiße Germer oder die Wolfsmilch-Arten. Ihre eigene Unkrautflora haben Vieh-

Bild 26: Endlose Kastanienwälder kleiden die Berghänge des Centovelli, der »Hundert Täler«, – eine Landschaft von hinreißender Schönheit.

Bild 27: 1. Juli – im Ötztal ist Neuschnee gefallen. Über Nacht ist der sommerliche Bergwald in eine winterliche Landschaft verzaubert worden.

pfade und Tränkstellen: trittfeste Arten wie der hochwüchsige Alpenampfer, das goldgelbe Kreuzkraut und, vielerorts bestandbildend, die rosafarbenen ›Lampenputzer‹ des Schlangenknöterichs *Polygonum bistorta.*

In höheren Lagen sind Goldhafer und Rotschwingel die wichtigsten Gräser der durch ihren Blumenreichtum berühmten und wirtschaftlich wertvollen Bergwiesen. Zwischen Goldhafer *(Trisetum flavescens)* und Rotschwingel *(Festuca rubra)* finden sich viele buntblütige Kräuter: Teufelskrallen, die Trollblume und der Braunklee *(Trifolium badium),* der mit seinem goldgelb-braunen Blütenschopf ganz zauberhaft aussieht. Auf Magerweiden blüht im Spätsommer der violette Feld-Enzian *(Gentiana campestris),* und das mitunter so üppig, daß er Partien der dürftigen Weide in violette Blumenbeete verwandelt. An Wiesen-, Wald- und Wegrändern siedeln sich nicht selten wilde Heckenrosen an: Ein sanftes Rosa zeichnet die Blüten der Hechtrose *(Rosa glauca)* aus, gut kenntlich an den rötlichen, bläulich bereiften Zweigen; eine andere Art, die Alpen-Hagrose *(R. pendulina),* blüht meist dunkelrot, ihre blühenden Sträucher kann man selbst noch in Höhen über 2500 m antreffen. Eine ganz besondere Zierde der Bergwiesen sind die Orchideen, die alle botanisierenden Alpenwanderer kennen sollten. Am ehesten ist noch das schlanke Mannsknabenkraut *(Orchis mascula)* bekannt, das ja auch in lichten Laubwäldern und in Wiesen tieferer Lagen vorkommt, und *Orchis maculata* mit den dunkelrot gefleckten Laubblättern und dem ährigen hellrosa Blütenstand. Häufig trifft man die Mückenhändel *(Gymnodenia conopea)* auf mageren Wiesen, selbst noch in Höhen um 2000 m. Ihr recht ähnlich ist die wohlriechende Dufthändel *(G. odoratissima),* sie ist aber wesentlich zierlicher und weniger häufig. Weithin leuchten die porzellanweißen Blütentrauben der Kuckucksblumen, der jasminähnlich duftenden *Platanthera bifolia* und der duftlosen *chlorantha*-Art, der man im Berninagebiet noch in 2200 m Höhe begegnen kann.

Nur eine beinahe willkürliche Auswahl erlaubt der Vegetationsreichtum südalpiner Bergwiesen. Hier trifft man auf manches alte Tertiär-

Bild 28: Von der geradezu majestätischen Kraftentfaltung hochalpiner Vegetation zeugen diese Gebirgsarven – hier vor der riesigen Gletscherflucht der Bernina.

Bergheuen im Walsertal. Diese Lithographie aus dem vorigen Jahrhundert ist ein Dokument aus der »guten, alten Zeit«. Es zeigt, wie schwer und gefährlich das Leben der Bergbauern ist.

relikt, welches die Eiszeit überdauern konnte, außerdem mediterrane Arten, von denen manche in warmen Tälern bis zur Waldgrenze steigen. Die blumenreichen Mähwiesen und fetten Weiden zwischen 800 und 2000 m bergen eine Reihe von auffälligen Liliengewächsen. Wahre Juwele sind darunter: die Feuerlilie *(Lilium bulbiferum)* mit ihrer großen, feuerfarbenen Blütenkrone, die wunderhübsche Paradieslilie *(Paradisea liliastrum)*, die im Centovalli bereits Anfang Mai in Vollblüte steht, und die ihr ähnliche Astlose Graslilie *(Anthericum liliago)*, die vom späten Frühjahr bis in den Sommer hinein blüht. Und vergessen wir keinesfalls die Dichternarzisse *(Narcissus poeticus)* und die zauberhaften Blütenstauden des Weißen Affodills *(Asphodelus albus)*, der im Wallis, im Tessin, in Südtirol und in der südlichen Steiermark die nördlichsten Vorkommen seines Alpenareals erreicht.

Recht blumenreich sind die unregelmäßig genutzten Grasbänder der ›Wildheuplanggen‹ – es sind die *Gemsmättli,* von denen die Gemsen ihr saftiges Futter holen und die der Wildheuer nur mit Steigeisen begehen kann. Hier oben, an den steilen und schroffigen Bergmähdern erfreut das satte Gelb des Rauhen Löwenzahns *(Taraxacum hispidum),* des Gold-Pippaus *(Crepis aurea)* und der unter Naturschutz stehenden Arnika, dazwischen lugen die Köpfe des Orangeroten Habichtskrautes *(Hieracium aurantiacum)* und der zauberhaften Kohlröschen-Orchideen, des kleinen, süßwürzig duftenden ›Brändeli‹ *(Nigritella nigra)* oder der wesentlich selteneren, rotschopfigen Braunelle *(N. miniata).*

Schlagartig wandelt sich auch die Vegetation in der Region der oberen alpinen Matten, ihr Blumenreichtum wird für jeden Naturfreund Jahr um Jahr zu einem immer wieder neuen Erlebnis. Kaum ist der Schnee gewichen, öffnet die Pelzanemone *(Pulsatilla vernalis)* ihre großen weißen, violett überhauchten und dichtbehaarten Blüten. Zu gleicher Zeit erscheinen die lieblichen Glöckchen der Soldanellen und die leuchtendweißen Blüten des Pyrenäen-Hahnenfußes *(Ranunculus pyrenaeus).* Wenn die Pelzanemonen schon beinahe am Verblühen sind, setzen Schwefelanemonen *(Pulsatilla alpina ssp. sulphurea)* gelbe Tupfen über die Hänge. Den Übergang zum Bergsommer bildet der Stengellose Enzian *(Gentiana acaulis)* mit seinen azurblauen Blütenglocken – zusammen mit Edelweiß und Alpenrosen seit eh und je Symbol der Alpenflora schlechthin.

Vielgesichtig sind die sommerlichen Matten. Wo der Almrasen Kalkstein überwächst, stellen sich etliche Schmetterlingsblütler ein. Kräftig gelbe Akzente setzen der Alpen-Wundklee *(Anthyllis vulneraria ssp. alpestris),* der Feld-Spitzkiel *(Oxytropis campestris)* und das mit den duftenden Zistrosen des Mittelmeergebietes verwandte Alpen-Sonnenröschen *(Helianthemum alpestre).* Purpurviolett ist die

Bild 29: Für den Bergwanderer lichtet sich mehr und mehr der geschlossene Hochwald, je weiter er dem Gipfel zustrebt. Einzelne Baumgruppen oder Einzelgänger wagen sich höher hinauf.

Bild 30: Die letzten Bäume. Den Gürtel zwischen Wald- und Baumgrenze bezeichnet man treffenderweise als Kampfzone, weil hier alles pflanzliche Leben in einem unerbittlichen Existenzkampf steht.

Blütentraube des Quirlblättrigen Läusekrautes *(Pedicularis verticillata)*, eines Halbschmarotzers auf Gräsern, nicht minder schön sind die rosaroten Blüten von *Pedicularis gyroflexa;* dieses Büschelige Läusekraut ist westalpin und namentlich im Tessin und Wallis auf kalkhaltigem Boden verbreitet. Eine besondere Note bekommen die Alpenmatten durch die zitronengelben bis orangeroten Blüten der Habichtskräuter. Wo der Rasen über dem Kalkgestein eine starke Humusschicht aufweist und somit den Säuregrad des Bodens anzuzeigen beginnt, da findet man (zwischen 1100 und 2700 m) die Strauß-Glockenblume.

Man muß freilich Glück haben, denn diese *Campanula thyrsoides* mit ihren gelben, dicht aneinandergedrängt sitzenden Blütenglocken ist in den Alpen nirgends sehr häufig; stark gedüngte, jährlich gemähte Matten meidet sie, die im Berner Oberland *Maadkerze* genannt wird. Ein besonderer Schmuck des Almrasens ist auch die Alpen-Aster *(Aster alpinus)*, ein typischer Korbblütler: außen der einreihige Kranz violetter Zungenblüten, innen die Scheibe aus orangegelben Röhrenblüten. Asternähnlich, wenn auch mit kleineren Blütenköpfen, sind die Berufskräuter: Das Einköpfige Berufkraut *(Erigeron uniflorus)* mit weißlila Blüten, das rasenbildende Alpen-Berufkraut *(E. alpinus)*, welches weiß bis purpurn blüht, und das rotfarbene Verkannte Berufskraut *(E. neglectus)*. Sie alle sind echte Vertreter der von *Carex ferruginea* gebildeten Rostseggenrasen, die zu den blumenreichsten und farbigsten Urwiesen in den Alpen gehören und optimale kli-

Krummsegge *(Carex curvula)*.

matische Bedingungen in den Allgäuer und Lechtaler Alpen wie auch im Schweizer Jura finden. Hochwüchsige Kräuter und Stauden und zahlreiche Schmetterlingsblütler zeigen günstigen Wasserhaushalt und reichliche Nährstoffversorgung an. Hier finden wir u. a. den Alpen-Tragant *(Astragalus alpinus)* und den Dunklen Süßklee *(Hedysarum hedysaroides)* mit seinen prachtvollen purpurroten Blütenrispen. Auch der Berg-Pippau *(Crepis pontana)* und die Berg-Flockenblume *(Centaurea montana)* sind hier daheim und, wohl kaum zu übersehen, das Kugelblütige Knabenkraut *Traunsteinera globosa.* Seine hellvioletten, zarten Blüten setzt es als Ähre um den Stengel, zunächst als kleine Pyramide, später, wenn alle Blüten offen sind, als Blütenkugel. Die Kugelorchis ist eine echte Alpenorchidee, die in Höhenlagen bis 2000 m vorkommt.
Die Alpenmatten, mit ihrer farbenfrohen Blütenflora der Inbegriff unverfälschter Hochgebirgsvegetation, sind seit alters die Lebensgrundlage der Bergbauern. In der Gegenwart geht freilich die Almwirtschaft mehr und mehr zurück, unzählige Almen werden aufgelassen. Mit dem Wegfall von Mahd und Beweidung ist aber auch der Fortbestand der artenreichen Rasengesellschaften gefährdet und es treten in zunehmendem Maße auf tiefgründigen und an Feinerde reichen Bergwiesen Erosionsschäden in Form von *Blaiken* auf. Ohne eine regelmäßige Nutzung kommt es dann im Winter zu einer festen Verbindung der Krautschicht mit dem Schnee. Durch Schneerutsch, besonders an steilen Hängen, wird die Vegetationsdecke samt der Wurzelschicht mitgerissen. Beispielsweise in den Allgäuer Alpen, die sich bekanntlich durch eine Vielzahl von Grasbergen auszeichnen, sind an vielen Stellen die Hänge mit Blaiken geradezu übersät. Durch Regen, Frostsprengung und weiteren Schneeschub wird der ungeschützte Boden fortschreitend abgetragen. Mit dem schwachen Wurzelhorizont und der mangelnden Bindung der Vegetation an den Unterboden steigt zugleich die Anfälligkeit gegenüber Lawinen. Häufig mag die Entstehung von Blaiken auch

Bild 31: Hochgiftig ist der Blaue Eisenhut *(Aconitum napellus)*, ein »verwünschtes, böses, teuflisches« Hahnenfußkraut – aber von großer Schönheit.

Bild 32: Von allen Gebirgsrosen steigt die *Rosa pendulina*, die Alpen-Hagrose, am höchsten. Im Schutzgebiet des Val dal Fain wächst sie noch in 2500 m Höhe.

mit der Weidewirtschaft zusammenhängen. So bilden sich aus den durch den Viehtritt entstandenen Kleintreppen nicht selten kleinere Anbrüche, die sich in nassen Sommern oder bei Wolkenbrüchen zu größeren Schäden auswachsen können.

Eine der verbreitetsten Rasengesellschaften auf hochalpinen Bergrücken und Hochflächen vornehmlich der Silikatketten sind die Bestände der Krummsegge *(Carex curvula)*, die schon bei 2000 m vorkommen und über 3000 m hinaufsteigen können und infolge frühzeitigen Absterbens der Triebe (Pilz!) eine auffallend düstere, graugelbe Tönung annehmen. In diese Monotonie setzt der Almsommer die schönsten Farbtupfer: rote die Primeln, wie deren kleinste, die *Primula minima*, und Läusekräuter, wie die zwerghafte *Pedicularis kerneri;* gelbe der unter Naturschutz stehende Punktierte Enzian, das kleine Gletscher-Fingerkraut *(Potentilla frigida)* und der zarte Schweizer Löwenzahn *Taraxacum helveticum;* und da sind die blauen Farben der verschiedenen Teufelskrallen. Im Krummseggenrasen, der in höheren Lagen als Pioniergesellschaft vielfach auch groben Schutt besiedelt, findet sich eine Reihe interessanter Polsterpflanzen, z. B. der Moos-Steinbrech *Saxifraga bryoides*, das Stengellose Leimkraut *Silene acaulis*, *Minuartia*-Polstermieren und der Stumpfblättrige Mannsschild *Androsace obtusifolia*. Und mittendrin eine Vielzahl der schönsten Alpengräser: das Felsen-Straußgras *Agrostis rupestris*, das Zweizeilige Kopfgras *Sesleria disticha*, die dichtrasige Gemsenbinse *Juncus jacquini* und die gelbblühende Hainsimse *Luzula lutea*.

Häufig ist die Gesellschaft der Krummsegge mit anderen Gesellschaften verzahnt oder mosaikartig unterbrochen. Bei tiefgründigerem, kalkhaltigem Boden stellen sich die dichten Horste des Nacktrieds, in schneereichen Mulden Schneebodenpflanzen ein; in der unteren alpinen Stufe um 2300 m wird der Krummseggenrasen häufig durch den Felsschwingelrasen abgelöst.

Der genannte Nacktriedrasen, den wir auf windgepeitschten Hochflächen antreffen, wird von der arktisch-sibirischen Nacktried-Segge *Elyna myosuroides* gebildet, die durch dichten, horstförmigen Wuchs charakterisiert und als guter Humusbildner bekannt ist. Eine Humusmächtigkeit von über einem Viertelmeter ist keine Seltenheit, sofern der Boden nicht durch Stürme bis auf den festen Untergrund wieder abgetragen wird, was durchaus keine Seltenheit ist. Danach

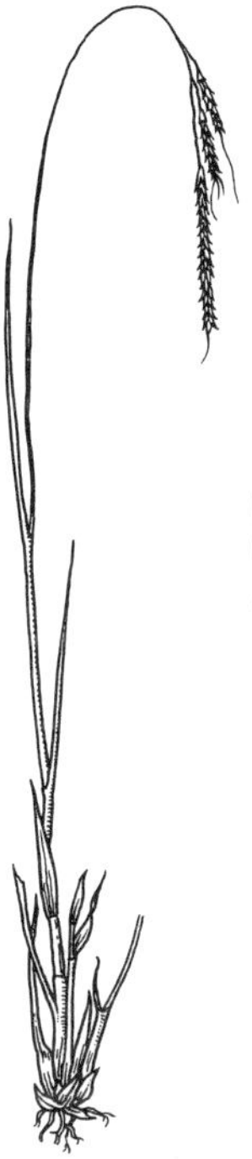

Rostsegge *(Carex ferruginea).* Die von ihr gebildeten Rasen gehören zu den blumenreichsten Urwiesen in unseren Alpen.

müssen Silberwurz und Polstersegge (auf Kalk) und Gemsheide (auf Silikat) ihre Pioniertätigkeit aufnehmen.
Weitgehend trocken-, wind- und kälteresistent muß die Flora des *Elynetums* sein, unter der eine Fülle der schönsten Alpenblumen ist. Wir finden die nach dem englischen Botaniker *Edward Lloyd* benannte zierliche Faltenlilie *Lloydia serotina,* eine echte Arktispflanze, das Schnee-Fingerkraut *Potentilla nivea,* die echte Alpenscharte *Saussurea alpina* und die purpurn blühende Gletschernelke *Dianthus glacialis,* ein nur wenige Zentimeter hohes, dichtrasiges Pflänzchen, das bis 2800 m hochsteigt. Nicht genug damit, auf den grasigen Matten der Hochalpen blühen noch manche seltene Zwergenziane, verschiedene Rosettenpflanzen, z. B. der Blattlose Ehrenpreis *Veronica aphylla,* und, nicht zu vergessen, das Edelweiß, das vielerorts nahezu ausgerottet ist und meist nur noch an schwer zugänglichen Felsbändern und steilen Schrofen vorkommt. Auch gehört der Nacktriedrasen zu den flechtenreichsten Grasgesellschaften. Hier finden wir die Rentierflechte, die rosa- bis korallenfarbene Strunkflechte *(Stereocaulon),* die bleiche Mähnenflechte *Alectoria ochroleuca* und

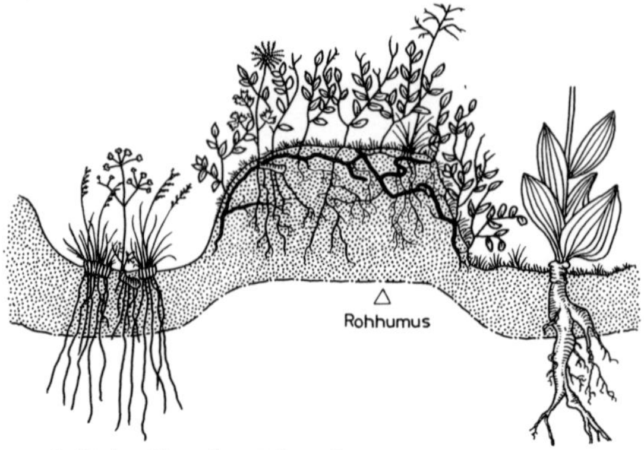

Das Schema zeigt einen etwa 30 cm hohen alpinen Moorbuckel im Längsschnitt, gekennzeichnet durch dichte, bis zur Rohhumusgrenze tief reichende Bewurzelung. Nach Carbiener.

natürlich die als ›Isländisches Moos‹ bezeichnete Moosflechte *Cetraria islandica.*

In unserem Zusammenhang nicht unerwähnt bleiben sollen die in den Alpen mancherorts vorkommenden *Buckelwiesen,* beispielsweise im Bereich von Mittenwald und Klais. Eine mehrere Quadratkilometer große Fläche ist hier von unzähligen kleinen, flachen Hügeln bedeckt. Diese buckligen Böden sind typische Frostbodenformen, die im Wechsel von Gefrieren und Wiederauftauen unter Druck und Aufquellen entstehen, und zwar stets unter einer geschlossenen Rasendecke. Nicht ganz unbeteiligt an der Reliefbildung der Buckelwiesen ist das weidende Vieh. Die zunächst nur leicht gehobenen Frosthügel werden dadurch, daß das Vieh beständig um sie herumgeht, noch deutlicher herausgeprägt. Die auf diese Weise entstandenen Buckelwiesen werden in der Endphase ihrer Bildung schließlich durch Austrocknung und Bewurzelung festgelegt. Die Buckelwiesen tragen im Frühjahr einen wahren Blütenteppich aus Enzianen, Mehlprimeln, Felsenheide, Akeleien, Kugelblumen und einzelnen Knabenkräutern. Bedauerlicherweise sind bereits vor vielen Jahren große Teile dieser wirklich interessanten Landschaftsform im Zuge von Flurbereinigung und ›Ödland‹-Kultur planiert worden. Daß eine Unzahl von geschützten Pflanzen dabei unwiederbringlich vernichtet wurde, hat niemanden gestört – ein Beispiel mehr, was Kurzsichtigkeit, Mangel an Naturbewußtsein, Einfalt und Profitgier an unserer Bergheimat kaputtmachen!

Bild 33: An Habichtskräutern ist im Bereich der Alpen kein Mangel. Mit seinen orangeroten Blüten ist *Hieracium aurantiacum* kaum zu übersehen. In der Schweiz heißt dieser auf Bergmähdern stellenweise häufige Korbblütler »Goldenes Mausöhrchen« – ein lieblicher Name für eine liebliche Blume. ▷

Überall, wo in den Bergen Wasser fließt, verändert sich das Gesicht der Vegetation. Die Ufer der Gebirgsbäche und Bergseen, die Quellen und ständig überrieselten Schutthänge, nasse, sumpfige Wiesen und nicht zuletzt die Alpenmoore haben ihre eigene Pflanzenwelt. Obgleich verschiedenen Familien entstammend, besitzen die Alpenpflanzen feuchter Standorte gemeinsame Eigentümlichkeiten: frischgrüne, meist reichentwickelte Blätter und kaum eine Behaarung, die auf die Verdunstung einschränkend wirken könnte.

Ausgedehnte Moosteppiche prägen das Gesicht der Quellfluren, die erst spät im Jahr von Schnee überdeckt werden und oft auch im Winter schneefrei sind. Bäche und Quellen der Kalkzüge enthalten reichlich gelösten Kalk in Form von Bikarbonat. Durch die assimilierende Tätigkeit der Moose und vieler Algen wird Kohlensäure entzogen und unlöslicher Kalk (Kalziumkarbonat) fällt aus; es kommt zu Kalktuffbildungen. Der zu hohe Kalkgehalt und die tiefen Temperaturen stehen hier einem reicheren Pflanzenleben entgegen. Am Austritt von Quellen und an Rieselstellen herrschen meist die gelbgrünen Astmoose der Gattung *Cratoneurum,* in deren Ästchen sich der kohlensaure Kalk zu Kalktuff niederschlägt. Weitere Charakterarten der alpinen Quellflur-Moosgesellschaften ist das Gemeine Quellmoos *(Philonotis fontana)* und das kalkmeidende Flügelmoos *(Nardia scalaris)* - Moose, deren Polster das Wasser schwammartig aufsaugen und oft erst durch ihre Gegenwart anderen Pflanzen ein Ansiedeln ermöglichen. Eine Reihe von Sumpfpflanzen steigt bis in die alpine Stufe hinauf. So kommen Fieberklee *(Menyanthes trifoliata),* die Niederliegende Sumpfdotterblume *Caltha palustris ssp. procumbens,* das Mieren-Weidenröschen *Epilobium alsinifolium,* der Quellen-Frauenmantel *Alchemilla incisa* und die Kurzährige Segge *Carex brachystachys* noch bis auf 2500 m vor. Im Quellbereich können wir in den Alpen der weißblühenden Bach- oder Maßlieb-Gänsekresse *Arabis soyeri ssp. jacquinii* ebenso wie dem reizenden Stern-Steinbrech *Saxifraga stellaris* begegnen, dessen Verbreitungsgebiet von den Südalpen bis in die arktischen Gebiete reicht. Kaum jemals werden wir nach dem Fettkraut, einer insektenfressenden Pflanze, suchen müssen, die von den Tälern bis in Höhen um 2500 m an nassen Orten allgegenwärtig ist. Das schlank-

spornige Gewöhnliche Fettkraut *(Pinguicula vulgaris)* besitzt veilchenviolette Blüten und einen weißen Schlundfleck, das Alpen-Fettkraut *(P. alpina)* hingegen zeigt weiße, gelb gefleckte Blüten mit kegelförmigem Sporn.
An Stellen höchsten Grundwasserstandes breiten sich Seggenwiesen aus; häufig erhalten sie eine besondere Note durch das Wollgras, dessen seidige, weiße Wollschöpfe zur Fruchtzeit weithin den Bestand ankünden. Hier finden auch Trollblumen und Mehlprimeln ihre Lebensansprüche erfüllt; mitunter ist mit ihnen der Bayerische Enzian vergesellschaftet und das, obwohl die genannte Primel kalkliebend und der Enzian bodenvag ist – die gemeinsame Vorliebe für feuchte Standorte führt sie zusammen. In Sumpfwiesen in Höhenlagen zwischen 1700 und 3000 m wächst der zierliche Schnee-Enzian *(Gentiana nivalis)* und der nicht minder zarte, ebenfalls einjährige Schlauch-Enzian *(G. utriculosa)*. Ebenfalls in feuchten Bergwiesen finden wir das violette Sumpfveilchen *(Viola palustris)* und das gelbe Zweiblütige Veilchen *(V. biflora)*, ferner die Simsenlilie *(Tofieldia calyculata)*, die Große Sterndolde *(Astrantia major)* und den leicht zu übersehenden Alpenhelm *(Bartsia alpina)*, ein trübviolettes Pflänzchen, das als Halbschmarotzer mit seinen Saugwurzeln nach den Wurzeln benachbarter Gräser greift. Auffallender sind da schon die purpurroten Blütenstände des Breitblättrigen Knabenkrautes, dessen Verbreitungsgebiet sich über Rußland bis Mittelsibirien erstreckt.
Eine Welt für sich sind die Moore, von denen es in den Alpen freilich nicht allzu viele gibt. Die meisten Torflager in der alpinen Stufe stammen, wie zahlreiche Pollenanalysen ergeben haben, zum größten Teil aus der postglazialen Wärmezeit um 2000 bis 1000 v. Chr., als die Waldgrenze um 400 bis 500 Meter höher lag. Immer wieder wurden die Moore von Bergbächen durchschnitten, überstaut und von Gestein überschüttet, so daß sich, wie vor allem in den Zentralalpen, die verschiedensten Typen unterscheiden lassen: Staumäander-

Bild 34: Erosionseinbrüche schwersten Ausmaßes haben den Berghang im Oberallgäuischen aufgerissen – unmöglich, daß hier eine geschlossene Bewaldung erneut Fuß fassen kann.
Bild 35: Zum »Leimrutentyp« der insektenfangenden Pflanzen gehören neben Sonnentau auch Fettkräuter. Bis über 2500 m steigt das weißblühende Alpen-Fettkraut (*Pinguicula alpina*), häufig vergesellschaftet mit Aurikel und Silberwurz.

Eissegge *(Carex frigida)* aus Quellfluren und Alpenmooren (1600–2600 m).

moore (z. B. Plan du Nivolet im italienischen Nationalpark des Gran Paradiso, 2470 m), Gletschertalmoore (Hohes Moos im Stubai, Gurgler Rotmoos im Ötztal u. a.), Naßfelder (Sandr-Moore in den Hohen Tauern) usw.

Die außerordentlich langsam wachsenden Nieder- oder Flachmoore sind Sumpfbildungen in abflußlosen feinerdigen Mulden. Bereits im Frühjahr erleben wir die ersten floristischen Höhepunkte, wenn auf den Moorflächen Stengellose, Frühlings- und Schlauch-Enziane, Mehlprimeln, Alpen-Gänseblümchen *(Aster bellidiastrum)* und die Niedrige Schwarzwurzel *(Scorzonera humilis)* blühen. Einen wahren Blumenteppich wirkt der Sommer über die Moorflächen. Jeder Bergwanderer kennt die ›Wollgrasmoore‹, über denen zur Fruchtzeit der silbrig-weiße Schimmer zahlloser wehender Wollschöpfe liegt. Selbst noch in Höhen weit über 2500 m umranden die *Eriophorum*-Bestände mit wattigen Säumen einen kleinen Bergsee oder das Rinnsal einer moorerfüllten Mattenmulde. Wo auch immer, diesen schlanken Riedgräsern kommt eine nicht zu übersehende landschaftsprägende Rolle zu. In erster Linie handelt es sich um das einährige *Eriophorum scheuchzeri,* das sich ähnlich wie die Silberwurz, die Alpenanemone und das Tiroler Windröschen wohl erst in den späten Eiszeiten von Nordamerika aus über die Arktis und die Gebirge Europas ausgebreitet hat. In der Gesellschaft der Wollgräser blühen Trollblumen, Sumpf-Läusekräuter und die schönsten Orchideen: die Gewöhnliche und die Wohlriechende

Händelwurz, Einblatt und Sumpfwurz und das formenreiche Fleischfarbene Knabenkraut, das in den Alpen auf Hangmooren bis in beträchtliche Höhen emporsteigt, im Allgäu bis 1300 m, in der Schweiz bis über 2000 m. Im Spätsommer, wenn das Pfeifengras *(Molinia caerulea)* weiten Strecken des Moors eine charakteristische Braunfärbung verleiht, kommt noch manche auffällige Pflanze zur Blüte: die herrlich purpurne Färberscharte *(Serratula tinctoria),* der Tarant *(Swertia perennis)* und Enziane, wie der Schwalbenwurz- und Lungen-Enzian.

Oft mehrere Meter mächtig sind die Hochmoore, die nicht von Quell- oder Grundwasser, sondern vom Regen gespeist werden. Bei der Hochmoorbildung spielen die Torfmoose eine entscheidende Rolle; zu ihrem Gedeihen benötigen sie hohe Luftfeuchtigkeit, reichliche Niederschlagsmengen und saure Reaktion des Nährwassers. Bald kleiner, bald ausgedehnter sind die Torfmoos-Bülten, auf denen sich eine sehr bezeichnende Auswahl von Moorpflanzen findet, vor allem Glockenheide, Moosbeere, Sumpfporst, die Rosmarinheide mit ihren rosa gefärbten Blütenglöckchen und nicht zuletzt das Wollgras, dazu verschiedene Flechten, u. a. die schöne Alpen-Rentierflechte. Zwischen den buckeligen Bülten liegen als ebene, von Torfmoosen erfüllte Vertiefungen die Schlenken, die neben einer reichen Algenflora eine Vielzahl amphibischer Gewächse beherbergen: die Seggen *Carex limosa* und *magellanica,* die Blasenbinse *Scheuchzeria palustris,* den Sumpfbärlapp *Lycopodium inundatum,* den mit Enzianen verwandten Fieberklee *Menyanthes trifoliata.* Bemerkenswerterweise sind die meisten unserer tierfangenden Pflanzen Bewohner des nährstoffarmen Hochmoores, neben den Fettkräutern die Sonnentaue *(Drosera),* die zuweilen große Flächen mit rötlich schimmernden Rasen überziehen. Für sie alle bedeuten die aus der Verdauung tierischen Eiweißes gewonnenen Stoffe eine wesentliche Bereicherung ihrer Ernährung.

Nicht wenige Alpenmoore sind dem Torfabbau, wieder andere Aufstauungen für Kraftwerke zum Opfer gefallen. Wie großartig

Bild 36: Das Niederliegende Leinkraut *Linaria supina* ist eine typische »Maskenblume«, in deren langem längsgestreiften Unterlippensporn sich der Nektar sammelt. Meistens sind Hummeln die Bestäuber.

Bild 37: Weißer Germer (*Veratrum album*). Dieses ansehnliche, bis 1,5 m hoch werdende Liliengewächs ist eine hochgiftige Pflanze, die selbst das Weidevieh meidet.

ist ihre Pflanzen- und Tierwelt, wie wertvoll die Moorablagerungen als Archive einer oft viele Jahrtausende umfassenden Vegetationsgeschichte! Die Rettung der Gebirgsmoore vor der drohenden Vernichtung durch Unverstand und Eigennutz gehört heute zu den dringendsten Aufgaben und Pflichten des alpinen Naturschutzes.

Zwergsträucher und Krummhölzer

Wo nicht mehr Gräser und Kräuter, sondern in der Hauptsache niedrige Holzpflanzen das Vegetationsbild bestimmen, ist die Zone der Zwergsträucher, die oft zusammen mit dem Krummholzgürtel den oberen Rand des Bergwaldes umsäumt, sofern sie nicht in dessen Unterholz auftritt. Charakteristisch für diesen Pflanzengürtel sind in den unteren alpinen Stufen die zahlreichen Zwerg- und Beerensträucher. Wahre Teppiche bilden die Kräuter der Schneeheide: die bis über 2700 m steigende Schneeheide *Erica carnea,* welche meist zur Zeit der Schneeschmelze ihre rosaroten Blüten öffnet, die Moorbeere *Vaccinium uliginosum,* die noch weit über der Baumgrenze vorkommt, sowie die in den Gebirgswäldern in meist großen Beständen wachsende Preiselbeere *(V. vitis-idaea)* mit ihren weißlich-rosa Blütenglöckchen und den scharlachroten, herb-säuerlich schmeckenden Beeren. Ungemein widerstandsfähig gegen Kälte und Trockenheit ist die Alpenazalee *(Loiseleuria procumbens)* – im Volksmund *Gamsheide* genannt –, schlechthin die Charakterart der alpinen Zwergstrauchheide. Ihre dem Boden angepreßten Spalierrasen vermögen selbst dem winterlichen Sturm zu trotzen und Kältegrade bis minus 40° C zu ertragen. Die ledrigen, immergrünen Rollblätter verwittern nur sehr schwer und tragen in hohem Maße zur Bildung von Trokkentorf bei. In den Spalieren der bis 3000 m vorkommenden *Loise-*

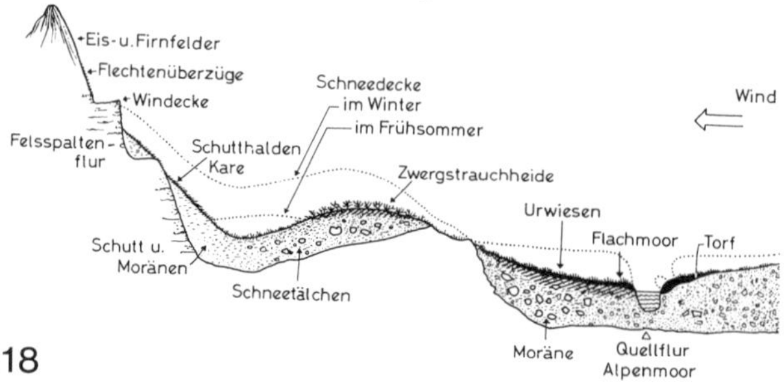

Standorte und Vegetationstypen in der alpinen Stufe – nicht selten auf engsten Raum zusammengedrängt. Nach Ellenberg.

leuria-Heide siedeln zahlreiche Flechten: die Landkartenflechte, bei der das Gelb des Lagers und das tiefe Schwarz der Fruchtkörper mosaikartig abwechseln; die blattartigen Lager der Nabelflechte *Umbilicaria crustulosa* und die mit den Bartflechten der Bergwälder verwandte Faden-Strauchflechte *Alectoria ochroleuca,* die auf dem Gestein grau- oder gelblichgrüne Teppiche bildet. Auch unter den Krustenflechten findet sich ein Vertreter, nämlich die Blutaugenflechte *Haematomma ventosum* mit blutig roten Fruchtkörpern auf gelbem Thallus.

Ein besonderer Schmuck im Krummholz sind die zwerghaften Sträucher des Alpenflieders *(Daphne striata),* dessen hellrosa Blüten einen betäubenden Wohlgeruch ausströmen. Dieses unter Naturschutz stehende Seidelbastgewächs enthält in seinen Beeren das giftige Mezerëin. An warme, sonnige Hänge gebunden, bildet der spitznadelige Zwergwacholder *(Juniperus communis ssp. nana)* niedrige, kriechende Gebüsche. In den Zwergwacholderheiden findet man auch das schöne Eberrauten-Kreuzkraut *(Senecio abrotanifolius),* dessen orangeroten Zungen- und Scheibenblütchen unverwechselbar sind.

Einen ganz anderen Charakter hat das Alpenrosengebüsch. Auf Kalkböden wird es vom ›Almrausch‹, der Gewimperten Alpenrose *(Rhododendron hirsutum)* gebildet, während die *ferrugineum*-Art, deren Blätter auf der Unterseite durch Drüsenschuppen rostrot gefärbt sind, an rohhumusreiche, saure Böden der Urgesteinsalpen gebunden ist. Hier bildet sie ausgedehnte, bis 1 Meter hohe Gestrüppe und kommt meist zwischen 1500 und 2300 m vor; im Unterengadin steigt sie über 2500 m, in den Seealpen bis 200 m herab. Die neben Edelweiß und Enzian wohl volkstümlichste Alpenpflanze bevorzugt besonders schattige Nordlagen, wo sie langdauernden Schneeschutz genießt. Für den Bergbauern ist die Echte Alpenrose ein lästiges ›Unholz‹, das es auszurotten gilt. Das Weidevieh meidet dieses Heidekrautgewächs seiner Giftigkeit wegen (Blüten-Glykoside!).

Oberhalb der Fichten-, Lärchen- und Arvenwälder beginnt in großen Teilen der Alpen die Region der Krummhölzer mit ausgedehnten

Bild 38: Auffallend sattfarben ist die Bergform des Breitblättrigen Knabenkrautes *(Dactylorrhiza majalis ssp. alpestris)* alpiner Sumpfwiesen.

Bild 39: Weithin trägt die Luft den köstlich-süßen, beinahe betäubenden Blütenduft des Steinröschens *(Daphne striata).*

Gebüschen von Legföhren oder Latschen, die aus ihren elastischen, bögig aufsteigenden Stämmen fast undurchdringliche Dickichte bilden. Dieses niederliegende ›Knieholz‹ gedeiht überall dort, wo sich eine mittlere winterliche Schneebedeckung hält. Es fehlt mithin an extremen Steilhängen ebenso wie an Felsecken, wo der Wind den Schnee wegbläst, und es fehlt weiter in Mulden, in denen der Schnee zu lange bleibt.

Ähnlich dichte, stellenweise undurchdringliche Dickichte bildet die Alpenerle *(Alnus viridis)*. Dieser bis zweieinhalb Meter hohe Strauch mit niederliegenden Ästen gibt tiefgründigen, wasserzügigen, kalkärmeren Böden den Vorzug und meidet demzufolge sonnige, trokkene, windexponierte Hänge. Ihre Hauptverbreitung liegt im Urgebirge zwischen 1500 und 2000 m, in den Zentralalpen steigt die Bergerle sogar bis 2500 m. Auf stark in Bewegung befindlichen Hängen erweist sich *Alnus viridis* als äußerst wertvoll zur Festigung des Bodens. Die Begleitvegetation der Grünerlenbestände ist durch das reichliche Vorkommen großblättriger Hochstauden gekennzeichnet. Hier finden wir die Wolfswurz *Aconitum vulparia* mit ihren gelben ›Helm‹-Blüten, den Wald-Storchschnabel *(Geranium silvaticum)*, der mit seinen großen rotvioletten Blüten kaum zu übersehen ist, den Weißen Germer, der hochgradig giftig ist und dem das Weidevieh aus dem Wege geht. Von bezaubernder Schönheit sind die Blütenstände der Türkenbundlilie, und hier findet sich der wunderschöne Alpen-Frauenfarn *(Athyrium distentifolium)* mit seinen breit ausladenden Wedeln; er erreicht eine Höhe bis anderthalb Meter.

Keineswegs entwickeln sich Hochstaudenfluren allein im Grünerlengebüsch. Die hochwüchsigen, großblättrigen und reichblühenden Stauden können Dauergesellschaften ohne jede Gehölze sowohl über der Baum- und Strauchgrenze als auch unterhalb dieser z. B. in Hangmulden, auf Blockfeldern und in lichten, feuchten Schluchten bilden. Verbreitet sind gehölzfreie Hochstaudenfluren nicht selten dort, wo Wald und Gebüsch durch Kahlschlag, Windwurf, Lawinen oder ähnliche Katastrophen vernichtet wurden. Das Vorkommen der subalpinen und alpinen Hochstaudenvegetation wird durch luftfeuchtes Klima und durch Standorte mit besonders hohen Humus- und Nährstoffreserven begünstigt. Die krautreichsten Karfluren finden wir darum gerade in den niederschlagsreichen Randketten der Alpen.

Die Alpen- oder Grünerle *(Alnus viridis)* vertritt auf Urgestein das Legföhrengebüsch.

Viele der großblättrigen Stauden werden vom Weidevieh gemieden und sind oft ein lästiges Weideunkraut. Mehr oder weniger bestimmend in dieser Pflanzengesellschaft sind zwei Pflanzen: der Graue oder Filzige Alpendost *(Adenostyles alliariae)*, der vor allem durch seine sehr großen, unregelmäßig gezähnten Blätter auffällt, und zum andern der in der Regel dichte Bestände bildende Alpen-Milchlattich *(Cicerbita alpina)*, charakterisiert durch große, tiefeingeschnittene Blätter und die in Rispen stehenden blauvioletten Blütenköpfchen. Manche andere Pflanze stellt sich noch in diese Staudenflur, beispielsweise die dekorative Blaue Edeldistel *Eryngium alpinum*, die meist als Alpen-Mannstreu bezeichnet wird. Zu nennen sind auch die stattlichen, allesamt giftigen Eisenhüte *(Aconitum)*, die teils blau, teils gelb blühen, und, bisweilen mit ihnen vergesellschaftet, der verwandte, gleichfalls toxische Hohe Rittersporn *Delphinium elatum*. Lebhaft rosarote Akzente setzt die Waldnelke *(Silene dioica)*, manchmal trifft man auch auf Gruppen der Riesen-Flockenblume *(Centaurea rhapontica)*, die mit ihren faustgroßen Blütenköpfen zu den auffallendsten Gewächsen der alpinen Hochstaudenfluren zählt. Sie ist von der Dauphiné bis Westtirol verbreitet und tritt auch in den Südalpen vereinzelt auf.

Bild 40: Von den Pyrenäen bis zu den Karpathen ist der Berg-Baldrian *(Valeriana montana)* verbreitet, häufig in Gesellschaft der Schnee-Pestwurz.
Bild 41: Das Alpen-Maßliebchen — *Chrysanthemun alpinum* nennen es die Botaniker — hat eine weite Verbreitung innerhalb der subalpinen und alpinen Stufe und kommt in den Westalpen bis weit über 3600 m Höhe vor.

Wo in flachen Senken und Mulden, hauptsächlich über der Baumgrenze, im Laufe des Winters viel Schnee zusammengeweht wird und dieser bis in den Frühsommer hinein liegen bleibt, findet sich mit steter Regelmäßigkeit eine zwar artenarme, aber charakteristische Pflanzengesellschaft zusammen, die schon im Jahre 1800 von *Hoerke* als Schneetälchen-Flora beschrieben wurde.

Die Lebensbedingungen für die Schneebodenvegetation können als ungewöhnlich bezeichnet werden. Die lange Dauer der Schneebedeckung bewirkt nicht nur eine geradezu unerschöpfliche Durchfeuchtung des Bodens, sie bedeutet vor allem eine extreme Verkürzung der Vegetationszeit. Innerhalb weniger Wochen, die zwischen dem Ausapern Mitte Juli und dem neuen Einschneien Ende September, Anfang Oktober liegen, müssen sich Grünen, Blühen und Fruchten vollziehen. Da bleiben naturgemäß Einjährige völlig aus und die Ausdauernden müssen sich vegetativ vermehren, d. h. Ausläufertriebe bilden.

Am besten findet man die Schneetälchen ausgebildet in der oberen alpinen Stufe der aus Silikatgestein aufgebauten Gebirgsketten der Alpen. Wo die Aperzeit drei Monate beträgt, bildet sich ein normaler Krummseggenrasen aus. Verkürzt sich die Aperzeit, so tritt zunächst das Zwerg-Ruhrkraut auf, dem sich sehr bald die Krautweide *(Salix herbacea)* zugesellt, die – von *Linné* einst als *minima inter omnes arbores,* als der »kleinste unter allen Bäumen« bezeichnet – große teppichartige Bestände bildet. Ihr Vorkommen erstreckt sich über den ganzen Alpenraum, in dessen zentralen Gebieten sie über 3000 m Meereshöhe steigt. Die Pflanzengesellschaft der Krautweide kommt im Extrem selbst noch mit einer Aperzeit von acht Wochen aus. Natürlich sind bei einer so kurzen Vegetationszeit die Möglichkeiten zur Produktion von organischer Substanz sehr beschränkt. Dementsprechend zeichnen sich hier die Pflanzen durch zwerghaften Wuchs aus: das bereits erwähnte Ruhrkraut, der Schneetälchen-Frauenmantel *(Alchemilla pentaphylla),* das Zweiblütige Sandkraut *(Arenaria biflora),* der Alpen-Gelbling *(Sibbaldia procumbens)* und das Kleine Alpenglöckchen *Soldanella pusilla* – sie alle werden nur wenige Zentimeter hoch. Ihr Wurzelsystem ist denkbar schwach ausgebildet, da der Boden stets reichlich durchfeuchtet ist. Mit wei-

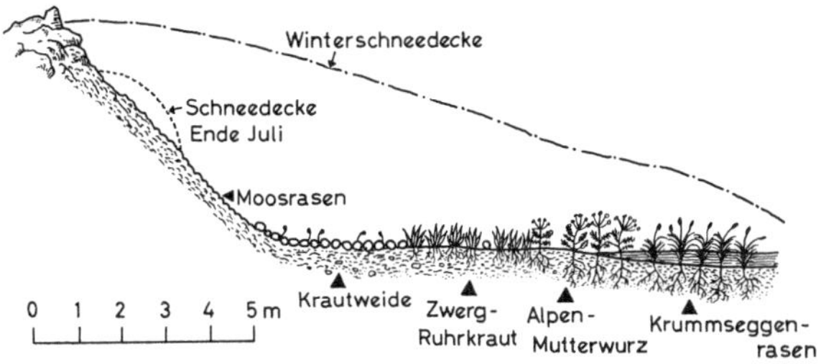

Zonierung in einem Schneetälchen. Nach Braun-Blanquet (etwas verändert).

terer Verkürzung der Aperzeit setzt die Besiedlung der vegetationsfeindlichen Böden mit dem Lebermoos *Anthelia* ein, das in Symbiose mit einem Pilz lebt und von allen Schneetälchenpflanzen die längste Schneebedeckung erträgt; es bildet ausgedehnte, grau schimmernde Rasen von wenigen Millimeter Höhe. In der Folge stellen sich Moose ein, neben Gabelzahnmoosen *(Dicranum)* und anderen vor allem das Widertonmoos *(Polytrichum norvegicum),* in dessen dichten Rasen der Flugstaub haften bleibt und somit wesentlich zur Bodenbildung beiträgt.

In den Kalkalpen treten die Schneeböden nur sporadisch und meist nur kleinflächig auf. Wo die Schneebedeckung 8 bis 9 Monate beträgt, bildet sich in Höhen zwischen 2200 und 2800 m die Gänsekressen-Vegetation mit der Blaukresse *Arabis caerulea* als Leitform, mit dem Alpen-Ruhrkraut *(Gnaphalium supinum),* dem Zwerg-Fingerkraut *(Potentilla brauneana)* und dem Schnee-Sauerampfer *(Rumex nivalis).* Die Gänsekressen-Böden enthalten bis zu 80 Prozent mineralische Feinerde und können eine Mächtigkeit bis zu 10 Zentimeter erreichen. Auf grobem, durchfeuchtetem Rohschutt tritt in Kalk-Schneetälchen eine andere Vergesellschaftung auf, sie wird gebildet von Spalierweiden mit der Netz- und der Teppichweide *(Salix reticulata* und *S. retusa).* Sie vertragen eine Schneebedeckung von 7 bis 8 Monaten. Mit ihnen vergesellschaftet ist häufig auch die Silberwurz.
Gerade die Schneetälchen der Alpen geben uns einen Begriff davon, wie sich die Pflanzenwelt bei extrem kurzer Vegetationszeit, also unter ungünstigsten klimatischen Bedingungen, gestaltet.

Bild 42: In der Tracht unserem Goldlack ähnlich ist der Schweizerische Schöterich *(Erysimum helveticum).* Das herrlich satte Goldgelb seiner Blüten ist als »Bienengelb« erwiesenermaßen ein echter Signal- und Schlüsselreiz für »spontanes« Befliegen durch Bienen und Hummeln.

Gesteinsschutt und Fels sind in der alpinen Höhenregion ein einziges Kampfgebiet zwischen der Vegetation und dem Untergrund. An kahlen Felswänden muß sich die Pflanze auf einzelne Spalten und Absätze beschränken, auf Schutt- und Geröllhalden muß sie sich mit der Beweglichkeit des Bodens auseinandersetzen. Beide Male ist sie gezwungen, mit einem Minimum von Humus und Feinerde auszukommen, was sich eben in den Klüften von Schutt und Fels ablagert.
Ähnlich wie Dünensand ist Gesteinsschutt ein beweglicher Untergrund. Die ständige Umlagerung und der Transport des Gerölls durch Steinschlag, Regengüsse, durch Frost- und Eiseinwirkung erlauben es nur wenigen Pflanzen, hier Fuß zu fassen. Und selbst diesen labilen Lebensbereich, der jeder pflanzlichen Besiedlung Einhalt zu gebieten scheint, haben besonders angepaßte Pflanzen, zum Teil mit charakteristischen Wuchsformen, erfolgreich besiedelt.
Die schuttstetesten Gewächse sind sicher die *Schuttwanderer,* die dem bewegten Gesteinsschutt elastisch ausweichen, mit verlängerten Sprossen und Ausläufern die Hohlräume im Geröll durchkriechen und sich in der Feinerde verankern, um da und dort mit Blättern

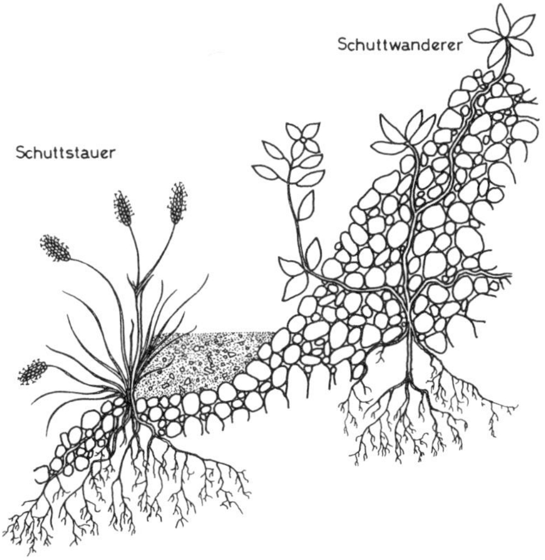

Bewegliche Geröllhalde mit schuttstauendem Blaugras *(Sesleria varia)* und schuttdurchwanderndem Täschelkraut *(Thlaspi rotundifolium).*

und Blüten an die Oberfläche emporzutauchen. Niemals treten sie in geschlossenen Rasen auf; immer sind es einzelne Pflanzen, die allerdings durch zunehmende Ausläuferbildung überraschend große Flächen besetzt halten. Echte Schuttwanderer sind z. B. das als äußerst widerstandsfähige Pionierpflanze bekannte Täschelkraut *(Thlaspi rotundifolium)* - man spricht auch von reinen Täschelkraut-Fluren -, ferner der Zweizeilige Goldhafer *(Trisetum distichophyllum),* die schwärzliche Garbe *Achillea atrata,* das Geröllveilchen *(Viola cenisia),* die das Entzücken aller Bergwanderer bildende Zwerg-Glockenblume *(Campanula zoysii)* und die kriechende Berg-Nelkenwurz *(Geum reptans);* deren meterlange Ausläufer verlaufen oberirdisch und bilden am Ende Tochterpflänzchen aus. Auf sonnigem Kalkschutt findet man auch noch den Schildampfer *(Rumex scutatus)* und die dichtrasigen Kriechpolster des Moos-Steinbrechs *(Saxifraga bryoides).*

Anders verhalten sich die *Schuttkriecher,* die, wie das Alpen-Leinkraut, die Silberwurz oder die Kriechweiden, das Geröll regelrecht umspinnen. Hierher gehören auch das liebliche Alpen-Sonnenröschen *Helianthemum alpestre,* das Breitblättrige Hornkraut *Cerastium latifolium,* welches die Dreitausendergrenze überklettert, und das Alpen-Leinkraut *(Linaria alpina),* dessen aufsteigende Stengel in einer Traube violetter, durch einen orangeroten Gaumenfleck prächtig gezierter Blüten endet.

Mit aufrechten Trieben und Blattstielen dringen die *Schuttstrecker* durch die Überdeckung hindurch. Das tut beispielsweise im Grobschutt des Urgebirges der wirre ›Petersilien‹-Rollfarn *(Cryptogramma crispa)* und der Alpen-Säuerling *(Oxyria digyna)* - die Leitpflanze der ›Säuerlingsflur‹ zwischen 1700 und 3400 m -, im Kalkgeröll die Bewimperte Miere *(Moehringia ciliata)* und die Großblumige Gemswurz *(Doronicum grandiflorum).*

Kleinere feste Inseln im beweglichen Gestein bilden die *Schuttdecker.* Mit einem Rasen dichtverzweigter, wurzelnder Sprosse breiten sie sich aus und halten so das Geröll fest. Hierher gehört die große Zahl der Spaliersträucher, wie wir sie als Gletscherweide, Silberwurz, Bärentraube, Herzblättrige Kugelblume und Gegenblättrigen

Bild 43: Mit langen Ausläufern »wandert« der Gletscher-Petersbart *(Geum reptans)* über den Schutt des felsigen Steilhanges am Piz Corvatsch – wohl der schönste Schmuck des Oberengadiner Bergsommers.

Polstersegge *Carex firma.*

Steinbrech kennen. Manche der Zwergsträucher bilden regelrechte Treppen im Geröll. Der Spalierwuchs hat den Vorteil, daß Zweige und Blätter in den bodennahen Bereich mit starker Wärmereflexion gelangen.
Vielleicht noch wirksamer als die Schuttdecker vermögen sich die *Schuttstauer* dem Geröllstrom entgegenzustemmen. In Gestalt fester Horste und mit Hilfe ihrer tief in den Gesteinsschutt eindringenden Wurzeln halten sie das wandernde Geröll auf. Stark schuttstauend wirken die dichten, halbkugeligen Rasen der Polster-Segge *(Carex firma),* die Windschliff, winterliche Fröste und sommerliche Trokkenheit gleichermaßen überstehen und sich vielfach zu typischen Dauergesellschaften entwickeln. Schuttstauer sind auch die Alpenmohne, mit ihren leuchtenden Blüten ein immer wieder erfreulicher Schmuck der sonst so öden Geröllflächen, ebenso wie die Zwergpippau-Arten und der Gletscher-Hahnenfuß, der von Schmelzwasser durchtränkten Moränenschutt und feuchte Felsspalten bevorzugt. Manche Schuttstauer wandern bei aussichtsloser Lage zunächst passiv mit, und manche Schuttüberkriecher helfen schließlich ebenfalls mit, den rutschenden Fein- und Grobschutt festzulegen.

Schutthalde und Fels sind keineswegs trockene Standorte, wie man vermuten möchte. Das wird besonders deutlich am Beispiel feuchtigkeitsliebender Farne, die auf sonnenbeschienenem Gesteinsschutt oder in heißen Karen recht gut gedeihen – also nicht allein in den Bergwäldern. Auf kalkfreiem Untergrund wächst der bizarre Nordische Streifenfarn *(Asplenium septentrionale)*, demgegenüber kalkfest sind der Jura-Quellenfarn *(A. fontanum)*, der Schutt-Blasenfarn *(Cystopteris montana)* und die prachtvolle unter Naturschutz stehende Hirschzunge *(Phyllitis scolopendrium)*, deren »bletter seind gebogen wie der halbe Monschein am Himmel« – so lesen wir es im Kräuterbuch des *Hieronymus Bock* aus dem Jahre 1551. Bemerkenswert ist, daß Moose und Flechten im bewegten Geröll fast vollständig zurücktreten. Nur ganz wenige Laubmoosarten können sich auf größeren Felstrümmern ansiedeln, wo sie der Gefahr der mechanischen Verletzung nicht so sehr ausgesetzt sind.

Ihre eigene Flora haben feuchte Schuttfelder ebenso wie der Grobkies von Alpenbächen und -flüssen. Mit Vorliebe werden solche Stellen von der Alpen-Pestwurz bestanden, einer ungemein widerstandsfähigen Pionierpflanze, deren zugfeste Wurzeln weitverzweigt das Geröll bis in große Tiefen durchziehen und zur Festigung des lockeren Untergrundes ganz beträchtlich beitragen. Charakterarten dieser von *Petasites paradoxus* gebildeten Schneepestwurz-Gesellschaften sind Rispengräser, der Bergbaldrian *(Valeriana montana)*, der Gemeine Alpendost *(Adenostyles glabra)* und *Orobanche flava*, die gelbe Sommerwurz, die auf den Wurzeln von Pestwurz und Alpendost schmarotzt. Im Sand von Bachablagerungen gedeihen mit Vorliebe Weidenröschen, in erster Linie die bis eineinhalb Meter hoch werdende schmalblättrige Art *Epilobium angustifolium*.

Auf feinerdereichen durchfeuchteten – aber humusarmen – Schutthalden und Gletschermoränen der Zentralalpen gelangt die Säuerlingsflur zur Entwicklung, mit *Oxyria digyna*, dem Alpen-Säuerling. In seiner Begleitung: das Alpen-Hornkraut, der Bayerische Enzian, der Alpen-Ehrenpreis, die Alpen-Wucherblume, das Zwerg-Ruhrkraut und andere. Zwei wunderschöne Moränen-Steinbreche sollen nicht unerwähnt bleiben: der gegenblättrige Rote Steinbrech *(Saxifraga oppositifolia)*, der in den Ostalpen bis fast 3500 m, in den Westalpen bis 3800 m hinauf reicht, und die meist purpurviolette zweiblütige *biflora*-Art, die zwischen 2000 und 4000 m vorkommt.

Auf seiner Wanderung vom Tal zum Gipfel empfindet es wohl jeder Berg- und Naturfreund als Erlebnis besonderer Art, wenn er sieht, daß selbst die steilsten und höchsten Felsgrate nicht frei von pflanzlichem Leben sind. Dabei sind es Stätten mit denkbar harten und widrigen Umweltbedingungen, mit übermäßiger Belichtung, raschem und starkem Temperaturwechsel und schwierigem Wasserhaushalt, dazu weitgehend schutzlos gegen Wind und Eis – ganz zu schweigen von dem beschränkten Wurzelraum. Ihn müssen, wie wir schon gehört haben, Flechten und Moose vorbereiten in Zusammenwirken mit der Kleintierwelt, mit Milben, Fadenwürmern, Ameisen und Bodenasseln, die in den Spalten leben und das ihrige zur Humusbildung beitragen.

Wenn mithin niedere Pflanzen ein Keimbett zugerichtet haben, wenn in Spalten und Höhlungen ein ausreichend humoser Wurzelraum vorhanden ist, erst dann können Blütenpflanzen den Lebensraum Fels besiedeln. Und wenn sie sich gegen Frost, Sonnenglut und Trockenheit durch besondere Wuchsformen zu schützen wissen, sei es durch dichtes Zusammenschließen zu Rasen, sei es durch Ausbildung kompakter Polster oder Rosetten, dann sind sie hier praktisch konkurrenzlos. Fertigausgebildete Spaltengesellschaften erweisen sich als sehr standorttreu und können sich über lange Zeitläufe in ihrer Zusammensetzung nahezu unverändert erhalten, sie sind klassische Beispiele für Dauergesellschaften. Sind die Lebensbedingungen im hochalpinen Gefels auch hart, eines ist unstreitig: bei keiner anderen Pflanzengesellschaft oberhalb der Waldgrenze ist die Vegetationszeit von so langer Dauer wie hier. Bereits im Mai kann sich an der Sonnenseite der Fels bis auf 30 Grad und mehr erwärmen und diese Wärme über Nacht noch aufspeichern. So ist es kein Zufall, daß so viele hochalpine Felsspaltenpflanzen hauptsächlich sonnenseitig wachsen.

Die Pflanzen der obersten Felsregion haben manche uns bereits bekannte Eigenheiten der Alpenflora naturgemäß besonders ausgeprägt. In der Mehrzahl sind sie ausdauernd, also nicht einjährig. Ihr Wuchs ist meist zwerghaft klein und sie besitzen vielfach immergrüne Blätter, können also selbst im Winter an sonnigen Tagen ▷

Bild 44: Die Schafgarbe *Achillea oxyloba* ist eine Charakterpflanze der Südtiroler Dolomiten. »Wildmännlichrut« nennt man sie im Schweizerland – anscheinend nach den heilkundigen »Wilden Männern« der Volkssage.

assimilieren. Starke Behaarung schützt die Pflanzen gegen ein Austrocknen (Edelweiß!), die Wurzeln sind in der Regel stark ausgebildet. Immer wieder erstaunlich ist die Blütenfülle; sie steht in engem Zusammenhang mit dem Zuckerüberschuß, der vornehmlich durch das alpine Strahlungsklima in den Zellen angereichert wird.

Geradezu perfekte ›Anpassungen‹ an den hochalpinen Lebensbereich stellen die Polsterpflanzen dar, die mit ihrer Blütenpracht im Gefels den Blick jeden Alpenwanderers auf sich ziehen. Es sind Pflanzen, die, fest verankert in Spalten und Klüften, allen Stürmen und selbst dem Schneeschliff zu widerstehen vermögen. Das Innere der Polster ist mit den abgestorbenen Blattmassen erfüllt, die langsam humifizieren; natürlich spielt dieser Humus für den Wasser- und Nährstoffhaushalt der Pflanze eine nicht unwichtige Rolle.

Kompakte Radial-Vollkugelpolster, die 60 Jahre und älter werden können, bildet das zu den Schlüsselblumengewächsen gehörende, ausschließlich auf Kalk und Dolomit vorkommende Schweizer Mannsschild *(Androsace helvetica).* Sein Lebensbereich sind exponierte Stellen, windgepeitschte Grate und ungeschützte Gipfelpartien, wo es tief im Felsgestein durch eine lange, kräftige Pfahlwurzel verankert ist. Kleinere, aber nicht minder prächtige Kugelpolster lassen viele Steinbreche erkennen, beispielsweise der Blaugrüne Steinbrech *Saxifraga caesia,* eine der windhärtesten Pflanzen des Hochgebirges. Das Polsterinnere ist auch hier angefüllt mit vertorften Blattresten und Flugerde. Als rote blütenstrotzende Kissen leuch-

Dunkler Mauerpfeffer *(Sedum atratum).* Er findet sich auf Felsschutt, Rasenbändern und in Felsspalten bis in Höhen über 3000 m. Blüten an Langtrieb, daneben geöffnete Teilfrucht.

ten aus dem hellen Kalkfels die Polster des verbreiteten Stengellosen Leimkrautes *(Silene acaulis)*, die von Vegetationsperiode zu Vegetationsperiode durch Seitenknospen etagenförmige Zuwachszonen ansetzen und dabei Höhen bis zu einem Viertelmeter und einen Durchmesser von 60 cm erreichen. Mitunter können sich die Silene-Kissen zu wahren Giganten auswachsen. *W. Rauh* fand im Naturschutzgebiet der Gamsgrube am Großglockner ein Polster, das einen Durchmesser von 1,20 m und eine Höhe von 60 Zentimeter aufwies! Bei einer anderen Gruppe von Felsenpflanzen treten Rosetten zu polsterartigen Gemeinschaften zusammen. So bildet der Trauben-Steinbrech *(Saxifraga paniculata)* an seinen oberirdisch kriechenden Ausläufern immer wieder neue Blattrosetten. Er wächst in Spalten und auf Felsbändern, am Oberrothorn bei Zermatt noch in 3415 m Höhe. Auffallend an den Blatträndern sind die eigentümlichen silbrigen Kalkgrübchen. Ein anderes Beispiel ist der vielgestaltige Moschus-Steinbrech *(Saxifraga moschata)*, der mit seinen dicht zusammenschließenden Blattrosetten lockere Polsterrasen bildet, oft mit dem Gletscher-Mannsschild vergesellschaftet ist und noch in Höhen bis 4000 m vorkommt. Seine gelblichgrünen Blüten strömen einen moschusartigen Duft aus. Auf Urgestein-Felsfluren bildet *Saxifraga exarata*, der gleichfalls gelblichgrün blühende Furchen-Steinbrech drüsig-klebrige Polsterrasen, häufig ist er in Gesellschaft der spinnwebigen Hauswurz *Sempervivum arachnoideum*. Auf kalkreichem Gestein sind auch verschiedene Primeln daheim, allen voran die schöne Felsaurikel, ein echtes ›Gamsbleaml‹, das mit seiner fleischigen Blattrosette Felsgrate und -spalten bis in Höhen über 3500 m besetzt. Ihr mehlbestäubter Stengel trägt gelbe, aromatisch duftende Blüten, die in einer zierlichen Dolde beisammenstehen. Übersehen wir auf unserer Bergfahrt nicht die graufilzige Schwarze Edelraute *(Artemisia genipi)*, eine Halbrosettenstaude mit seidig behaarten Sprossen, die bis 3800 m vorkommt und seit alters bei der Alpenbevölkerung den Ruf einer bedeutenden Heilpflanze hat.

Bild 45: Die nektarreichen Blüten des Alpen-Drachenmaules *(Horminium pyrenaicum)* werden meist von Hummeln bestäubt.

Bild 46: Eine der Wildformen unseres Küchenschnittlauchs ist der Alpen-Schnittlauch *(Allium schoenoprasum ssp. sibiricum)*, der meist von Faltern bestäubt wird. Im Bild der Große Fuchs.

Manche Pflanze wächst lockerrasig an Felsen, wie etwa der Rauhe Steinbrech *(Saxifraga aspera)* und der Scharfe Mauerpfeffer *(Sedum acre)*, der zur Blütezeit dicht mit goldgelben Blüten bedeckt und leicht zu finden ist.
Welche floristische Kostbarkeiten findet der Bergsteiger im Dolomitenfels: In der Gesellschaft des vielblütigen Stengel-Fingerkrautes *(Potentilla caulescens)* die prachtvolle Dolomiten-Teufelskralle *(Phyteuma comosum)*, das Blaue Mänderle *(Veronica bonarota)* mit seinen herrlichen Traubenblüten, die Silber-Edelraute *Artemisia nitida* und den stark gefährdeten Dolomitenfarn *(Asplenium seelosii)*; er ist sicher reliktisch, stammt möglicherweise noch aus dem Tertiär. Bis auf die höchsten Zinnen steigt die Felsspaltengesellschaft des Schweizer Mannsschildes, des *Androsacion helveticae*: die Polster-Miere *(Minuartia cherlerioides)*, das filzige mit dichten Sternhaaren besetzte Hungerblümchen *Draba tomentosa* und die Fels-Segge *(Carex rupestris)*. Nur in einem beschränkten Bereich der Dolomiten findet man die blauviolette Fels-Glockenblume *(Campanula morettiana)*, den zauberhaft schönen Dolomiten-Mannsschild *(Androsace hausmannii)* und die Südalpen-Rapunzel *Phyteuma sieberi*.

Die Ewig-Schnee-Stufe

Wer auf einer Hochgebirgsfahrt in die Drei- und Viertausenderregion kommt, wird sich immer wieder fragen, wie es denn möglich ist, daß selbst noch in diesen so unwirtlichen Räumen, wo zu jeder Jahreszeit mit den schwersten Kälte- und Wettereinbrüchen zu rechnen ist, Pflanzen existieren und überleben können. Vom Gletscher-Hahnenfuß und dem Gletscher-Petersbart wissen wir, daß sie kaum jemals die 2000-Meter-Grenze unterschreiten und noch in Höhen zwischen 3000 und 4000 m blühen. Am Matterhorn wachsen in 4000 m zwei Saxifraga-Arten, der moosartige und der zweiblütige Steinbrech, aber auch der kaum 3 Zentimeter hohe Kurzblättrige Enzian *(Gentiana brachyphylla)* und die zierliche Piemonter Teufelskralle *Phyteuma pedemontanum* blühen in dieser Höhe auf Schneeböden und Geröllfluren.

 In solchen extremen Hochlagen beträgt die Vegetationszeit, wenn

es gut geht, zwei Monate, in ungünstigen Jahren müssen vielleicht zwanzig oder dreißig Tage genügen, um ausreichend Substanz für Sproß und Blätter, für das Blühen und Fruchten zu produzieren. Absolut lebenswichtig ist ein rascher Start im kommenden Jahr, was durch eine frühzeitige Anlage der Blätter und Blüten und die Speicherung von Reservestoffen gewährleistet ist.
In den letzten Jahrzehnten ist die Gebirgsökologie zur Pflanze auf den Berg hinaufgezogen. So hat das Innsbrucker Institut für Allgemeine Botanik in Zusammenarbeit mit der Alpinen Forschungsstelle Obergurgl der Universität Innsbruck im Herbst 1966 auf dem Nebelkogel im Ötztal in 3190 m Höhe eine kleine Station errichtet und mit modernsten Apparaten zur Registrierung des Groß- und Kleinklimas und des Gaswechsels der Pflanzen ausgestattet. Bereits während der ersten Jahre dieser von *Walter Moser* unter schwierigstem persönlichen Einsatz durchgeführten Forschungsarbeiten sind hier wertvolle Daten gewonnen worden, die uns in Lebensweise, Leistungsvermögen und Verhalten der Pflanzen im Nivalbereich der Alpen erste Einblicke gestatten.
Nach dem Bericht von *Moser* erfolgte der Ablauf der Wachstumsperiode nicht bei allen Pflanzenarten gleich. Während der schon erwähnte Rote Steinbrech sofort nach dem Abschmelzen des Schnees blüht, gefolgt vom Gletscher-Hahnenfuß und Roßspeik *(Primula glutinosa),* öffneten Moschus- und Moos-Steinbrech und das Einblütige Hornkraut die Blüten erst viel später. Mitte Mai erschienen die ersten Blüten des Gletscher-Hahnenfußes, kaum vier Wochen später waren die ersten Früchte reif. Keine zwei Monate dauerte es, bis die Blätter vergilbten und dann welk wurden. Oberirdisch war damit das Leben von *Ranunculus glacialis* beendet. Fortan wird die Lebenssubstanz im Erdboden bewahrt und in winzige neue Blatt- und Blütenanlagen investiert. Unter der Schneedecke gut geschützt, überwintert wenige Zentimeter unter der Erdoberfläche die Hahnenfußpflanze bis zum nächsten Frühsommer. Bei der Kürze der Vegetationszeit kommt es bei solchen Pflanzen tatsächlich auf jedes einzelne Blatt an; wenn nämlich die Reservestoffe nicht ausreichen, kann dies unter Umständen den Verlust eines ganzen Vegetationsjahres bedeuten. Hier wird deutlich, wie sehr jede Pflanze der alpinen Nivalstufe des allergrößten Schutzes vor Beschädigung und Zerstörung durch den Menschen bedarf.

Schutz für Pflanze und Landschaft

Längst sind die Alpen nicht mehr die »große, geschlossene Urlandschaft« unseres Kontinents. Längst ist das sich selbst regulierende Gleichgewicht zwischen den einzelnen Elementen dieser Natur, zwischen dem Klima, der Vegetationsdecke, dem Wasserhaushalt, der Tierwelt und den Kräften der naturgegebenen Abtragung des Gebirges auf das empfindlichste gestört. Wir legen Quellsümpfe und Moore trocken, aus herrlichen Bergseen und Talbecken werden Stauwerke; das Wasser der Bergbäche, das sich im Laufe von Jahrtausenden in die Bergflanken und Täler fraß, Klammen und Schluchten bildete und den Wasserhaushalt ganzer Landschaften regelte, jagt vielerorts durch Turbinen ›im Dienste der Energiewirtschaft‹. Wo wir nur können, berauben wir den Bergwald seiner natürlichen Regenerationsfähigkeit. Wie will er noch seine Schutzfunktionen erfüllen? Hangrutschungen, Murgänge, Wildbach- und Lawinenschäden halten sich in den Alpen schon lange nicht mehr in Grenzen.

Wir haben die Alpen wirklich und wahrhaftig erschlossen, von allen Seiten und bis in die hintersten Winkel und mit allen Mitteln: mit großartigen technischen Projekten und nicht zuletzt mit dem Massentourismus, der in nicht mehr einzudämmenden Wellen in die Berge einfällt und es in wenigen Jahrzehnten fertiggebracht hat, das Erhabene der Hochgebirgswelt mit dem großen Geschäft zu verbinden, aus einstigen Einöden und stillen Bergdörfern internationale Fremdenkurorte und aus einer einstmals urgewaltigen eine zunehmend schrumpfende Natur zu machen.

Dies ist die andere Seite der ›Erschließung‹ – zugegebenermaßen ›im Interesse des technischen Fortschritts‹ mitunter notwendig, sehr oft aber nicht und schon gar nicht, wenn sie – und dafür gibt es einen ganzen Katalog von Beispielen aus dem ganzen Alpenraum – das Gleichgewicht der Natur stört und zum Ausverkauf von Landschaft und Lebensräumen führt.

Bild 47: Zum Bild der Alpen gehören Wald und Baum; beide sind schutzbedürftig, heute mehr als je zuvor. Aufnahme: Naturschutzgebiet Dachstein.

Die Alpen sind zum ersehnten Ziel für Hunderttausende geworden, die es aus den Steinmeeren der Städte und der Hetze des Alltags zu den Schönheiten der Gebirgswelt zieht. Das ist erfreulich und wünschenswert; leider bestätigt es sich immer wieder, daß auch Freude und Begeisterung für die Natur zu üblen Verhaltensweisen umschlagen können. In einem Aufsatz aus dem Lese- und Sprachgut für die Volksschulen in Tirol aus dem Jahre 1909 lesen wir: »Die Alpenrose, die zierliche, wohlriechende Brunelle, den prächtigen Frauenschuh, den blauen Enzian, das schon seltene Edelweiß pflückt der Bergsteiger und bringt es seinen Lieben als Grüße von den Bergen nachhause. Daneben gibt es leider Leute, die jedes erreichbare Pflänzlein samt dem Wurzelstock ausreißen, ohne zu bedenken, daß die Berge, würden es alle so machen, schließlich ihres schönsten Schmuckes beraubt würden.«
Wir sehen: Schon damals bahnte sich eine Entwicklung an, der Einhalt zu gebieten war. So erließ im Jahre 1907 das kgl. Bezirksamt Berchtesgaden eine Bekanntmachung zum Schutze der Alpenpflanzen, insbesondere von Edelweiß, Alpenrosen und Alpenveilchen. Nunmehr wird im Berchtesgadener Land um Watzmann und Königssee, von dem Teile bereits im Jahre 1910 zum ersten Pflanzenschonbezirk Bayerns erklärt worden waren, ein weiterer deutscher Nationalpark entstehen. Sein Ziel: die gesamte Bergnatur zu schüzzen, die natürlichen Lebensgemeinschaften sowie einen möglichst artenreichen Tier- und Pflanzenbestand zu erhalten und wissenschaftlich zu beobachten. Darüber hinaus soll das Gebiet der Bevölkerung zu Bildungs- und Erholungszwecken erschlossen werden, »soweit es der Schutzzweck erlaubt«.
In diesem über 20.000 Hektar großen Alpenpark wird der Besucher wirkliche Bergnatur erleben können: Herrliche Mischwälder mit Lärchen, Fichten und Zirben, natürliche Matten mit Gräsern und blühenden Kräutern, ausgedehnte Zwergsträucher- und Latschenbestände, Bergbäche und Hochseen, weite Geröllfelder und steile Felsgrate mit den interessantesten und seltensten Pflanzenarten. Hier im ›Großen Alpengarten am Watzmann‹ gedeihen zahlreiche Bergorchideen und so manche Pflanze des ostalpinen Bereichs – wir nennen nur den Rhätischen Mohn, die zauberhafte Christrose und den Ungarischen Enzian. Hier haben Dolomiten-Mannsschild, Pyrenäen-Drachenmaul, Bursers Steinbrech und der zierliche Dolo-

Umgebung von Berchtesgaden. Nach Ph. Apian, 1566.

miten-Streifenfarn *Asplenium seelosii* ihren einzigen Standort in Deutschland. In Schneemulden erfreuen die reizenden Blütenglöckchen der Soldanellen, im Schutt der Wildbäche bilden Steinbreche lockere Rasen, hier siedeln interessante Quellmoose und die kleinen *Pinguicula*-Fettkräuter, deren Rosettenblätter raffinierte Insektenfallen sind. ›Viehgangerl‹ auf Almen und Lägerplätze im Umkreis von Sennhütten haben ihre eigene Flora. Geröllhalden erweisen sich als Pionierstandorte, an denen Erstbesiedler zu beobachten sind. Wer mit offenen Sinnen hier unterwegs ist, wird anhaltende Eindrücke

empfangen. Viele werden hier lernen können, was es heißt, Natur zu erleben.

Dank ihrer weitgehenden Abgeschiedenheit hat sich diese großartige Berglandschaft um Königssee, Watzmann und Hochkalter ihre Naturnähe über die Jahrhunderte bewahrt – allein darum ist sie des höchsten Schutzes würdig, den das Naturschutzrecht kennt. Es ist nur zu wünschen, daß dieses Gebiet als nunmehriger *National-Alpenpark* nicht nur auf dem Papier, auf den Eingangstafeln und in den Karten steht und – daß es nie zum Tummelplatz der Privilegien für Bevorrechtigte mit Beziehungen und dickem Geldbeutel werden möge.

Wenn man die von den Alpenländern errichteten Naturschutz- und Landschaftsschutzgebiete und auch Nationalparks betrachtet, kann man sagen, daß in den vergangenen Jahrzehnten einiges geschehen ist. Zugegeben: Das Problem eines wirklich umfassenden Naturschutzes ist nicht einfach, sicher ist es mehr als lediglich das Bewachen einiger seltener und bedrohter Blumen. Unsere Alpen sollen

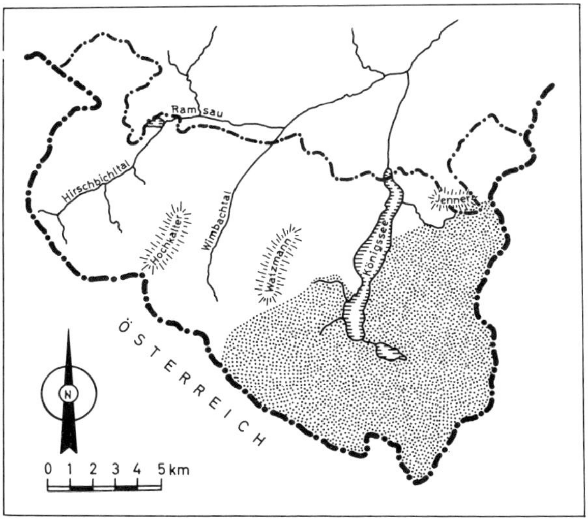

Der Nationalpark Königssee. Punktiert der Bereich des Pflanzenschonbezirks von 1910.

◁

Bild 48: Alpennationalpark Königssee. Dieses Gebiet mit seinen grandiosen Wäldern und seiner Flora soll vor dem Menschen und für ihn geschützt werden.

kein Museum werden, sondern ein lebendiger Lebensraum, in dem die Ökologie stimmt.
Seit 1963 ist das Ammergebirge in den Landkreisen Garmisch-Partenkirchen und Füssen Naturschutzgebiet. Seine noch ziemlich unberührte Vegetation enthält einige botanische Kostbarkeiten, die man hier nicht vermuten würde: die Kleinste Soldanelle, das ebenso seltene Bunte Läusekraut, ja sogar die Monte-Baldo-Segge, eine, wie wir wissen, rein südalpine Pflanze. Bemerkenswert ist das Vorkommen der Engadiner Föhre, ziemlich häufig ist hier auch noch die Eibe. Das am Rande des Schutzgebietes liegende Weidmoos stellt den größten mitteleuropäischen Standort des König-Karl-Szepters *(Pedicularis sceptrum-carolinum)* dar, ein Eiszeit-Relikt, dessen Hauptverbreitung heute in der Subarktis liegt.
Im Bereich der Chiemgauer Alpen, deren alpines und voralpines Gebiet seit 1954 unter das Naturschutzgesetz gestellt ist, siedeln verschiedene Vertreter des ostalpinen Raumes, daneben Arten aus dem mediterranen Florenbereich. Lärchen- und Zirbenbestände finden sich u. a. auf der Nordseite des Sonntagshornes. Im Bereich des montanen Laubmischwaldes ist der Frauenschuh, am Seekopf und in den Kraxenbächen der sonst seltene Hirschzungenfarn anzutreffen. Am Hochkienberg wächst der Zerteilte Streifenfarn *(Asplenium fissum),* der hier seinen einzigen Standort in Bayern hat. Begleiter der Blaugrasmatten auf den Schutthalden des Hauptdolomites und Plattenkalkes sind die Silberwurz, die Herz-Kugelblume und das nach Vanille duftende Kohlröserl. Wo an feuchteren Stellen und in der Nähe von Almen Hochstaudenfluren auftreten, wachsen Alpen-Dost, Eisenhut und Alpen-Kreuzkraut. Von den felsigen Anhängen leuchten schon im zeitigen Frühjahr die goldgelben Dolden der Aurikel. Im Bereich der Dürrnbachhorn-Sonntagshorngruppe hat sich die Zwerg-Alpenrose angesiedelt, ebenfalls eine ostalpine Art. So ziemlich ausgerottet ist das Edelweiß, dagegen soll die Edelraute, eine unserer seltensten Hochgebirgspflanzen, noch an unzugänglichen Stellen vorkommen. In hochgelegenen Karen behaupten sich u. a. die Alpen-Gänsekresse, das Alpen-Leinkraut, die Zierliche Glockenblume und die Großblütige Gemswurz. Quellfluren, Moore und Feuchtwiesen haben ihre eigenen Pflanzenvertreter, z. B. den Stengellosen Enzian, die Mehlprimel, zahlreiche
 Knabenkräuter und viele andere. Die Anzahl der im Bereich des

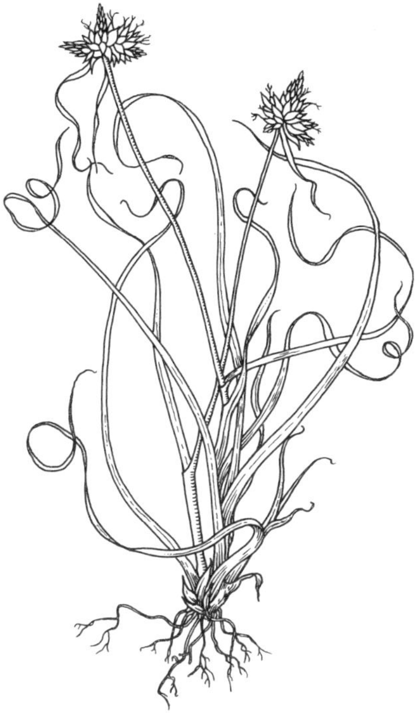

Monte-Baldo-Segge *(Carex baldensis)*, ein echtes Relikt aus der Eiszeit.

Chiemgauer Naturschutzgebietes vorkommenden höheren Pflanzenarten wird von Fachleuten auf 600–700 geschätzt – fürwahr eine beachtliche Zahl!
Seit 1963 ist der ›Kaiser‹ Naturschutzgebiet, das in allen Bereichen seine floristischen Schönheiten ausbreitet, vor allem aber an einigen besonderen Blumengebieten, etwa im Felsenkar der Steingrube, auf dem sog. ›Plateau‹ des Zahmen Kaisers, in den herrlichen Alpenmatten der Pyramidenspitze, am Fuße des Totenkirchls usw. Auf dem Weg zum Brentenjoch südöstlich von Hintertux blühen im Frühjahr in Mengen Schneerosen, Schusternagelen, Soldanellen, und im Sommer sind hier die Matten ein einziger bunter Alpengarten mit Enzian, Wundklee, Bergaster, Knabenkräutern und noch vielem anderen. Am Rande von Lawinenschnee blüht der Berg-Hahnenfuß, vergesellschaftet mit dem rötlich-weißen Bergbaldrian, der Gemskresse und dem Zweiblütigen Veilchen. Der Weg zur Steinberghütte führt durch üppigste Hochstaudenfluren mit mannshohem Milchlattich, mit Wolfs-Eisenhut, Alpendost, Wolligem

Hahnenfuß u. a. Botanische Wanderungen im Kaisergebirge sind immer ein Erlebnis, egal wohin der Bergfreund seine Schritte lenkt. Gleichfalls unter Naturschutz steht, um weitere Beispiele zu nennen, das innere Gschnitztal, das innere Vals im Brennergebiet, ein Großteil des Patscherkofel-Glungezer-Gebietes. Sie alle wie auch das Tiroler Karwendel werden von der Tiroler Bergwacht betreut, die Jahr um Jahr große Mengen von trotz gesetzlichem Schutz geraubten Blumen abnehmen: Frauenschuhblüten, Blütendolden der Aurikel, blühende Zweige des Steinrösls und Tausende von Edelweißsternen.

Ein Naturschutzgebiet soll in unserem Zusammenhang nicht unerwähnt bleiben, das größte im Allgäu, der Hohe Ifen, 2230 m hoch, und in seiner geologischen Gestaltung einmalig in den Alpen. Hier begegnen wir einer noch vollkommen ursprünglichen alpinen Landschaft. Eine Überschreitung des ›Gottesackers‹, des wohl interessantesten Karrenmeeres der Alpen, ist ein unvergeßliches Erlebnis – nicht allein für den Geologen, auch der botanisierende Bergfreund kommt, was er zunächst vielleicht nicht erwartet, in diesem ›steinernen Gletscher‹, den tektonische und erodierende Kräfte geschaffen haben, voll auf seine Rechnung. Der Sommer schmückt selbst den zerklüftetsten und durchlöchertsten Fels mit einem Blütenflor sondergleichen. Das grünende, blühende Pflanzenleben bildet hier wahre Steingärten von einzigartiger Schönheit. Vor dem bleichen Felsgestein hebt sich das Grün der Latschen, das Rot der Alpenrosen, das Gold der Felsaurikeln in geradezu überirdischer Pracht ab. Farbenfrohe Blumenbeete en miniature sind zwischen den Kalksteinrippen, in Vertiefungen und Löchern eingezwängt und finden hier einigermaßen Schutz vor dem Wind, der dort oben auf den endlos weiten Flächen des Gottesackerplateaus seine ganze Vehemenz zu entwickeln vermag. Hier am Hohen Ifen, der 1964 zum Naturschutzgebiet erklärt wurde, ist ein echtes Reservat, dessen Bewahrung nur zu wünschen wäre.

Jenseits unserer Grenzen bestehen seit Jahrzehnten zwei bedeutende Reservate: der Schweizerische Nationalpark und in den Grajischen Alpen der Gran-Paradiso-Park.

Bild 49: Das Gold des herbstlichen Buchenwaldes verzaubert die unter Naturschutz gestellte Landschaft um das Karwendel.

Baumschädlinge besonderer Art sind die *Taphrina*-Pilze, die die befallenen Gewebe zu einem wilden Wachstum reizen, so daß es zu Mißbildungen kommt. *Hexenbesen* nennt der Volksmund solche Gebilde, wie hier im Bild an einer Gebirgstanne.

Der Nationalpark im Unterengadin darf als Ausgangspunkt für die Naturschutzbewegung in der Schweiz gelten. Im Gründungsjahr 1914 schrieb *Paul Sarasin,* der Mitinitiator des Parks und erste Präsident des Naturschutzbundes: »Wir werden einen grandiosen Versuch ausführen, der nicht nur rein menschliches, sondern speziell wissenschaftliches Interesse bieten wird, d. h. wir werden eine botanisch-zoologische Lebensgemeinschaft, eine Biozönose schaffen, wie sie die Alpen vor der Ankunft des Menschen belebte und zierte.« Ursprünglich war das Parkterrain nur 20 Quadratkilometer groß, jetzt ist es neunmal größer und aus der einstmals privaten Gründung in den Schutz des Staates übergegangen.
Ohne Zweifel gehört die Pflanzenwelt des Parkes, der auf der Grenze zwischen dem ostalpinen und dem westalpinen Florenbereich liegt, zur reichsten und interessantesten des gesamten Alpengebietes. Eine Voraussetzung hiefür bietet der große Höhenunterschied von 1800 m, der die Vegetationsstufen der Bündner Flora vom Talboden bis zur Schneegrenze umschließt. Hinzu kommt der Gesteinswechsel, der die Lebensbedingungen sowohl für Kalk- als für Silikatpflanzen

bietet. Der Botaniker – der wissenschaftlich arbeitende ebenso wie der Pflanzenliebhaber und Naturfreund – hat hier Gelegenheit, den Aufbau und den Werdegang der verschiedensten Pflanzenformationen zu verfolgen, etwa der ausgedehnten Nadelwälder, der Latschen-, Alpenerlen- und Alpenrosengebüsche, der verschiedenen Typen des alpinen Rasens, der Schuttgesellschaften auf ruhendem und beweglichem Geröll, auf Moränen und Felsfluren. In der langen Ruheperiode seit der Gründung des Parks haben die Bergwälder schon überall Urwaldcharakter angenommen, wodurch sie der Tierwelt den besten Schutz bieten. Vorherrschend an den Hängen des Inntales zwischen S-chanf und Scuol ist die Fichte, die in etwa 2000 m Höhe von der Lärche und der Arve verdrängt wird. In mittleren und oberen Fuorngebiet breitet sich die Bergföhre in nahezu reinen Beständen aus. Bis zu 2400 m steigt das Latschengebüsch und bildet undurchdringliche Dickichte an den oberen Hängen von Val Cluoza, Praspöl und vor allem des Val Scharl. In diesem Tal, im berühmten Wald von Tamangur, bildet die Arve, der edelste Baum des Nationalparks, den größten und reinsten Bestand der ganzen Schweiz. Wer seine Sinne zu gebrauchen versteht, wird in diesem gesegneten Garten des Schweizerischen Nationalparkes Wunder über Wunder erleben.

Eine nicht minder paradiesische Landschaft ist der italienische Nationalpark Gran Paradiso, der aus einem königlichen Jagdrevier entstanden ist und vor allem Stein- und Gamswild beherbergt. Der 1922 gegründete *Parco Nazionale* umfaßt 600 Quadratkilometer, zu ihm gehören 5 Haupttäler und fast 60 Gletscher, er wird gekrönt vom 4061 m hohen Gipfel des Gran Paradiso. In diesem grandiosen Tier- und Pflanzenpark gibt es dank des mildtrockenen Klimas und des spürbar südlichen Einflusses viele floristische Besonderheiten, echte Hochgebirgspflanzen ebenso wie Pflanzen des Mittelmeergebietes. Am Invergneux-Paß beispielsweise findet man herrlich blaue

Bild 50: Inmitten des zerklüfteten, vom Wasser ausgefrästen Schrattenkalkes wuchert grünendes und blühendes Pflanzenleben. Im Bild der Alpen-Frauenmantel *(Alchemilla alpina)*. Aufnahme: Naturschutzgebiet Hoher Ifen.
Bild 51: Das Alpenveilchen *(Cyclamen purpurascens)* ist in bedrohlichem Rückgang begriffen und darum unter Naturschutz gestellt. Übrigens ist es kein Veilchen, sondern ein Primelgewächs, das in den Alpen vereinzelt bis 2000 m steigt.

Teppiche des Himmelsherolds, im Valnontey bestandbildende Rosenwurz *(Rhodiola rosea),* den Vielblütigen Mannsschild *(Androsace vandelli)* und manches andere mehr. An Gletscherschliff-Felsen wachsen Gletscher-Hahnenfuß, Zwerg-Enziane und die schöne Alpen-Wucherblume, am Lauson-See Pyramiden-Glockenblumen *(Campanula spicata),* im Urtier-Tal im Kiesschotter der Bergbäche die seltene Deutsche Tamariske *(Myricaria germanica),* die bei uns nur auf das Schwemmland einiger Voralpenflüsse und des Hochrheingebietes beschränkt ist. Vom Tal bis weit hinauf begleitet eine andere Pflanze den Parkwanderer, der Augentrost, der in mannigfacher Form und Farbe blüht - auch in seiner gelben Miniaturausgabe.

Es gibt, wie diese wenigen Beispiele zeigen, viel zu sehen und noch mehr zu entdecken in den Tälern des Gran Paradiso, von dem zu hoffen ist, daß er trotz des zunehmenden Massentourismus und der Bedrohung durch das Bauwesen intakt und eine wirkliche Oase unberührter Alpennatur bleibt.

Interessantes - Wissenswertes - Amüsantes

Unsere bisherige Darstellung hat sich darum bemüht, deutlich zu machen, was das Pflanzenleben in den Alpen auszeichnet in der Fülle seiner Erscheinungen, seiner Formen, Gesetze und Räume. Wir wissen: Diese Vielgesichtigkeit ist nicht das Ergebnis eines Zufalls, vielmehr findet sie ihre Erklärung in historischen Entwicklungen und Erbguteigenschaften einerseits, zum anderen im Beziehungs- und Wirkungsgefüge zwischen den Gliedern der Pflanzengemeinschaften und den Bedingungen der Umwelt. Um dem Thema auch nur einigermaßen gerecht zu werden, hätte man noch auf eine ganze Reihe wichtiger Einzelheiten eingehen müssen. Dies und das aus der Botanik soll im folgenden nun noch mitgeteilt werden und dazu allerlei Wissenswertes, mitunter vielleicht auch Ergötzliches aus dem kulturgeschichtlichen Bereich: Wie kommt so manche Alpenpflanze zu ihrem zuweilen absonderlich klingenden Namen? Welche Gewächse spielten oder spielen noch im alpenländischen Volksglauben, in Brauchtum und Volksmedizin eine Rolle? Und manches andere mehr.

Affodill. In den Bergen einem Weißen Affodill *(Asphodelus albus)* zu begegnen, ist schon ein Erlebnis besonderer Art. Dieses Liliengewächs umgibt noch immer der Nimbus einer Pflanze, mit der die Menschen des griechischen Altertums sich die Wiesen des Totenreiches geschmückt vorstellten. Mit der *hastula regia,* der kleinen Königslanze, schmückte man Altäre, Götter- und Fürstengräber, und noch heute werden Affodillpflanzen in Italien und Griechenland als Grabschmuck verwendet. Von den vorzugsweise in den Mittelmeerländern verbreiteten *Asphodelus*-Arten ist der Weiße Affodill am weitesten nach Norden vorgedrungen: bis zu den Südhängen der Berner Alpen (über 2000 m), bis ins Tessin, nach Südtirol

Bild 52: Der Schweizer Mannsschild *(Androsace helvetica)* ist ohne Zweifel eine der widerstandsfähigsten Polsterpflanzen des Hochgebirges, eine echte Spaltenpflanze windgepeitschter Grate und Gipfel zwischen 2000 und 3700 m Höhe.
Bild 53: Aus den letzten Schneeresten lockt die wärmende Frühjahrssonne die zierlichen Blüten des Alpenglöckchens, dessen botanischer Name *Soldanella* schon im 16. Jahrhundert in den Schriften des Charles de l'Ecluse auftaucht.

und in die Südsteiermark, wo er an die 1500-Meter-Grenze reicht. Stets gesellig siedelt er auf Matten, in lichten Bergwäldern, nicht selten mit Aurikeln und stengellosen Enzianen zusammen. Aus einer knolligen Speicherwurzel, die tief in steinige Böden einzudringen vermag und die Pflanze sehr widerstandsfähig macht, treibt der Affodill kräftige Büschel von 60 bis 70 cm langen, gekielten

Von Agley blümen vnd Rhapontic wurtzel. Cap. xlij.

DAs Agleykraut wachßt gemeinlich in vnsern Landen in den Gärtẽ. Man findts aber auch in den Wälden die in der höhe ligen/ etwañ an steinechten reinen/gemewr vnd felsen. Ist ein artlich schön gewächß. Des krauts bletter seind erstmals beinahe wie das groß Schölwurtz kraut anzüsehen. Ein jedes blat rings vmbher zertheilt/zerspalten vnnd auff der Erden gespreit. Im Brachmonat steigt es inn die höhe mit runden glatten stengeln vber Elen hoch. Darauff wachßen vil schöner blümen zweifaltig gefüllet / ein theil an diser blümen gewinnt gebogen spitzen an den schellen/wie das Eysenhütlein vnd Rittersporen. Vnder disem gewächß findet man die tragen gantz weisse Schellen/ etlichs schön braun/ das dritt vnnd aller gemeinest tragen Himmelblaw Schellen. Auß den blümen wachßen köpfflein mit iiij oder v spitzen an einander/wie das wild Nigella auff dem feld. Darinn findet man schwartzen langen samen wie flöhe/brauchen etliche für die Gilbe vnd ist ein experiment. Agley wurtzel ist weiß/lang/etwann fingers dick/mit neben zincken. Der geschmack an der wurtzel/kraut/blümen vnd samen ist zür süsse geneigt.

Von der Krafft vnd Würckung.

DAs Edel gewächß Agleyen ist bei den Gelehrten nit vil im brauch/wiewol es inn der Artznei/inn vnd auß dem leib zü brauchen/vil herrlicher tugent hat/ von natur einer mittelmässigen warmen Complexion.

Die Rhapontic wurtzel ist einer warmen vnnd züsamen ziehenden eygenschafft/ inn der Artznei vast nützlich.

Innerlich.

DJe selbig wurtzel so man ietzunder für Centauriũ helt/in wein gesotten vñ getruncken/ heilet alle Innerliche brüch/sie seien von fallẽ oder stossen. Ist nützlich also getruncken den keichenden/wassersüchtigen menschen/ reiniget vnd heilet die versehrte Lungen/ das seiten geschwär/ ist nutz denen so blüt außwerffen / reiniget vnd heilet alle Innerliche versehrung im gantzen leib. So aber der bresthafftig auch ein Feber hette/soll dise wurtzel inn wasser mit Zucker abbereit/ gesotten werden.

Die wurtzel gedörrt/gestossen zü mäl / vnd eins quintẽ schwär mit wein getrunckẽ/ stillet das Grimmen im leib/Frawen vnnd Mannen.

Aber der Agleyen samen zerstossen / vnnd dessen ein quintlein mit eins pfennings schwär Saffran inn wein getruncken/nider gelegt/zügedeckt vnd geschwitzt/ist ein Edele kunst für die Gälsucht/ thüt auch auff (also genützt) die verstopffte Leber/welches ein anfang ist viler Presten.

Das gebrandt wasser von den blümen getruncken/ thüt dergleichen vnd ist ein köstlich Confortatiuum für Onmacht Syncope. Also getruncken/zertheilt die Geschwär im leib/füret auß alle Gifft vnnd stillet das Grimmen.

J ij

Frühe Darstellung der Akelei aus dem Kräuterbuch von Hieronymus Bock (1551).

Blättern, aus deren Mitte sich die über meterhohen Blütenschäfte erheben. Diese tragen in einer stattlichen Traube große, sternförmig sich öffnende Blüten. In der Antike galt der Affodill auch als Heil- und Zauberpflanze gegen Schlangenbiß, bösen Zauber und Frauenkrankheiten. Wer eine abnorm geformte Wurzel fand, durfte nach altem Volksglauben der Liebe des anderen Geschlechtes sicher sein.
Blütezeit: Mai bis August.

Akelei. Von den sechs im Alpenbereich vertretenen Akeleien ist die dunkle *Aquilegia atrata* die sicherlich schönste. Prachtvoll braunviolett sind die langgestielten Nickblüten (Volksnamen: *Zigeunerglocken,* Kärnten; *Narre[n]chappe[n],* St. Gallen), nur langrüsselige Hummeln können zu dem tief in dem hakigen Honigsporn versenkten Nektar gelangen. Blütenbesucher mit kurzem Rüssel beißen den Sporn von außen gewaltsam auf. Unser Hahnenfußgewächs finden wir in lichten Mischwäldern (Lärchen, Buchen, Arven) und in Hochstaudenfluren bis weit über 2000 m.
Blütezeit: Mai bis Juli.
Nur auf den vorwiegend kalkreichen Böden der West- und Zentralalpen und des nördlichen Apennin wächst die Alpen-Akelei *(A. alpina)* in Höhen zwischen 1900 und 2500 m. Blaugrau oder intensiv blau sind ihre zauberhaften Blüten, deren Zeit in den Monaten Juni bis August liegt.
Akeleien sind in hohem Maße giftverdächtig. Im Kraut ist ein noch nicht erforschter Wirkstoff (kein Alkaloid), daneben in geringer Menge Blausäureglykosid. In der Volksheilkunde wurden früher Kraut und Samen *(Flores et Semina Aquilegiae)* bei Leber- und Gallenleiden sowie bei Hauterkrankungen gebraucht. Der alte ›Kräuterdoktor‹ *Tabernaemontanus* (gest. 1590) empfiehlt einen aus Akelei bereiteten Trank als Liebesmittel: »So einem Mann seine Kraft ge-

Bild 54: Zu den schönsten Blumen von Kalkschutthalden und Moränen gehören die Alpenmohne, die weißblühenden ebenso wie die gelbblühenden. Wie winzige Sonnenscheibchen stehen die seidigdünnen Blütenkronen gegen das eintönige Grau des Gerölls. Aufnahme: Pflanzenschutzgebiet Rosegtal/Bernina.
Bild 55: In den Grödner Dolomiten blühen nun die Alpenrosen — für den Berg- und Naturfreund eine immer wieder neue »Augen- und Gemütsergötzung«, für den Bergbauern ein Ärgernis. Für ihn ist der »Almrausch« ein lästiges Weideunkraut.

nommen/ und durch Zauberey oder andere Hexenkunst zu den ehelichen Wercken unvermöglich worden were/ der trinck stätig von dieser Wurtzel und dem Samen/ er genieset/ und kompt wieder zurecht.«

Alpen-Dost. Der Graue Alpendost *(Adenostyles alliariae)* unterscheidet sich von dem in der Tracht ähnlichen, jedoch kleineren Kahlen Dost *(A. glabra)* durch größere Blätter mit weißwollig behaarter Unterseite. Die Blütezeit der *Adenostyles*-Arten fällt in den Hochsommer. Beide Alpendoste sind Bewohner der subalpinen Stufe. Hier ist der graue Bestandteil der Hochstaudenflur in Schluchten und Karen, am Fuß von Steilwänden und nicht zuletzt auf den überdüngten Lagerstätten des Weideviehs, den Lägern. Der Kahle Alpendost ist eine Pflanze lichter Bergwälder, von Schutthalden und geröllreichen Bachbetten, er findet sich aber auch in Pestwurz- und Meisterwurzfluren.
Dem Dost hat das alpenländische Volk seit eh und je zahlreiche Namen gegeben. Im Gschnitztal heißt er (nach dem steinigen Standort der Hochstaudenfluren) *Stoanplatschen,* in Kärnten (nach der Blattform) *Huef-* oder *Huatpletschen* [Pletschen oder Platschen sind große, breite Pflanzenblätter]. Die Pflanze wächst, wie gesagt, an den vom Kot des Weideviehs stark gedüngten Lägerstellen, daher wird sie in Oberbayern *Scheißblattl,* in der Schweiz *Schißchrut* genannt. Der Alpendost galt früher als vorzügliches Wundkraut (Name *Heidisches Wundchrut,* Kanton Schwyz). Man kochte die Blätter ab und wusch mit dem Absud die Wunden aus. Wegen des stark aromatischen Geruches ist der Dost eine uralte dämonische Pflanze, insbesondere um Hexen und den Teufel fernzuhalten. Im Stall oder am Haus aufgehängt, verhindert er Milchverhexung, und auch der kalbenden Kuh wird Dost ins Saufen gegeben.

Alpenglöckchen. In Niederösterreich sagt man *Almglöckerl,* in den Ostalpen *Schneeglöckerl* zu den reizenden Soldanellen, die häufig am Rande von Schneefeldern und in Schneemulden wachsen (Tiroler Name *Eisglöckl*) und sich hier zur Zeit der Schneeschmelze durch die letzten Firnreste bohren. Feuchte Weiden und Matten zwischen 700 und 2700 m bewohnt die Alpen-Soldanelle *(Soldanella alpina),* deren zarte blauviolette Blütenkronen von der Mitte an ausgefranst

sind. Nur auf kalkarmen, vom Schneewasser lange durchfeuchteten Böden kommt das kleine Eisglöckchen *(S. pusilla)* vor, das von allen Soldanellen am höchsten steigt: im Wallis über 3000 m. Seine zartrosa, röhrig-glockenförmige Krone ist nur zu einem Viertel ihrer Länge zerschlitzt. Rosaweiß bis fast weiß ist die nickende, innen violett gestreifte Blütenkrone des Kleinsten Alpenglöckchens *(S. minima)*, das nur auf feuchten, kalkreichen Böden vorkommt. Verbreitet in Tirol bis Krain und in der Schweiz (1500–2500 m). Einige Reliktvorkommen sind bekannt aus dem Grenzgebiet zwischen Bayern und Tirol und in den Osttauern.
Blütezeit der Soldanellen zwischen Mai und August.

Alpen-Lattich. In moorigen Bergwäldern, auf Wiesen und Matten, auf Schneeböden und im Knieholz zwischen 500 m und über die Baumgrenze hinauf gegen die Schneegrenze wächst dieser bis einen Drittelmeter hohe Korbblütler mit dem botanischen Namen *Homogyne alpina*, dessen grundständige Blätter herznierenförmig und am Rande gekerbt sind. Die Röhrenblüten sind von schmutzigvioletter bis rötlicher Farbe. Nach altem alpenländischen Glauben soll die Pflanze eine vorzügliche, rahmreiche Milch machen und ist ein Bestandteil der täglichen ›Maulgabe‹, die dem Vieh gegen das ›Verneiden‹ gegeben wird (Name *Rahmplatscherln*). In Wahrheit ist aber unser Lattich innerhalb der Milchkrautmatte ein Unkraut mit geringem Futterwert.
Blütezeit: Mai bis August.

Alpen-Mohn. Unter den in den Alpen vorkommenden Mohnarten ist der Rhätische Alpenmohn *(Papaver alpinum ssp. rhaeticum)* mit seinen prächtig goldgelben, leicht zerknitterten Blüten der wohl schönste Schmuck von Fels- und Gletscherschutt. Sein Hauptverbreitungsgebiet reicht von den Julischen Alpen bis zum Lungau, nach Tirol und Graubünden. Er wächst meist zwischen 1800 und 2600 m, vereinzelt bis 3000 m steigend und mitunter bis 1300 m herabgeschwemmt.
Als erster Alpenmohn ist der Sendtnersche *(P. a. sendtneri)* bereits 1555 von dem Schweizer Naturforscher *Conrad Gesner* in dessen bereits erwähntem Werk über den Pilatus beschrieben worden. Diese weißblühende Art wächst nur in den nördlichen Kalkalpen, wo sie auf Kalk- und Dolomitgeröll auftritt (Schuttstauer!).

Verbreitung des Alpenmohns *Papaver alpinum.*

Die Alpenmohne stammen aus dem ostsibirischen Raum und dürften die Eiszeiten in weniger vergletscherten Randgebieten überstanden haben. Sie blühen in den Monaten Juli und August.

Alpenrebe. Als einzige Schlingpflanze (Liane) der Alpen wächst die violett bis hellblau blühende Alpen-Waldrebe *(Clematis alpina)* auf basischen bis sauren Böden in Höhenlagen zwischen 1000 und 2000m in den Zentralalpen steigt sie bis 2300 m hinauf. Dieses Hahnenfußgewächs klettert in lichten Wäldern, im Alpenrosen- und Legföhrengebüsch, und selbst auf Schutthalden überziehen ihre ›Stämmchen‹ häufig bemooste Felsen schattiger Lagen. Im Volksmund heißt unsere Pflanze *Blauer Hopfen,* und im Salzburger Land gab man ihr den bildhaften Namen *Umwund.* Ihrem lockeren wollig-schopfigen Fruchtstand verdankt die Gebirgs-Klematis Benennungen wie *Goaß-Strauben* (Salzburg, Strauben = krause Mehlspeise) oder *Staudnrogei* (Kitzbühel, rogel = locker, rundlich).

Alpenrose. Die Echte oder rostblättrige Alpenrose *(Rhododendron ferrugineum)* ist die Leitpflanze der alpinen Zwergstrauchgesellschaft zwischen 1400 und 2300 m, im Unterengadin und in Tirol bis nahe an die 3000-Meter-Grenze emporsteigend (Volksname *Schinderlatsche*). Sie liebt tiefgründige Böden auf Urgestein und Schiefer. Ihr Wachstum ist unwahrscheinlich langsam: an kaum 5 Zentimeter dicken Alpenrosen-Stämmchen lassen sich 100 und mehr Jahresringe zählen! ›Rostig‹ heißt unsere Alpenrose wegen der rostbraunen, ▷

Bild 56: Die Zwerg-Alpenrose *(Rhodothamnus chamaecistus)* ist streng auf das Alpengebiet beschränkt.

Verbreitung der Rostblättrigen Alpenrose *(Rhododendron ferrugineum,* punktiert) und der Behaarten Alpenrose *(Rh. hirsutum).* Wegen der engen Bindung an die Gesteinsunterlage und den Säuregrad des Bodens kommen beide Arten nur selten gemeinsam vor.

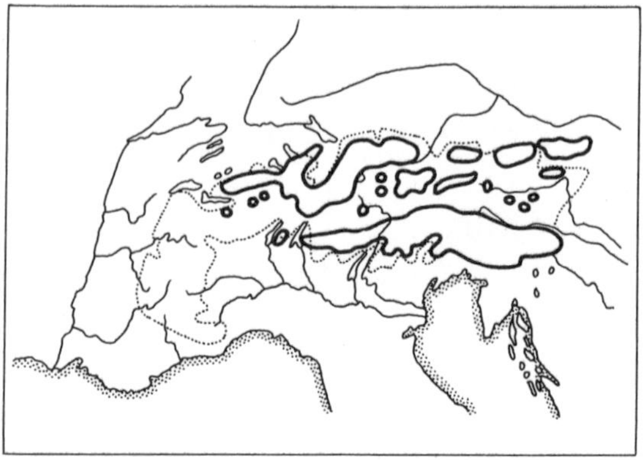

herb-aromatisch duftenden Drüsenschüppchen an der Unterseite ihrer Laubblätter (Name *Alpenbalsam*). Wie andere auffällig rot blühenden Pflanzen auch, so heißt die Alpenrose vielerorts *Donnerrose,* da sie, wie man früher überzeugt war, Blitze anzieht – andererseits gilt sie aber in Nordtirol als gewitterabwehrend! In der Schweiz waren auch schon vor 400 Jahren Namen wie *Bärebluest, Hühnerbluest* gebräuchlich, vermutlich weil sich im Schutz der Alpenrosengebüsche Bären, Birk- und Schneehühner aufhielten. Die in Südtirol geläufige Benennung *Oswaldrosen* bezieht sich wohl auf die Sage vom heiligen Oswald (gest. 642), der ein Verehrer der Alpenrosen gewesen sein soll.

Der Rostblättrigen Alpenrose ähnlich ist die Behaarte Alpenrose *(Rh. hirsutum),* charakterisiert durch langbewimperte Blätter. Die Blüten sind auch heller, meist öffnen sie sich etwas später wie bei der vorhergehenden Art. Ihr Verbreitungsgebiet umfaßt den größten Teil der Kalkalpen bis zu den Balkangebirgen, in den Westalpen ist sie seltener. Auf Kalk- und Dolomitschutt, an steinigen Hängen, an Felsblöcken und Felsbändern steigt sie bis 2600 m hinauf.

In vielen Alpengegenden hält man die beiden Alpenrosen-Arten streng auseinander. So heißt die *hirsutum*-Steinrose in der Ostschweiz *Rafausle,* in den Ostalpen *Almrausch.* Die Glarner Sennen singen: »D'Rafausle, d'Rafausle, die wachset uf der Alp. Und wann de Schnee zergangen isch, so fahret d'Buere z'Alp.« In der Regel führen aber beide *Rhododendron*-Arten dieselben Volksnamen. Auch in der Volksheilkunde gibt es kaum Unterschiede, doch gilt der Honig der Behaarten Alpenrose im Gegensatz zum geschützten von *Rhododendron*

ferrugineum als gesundheitsschädlich. Seltsamerweise wußten die mittelalterlichen ›Väter der Botanik‹ – beispielsweise der schon zitierte *Tabernaemontanus,* der in Bergzabern geborene Schüler des berühmten Kräuterkenners *Hieronymus Bock* – nichts von der Heilkraft unserer Gebirgspflanze: »Worzu die Alpenrosen-Alpbalsam können gebraucht werden/ und was ihre besonderen Tugenden und Eygenschaften seyn/ ist mir unbekandt/ find auch nichts bay anderen Authoribus darvon vermeldet.«
Für den Bergbauern sind die Alpenrosen ein giftiges Weideunkraut, das vielerorts mit Feuer und Hacke ausgerottet wird. Durch solche Maßnahmen, aber auch durch den Unverstand vieler Bergtouristen ist die Alpenrose in manchen Gegenden äußerst bedroht, so daß sie heute unter Naturschutz gestellt werden mußte.
Blütezeit: Juni und Juli.
Höchstens 30 Zentimeter hoch wird die Zwerg-Alpenrose *(Rhodothamnus chamaecistus),* die nach den myrtenähnlichen, ledrigen Blättern in manchen Alpengegenden *Wilde Myrte* genannt wird. Auf sonnigen Schutthalden und Felsbändern, in Legföhren-, Erika- und Almrauschgebüschen, meist auf flachgründigen Dolomitböden in 1500 (1200) bis 2500 m Höhe, wächst dieses hübsche *Stoarösl* mit seinen rosaroten bis blaßvioletten, fünflappigen Blüten. Wie die Schneeheide dürfte auch *Rhodothamnus* einer uralten Pflanzengattung angehören und dem afrikanischen Florenelement entstammen. Das Verbreitungsgebiet reicht in den Nordalpen vom Allgäu bis Niederösterreich, in den Südalpen vom Comer See bis Kroatien.
Blütezeit: Mai bis Juli.

Alpenveilchen. In bedrohlichem Rückgang begriffen ist das unter Naturschutz stehende Alpenveilchen *(Cyclamen purpurascens),* das sich auf humusreichen Kalkböden in Laub- und Mischwäldern und

Bild 57: Schon bei Vergil, Plinius und Dioskorides wird die »Sternblume« erwähnt, unsere Alpenaster *(Aster alpinus)*, die wohl jedem Bergwanderer vertraut sein dürfte. Häufig trifft man sie mit dem Edelweiß zusammen an.
Bild 58: Im Moder unter Latschen und Alpenrosen kriecht gabelig verzweigt das »Schlangenmoos«, der Keulen-Bärlapp *(Lycopodium clavatum)*, zu dem man im Tiroler Land »Teufelshosenbandl« sagt.

in lichtem Gebüsch findet. Wohl ähneln seine Blüten nach Form und Farbe denen der bekannten Zimmerpflanze, doch erreichen sie nicht viel über 1 Zentimeter Durchmesser. Die rundlich-plattgedrückte Wurzelknolle, im Volksmund *Erdscheibe* genannt, enthält das giftige, Erbrechen verursachende Cyclamin – als *Radix Cyclaminis arthanithae* früher ein Heilmittel (Namen: *Gichtapfel, Kreuzwehkugel*). Schweine vertragen übrigens die rohen Knollen ohne Schaden, daher die Vulgärbenennung *Saubrot. Leonhart Fuchs* schreibt vor 300 Jahren in seinem Kräuterbuch: » . . . es sollen sich die schwangeren frawen hüten vor diser wurtzel/ ja nit darüber schreitten/ dann sie bringen sonst das kindt nit an die statt. So mans den geberenden frawen anhenckt/ so macht sie das dieselbige bald gebeeren.« Und an anderer Stelle: »So einer vonn natern geheckt oder gebissen würt/ der soll dise wurtzel überlegen/ so genießt er . . . Der safft von diser wurtzel in die nasen gethon/ reynigt das haupt. So der safft an den nabel/ un underhalb des nabels am bauch würdt angestrichen/ so erweycht er den bauch/ doch sol man solchs an den schwangeren frawen nit versuchen.«
In der Antike war das Alpenveilchen ein Ingredienz für Liebestränke, später beschränkte sich ihre aphrodisische Wirkung im wesentlichen auf das Rindvieh.
Blütezeit: Juli bis Oktober.

Anemone. Von den Windröschen, den Anemonen im engeren Sinne – ohne die Küchenschellen und das Leberblümchen – steigen nur *Anemone baldensis,* das Tiroler oder Baldo-Windröschen, und *Anemone narcissiflora,* das Berghähnlein, in die hochalpinen Regionen. Die ebenfalls weißblühende *Anemone nemorosa,* unser Buschwindröschen, und die gelbblühende *Anemone ranunculoides* steigen nirgends bis in die alpine Stufe. Auch die in den Süd- und Südostalpen verbreitete *Anemone trifoliata* kommt nicht höher als bis in die Krummholzstufe. So ist das Narzissenblütige Windröschen, das eine Vorliebe für Kalkboden hat, eine echte Bergwiesenblume (1500–2200 m). Neben Matten und Weiden sind Hochstaudenfluren, grasige Wildheuplanken und Felsbänder ihr Bereich.
Blütezeit: Mai bis Juli.
Das auf steinigen, trockenen Wiesen, an Geröllhalden und in Felsspalten, in Horst- und Polsterseggenrasen zwischen 1800 und 3000 m

wachsende Tiroler Windröschen fehlt in den deutschen Alpen und findet sich mehr in den südlicheren Ketten. Sein größtes Verbreitungsgebiet hat diese zierliche, von Juni bis August blühende Anemone in den Gebirgen an der nordamerikanischen Pazifikküste.

Arnika. Einen besonderen Schmuck ungedüngter Wiesen und grasiger Triften bilden in unseren Mittelgebirgen, besonders aber in den Alpen – im Wallis bis über 2500 m gehend – die gold- oder orangegelben Blütenstände der Arnika *(Arnica montana)* – nicht selten in Gesellschaft der hellblauen Bartglockenblume und des roten Echten Alpenklees. Unserer aromatisch duftenden Bergpflanze hat der Volksmund so manchen Namen gegeben: *Johannis-* oder *Sonnwendblume* (nach der Blütezeit und der Rolle im Johannis- bzw. Sonnwendglauben), *Feuer-* und *Brennkraut* (nach dem scharfen, brennenden Geschmack der Wurzel), *Schneeberg-, Gems-* und *Bergdotterblume* (nach dem alpinen Standort). Die Arnika – *Flores et Radix Arnicae* – ist eine uralte »Wohl verleihende« Heilpflanze (Name *Berg-Wohlverleih*). Auch darauf nehmen zahlreiche, zum Teil seit dem Mittelalter geläufige Namen Bezug: *Mutterwurz* (schon bei *Gesner*) »wider den gebresten der mutter [Gebärmutter]«; *Bruchkraut,* »wenn man sich etwas hart verbrochen hat«; *Blutblume,* welche »kräfftiglich das geronnene Geblühte«, d. h. Blutergüsse nach Stoß und Fall vertreibt, *Stichkraut* »wider den Seitenstich« und »weil das gebrannte Wasser davon wider das Miltzstechen sehr gut seyn soll«, *Verfangkraut* gegen das »Verfangen« [Lahmgehen]. In der Obersteiermark wurde die Arnika seit eh und je als Viehmedizin benutzt (Namen *Ochsenblume, Rinderblume*): Man soll es »dem Viehe gesotten zu trinken geben/wann sie vermeinen/daß sie etwas vergifftes gegessen haben... Man braucht das Kraut zu Pulver gestoßen und eingegeben dem Viehe/wenn sie nicht essen können« *(Tabernaemontanus).* Arnika unter das Dach gelegt oder in der Stube aufgehängt, an die Ecken der Wiesen gesteckt, bewahrt vor Blitzschlag, Hagel und

Bild 59: In vielen Gegenden der Schweiz wird diese stark bedornte Kratzdistel *(Cirsium spinosissimum)* seit eh und je »Wolfschrut« genannt, weil man anscheinend dieses Alpenunkraut mit dem struppigen Wolfspelz vergleicht.

Bild 60: Prachtvoll zitronengelb leuchten im Frühsommer die Blütenrispen des Brillenschötchens *(Biscutella laevigata).* Der von Linné gebildete Gattungsname bezieht sich auf die Gestalt der flachgedrückten (brillenähnlichen) Schötchen.

Hexen. Die Arnikapflanze ist von der wissenschaftlichen Medizin erst im 18. Jahrhundert anerkannt worden. Heute verwendet man die Blüten zu Teeaufgüssen besonders für Mundspülungen (Mundschleimhaut- und Zahnfleischentzündungen) sowie zum Gurgeln bei Halsentzündungen. Die Arnikatinktur dient äußerlich zu feuchten Umschlägen bei Blutergüssen, Gelenkentzündungen, schlecht heilenden Wunden und Geschwüren.
Blütezeit: Mai bis August.

Aster. Oft mit dem Edelweiß vergesellschaftet, ist die schöne Bergaster *(Aster alpinus)* mit ihren blauen Zungen- und den gelben Scheibenblüten an trockenen, sonnigen Felshängen, am häufigsten in Zwergstrauch- und Grasheiden anzutreffen. Auf Wildheuplanken, Felsbändern und Graten reicht sie in den Ostalpen vereinzelt bis nahe an 3000 m, in den Westalpen noch etwas höher hinauf. Als *Sternkraut* erlangte die Pflanze abergläubisches Ansehen, in *Lonitzers* Kräuterbuch (1679) lesen wir die Fabel: »Dieses kraut... scheinet in der Nacht gleich den Sternen am Himmel/ und dasselbige zwar so hell/ daß der Mensch offt meynet/ es sey Feuer/ Gespenst oder ein Betrug des Teuffels.«
Blütezeit: Juli/August.
Sehr an ein kräftig entwickeltes Gänseblümchen erinnert *Aster bellidiastrum,* das mit der Alpenaster verwandte Alpen-Maßliebchen, von ihm in erster Linie durch die behaarten Früchtchen unterschieden. Wir finden das sehr häufige *Sternlieb* auf steinigen Matten, in feuchten Schluchten und lichten Wäldern bis in die Krummholzregion (400–2600 m).
Blütezeit: Mai bis Juli.

Baldrian. Von der Gattung *Valeriana* kommen mehrere Arten in den Alpen vor. Sehr häufig ist der Berg-Baldrian *(V. montana);* ihn finden wir auf Kalk-Geröllhalden, in steinigen Hochstaudenfluren, in Legföhrengebüschen und Felsspalten, nicht selten mit der Schnee-Pestwurz vergesellschaftet. Der nahe verwandte Zwerg-Baldrian *(V. supina)* steigt über 3000 m hinauf, am Ortler beispielsweise, wird aber mitunter durch Wildbäche und Lawinen bis 1500 m hinabgeschwemmt. Von weitem schon macht unser Baldriangewächs mit seinen stark duftenden rosaroten Blütentrauben auf sich aufmerksam. Es hat zahlreiche halbverholzte im Schutt kriechende, schopfig

beblätterte Triebe. Außer auf Geröllhalden ist dieser Schuttwanderer auf Schneeböden und Felsabsätzen anzutreffen, immer aber auf Kalk- und Dolomitböden.
In den kalkreichen Zügen der Alpen, in Felsspalten und auf Felsschutt wächst der Felsen-Baldrian *(V. saxatilis)*, er steigt bis 2500 m, wird aber gelegentlich auch in Tieflagen gefunden.
Baldrian enthält bekanntlich ätherisches Öl, kleine Mengen von Alkaloiden, außerdem Gerbstoff, Harz und Stärke. In der Volksmedizin spielt er seit jeher eine große Rolle bei Krämpfen, Koliken und Magenverstimmungen; übrigens ist er ein altes Pestmittel. Die Baldrianwurzel »würt onder die artzneyen vermischt so man für gifft braucht/ darumb ist sie zu der Zeit der Pestilentz seer gut/ darvon getruncken« *(Leonhart Fuchs)*. In den alten Kräuterbüchern wird Baldrian auch als Augenmittel immer wieder erwähnt. Im Kanton St. Gallen sind die *Augenbündeli* kleine Kräuterbündel, die als Sympathiemittel bei entzündeten Augen am Hals getragen werden und Baldrianwurzel enthalten. Auch gilt der Baldrian als Aphrodisiakum: wenn Mann und Weib Baldrian im Wein trinken, so macht das »gut Freundschaft«. Wohl wegen des starken Geruches gilt unsere Pflanze seit alters als unheilabwehrend: Hexen und der Leibhaftige ergreifen vor Baldrian die Flucht. Gegen Euteranschwellung der Haustiere hilft der bei Sonnenaufgang ausgegrabene Baldrian – heißt es im Zillertal.
Blütezeit der Baldriane zwischen Juni und August.

Bärentraube. An schattigen Hängen, auf Schutthalden und Felsbändern zwischen 1500 und 2600 m wächst die zu den Heidekrautgewächsen gehörende Bärentraube *(Arctostaphylos alpinus)* als verzweigter, dem Boden meist dicht angedrückter Spalierstrauch. Seine grünlichweißen, mitunter leicht rötlichen Blüten gleichen denen der heimischen Preiselbeere. Die Frucht ist in reifem Zustand eine blauschwarze Beere, die als durststillend gilt und in Graubünden *Durstbeeri* genannt wird.
Blütezeit: Mai/Juni.
Nahe verwandt ist die immergrüne Echte Bärentraube *(A. uva-ursi)*, die bis in die hochalpine Stufe der Alpen verbreitet ist. In den Zentralalpen steigt sie von lichten Wäldern auf Magerweiden und Geröllhalden bis hinauf in den Felsbereich in Höhen um 2700 m.

Alpen-Bärentraube *(Arctostaphylos alpinus).*

Die Bezeichnung ›Bär‹ bezieht sich wohl auf die wildwachsende Frucht, ihren immergrünen Blättern verdankt die Pflanze Namen wie *Wilder Buchs* und *Buchsbeeri* – »ob solchs ein kleiner Buxbaum, kann ich nicht wissen« (*Bock*, 1551) –, den mehligen Früchten und ihrem Standort in Kärnten die Benennungen *Mehlgranten* bzw. *Stanbeer* [Steinbeere]. Der Tee aus den Blättern ist in der Volksmedizin ein bekanntes Mittel bei Harn-, Blasen- und Nierenleiden (Namen *Harnkraut, Blasenkraut*).
Blütezeit: März/April.

Bärlapp. Die heute lebenden Vertreter dieser Pflanzenklasse lassen von der üppigen Entfaltung ihrer Vorfahren aus vergangenen Erdepochen kaum mehr etwas ahnen. Es sind Pflanzen von niederem Wuchs, die sich mit ihren gabelig verzweigten Sprossen auf dem Boden kriechend ausbreiten.
Wir treffen in den Alpen mehrere Arten. Auf saurem, frischem Rohhumus und Moder, wie er sich in Nadelwäldern, unter Latschen und Alpenrosen bildet, und über Moosrasen gedeiht der Gebirgs-

Bild 61: Blütenwunder im Gesteinsschutt. Die Gerölltulpe *Tulipa orphanidea*, entdeckt in den Steiner Alpen (Karawanken).

Von der kreutter Underscheid/

Beerlapp/Gürtelkraut.

Jungfrawkron.
Spessart.

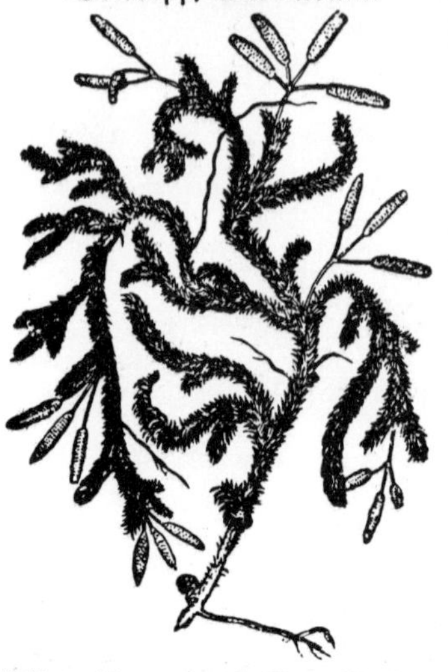

Jungfrawē machē krāntz vnnd gürtel darauß / würt inn den wildtnussen gefunden/nemlich im Schwartzwald/ Odenwald / Speßhart/ Westerwald/im Ydar vnnd Waßgaw an vilen orten.

Im hohen gewäld/ in sandichtem grund wächßt ein kraut spannen hoch / ist Sommer vnnd Winter grün/ anzůsehen aller ding wie das kraut am Seuenbaum/reucht nicht/ gewinnet oben aussen auch gäle hasel zäpflein/ wie dz Beerlapp/fellet ab on frucht/am geschmack gantz bitter/das kraut ist hiebey gelegt.

Von den Namen.

DIsen rauhen / kriechendē/grūnē Krautschlāgen vñ wurm/ nennen etlich der neben zincken halben/ Beerlappen/ Teuffels klawē/ Seil oder Gürtelkraut / Neunheil/ Neungleich. Zů Latin Muscus terrestris. Dioscorides lib.iiij.cap.xciiij.nennet ein gewächß Bryon Thalassion/Ballarin/Iranen/ Gnomenßilon. Das hat Manardus lib.xj. Epist.iiij. für Corallen verteutschet/ vnd dieweil diß gewächß den Corallen zincken ähnlich ist/hab ichs auch Muscum terrestrem genandt/sonst hab ich mit etlichen diß kraut Soldanam vnd Soldanellam genennet in Serap.capite lxv. Chalkile/vnd Solabar geheissen. Hie werden etliche sagen Soldana sey Brassica marina/Meerköl/das lassen wir geschehen/ sie mögens Cappes oder Köl nennen/ wir haben mit der selben Soldana hie nichts zů thůn / reden jetzund von dem kriechenden kraut / welches man hefftig für den Stein brauchet/ deßgleichen inn den zähen seigern Wein gehenckt/den bringet diß mosiche kraut wider zů recht.

Muscus terrestris.
Soldana.
Brassica marina.

Stein.
Seigeren Wein.
Walt Seuenbaum.

Das kurtz kreutlein heißt der gestalt halben Walt Seuenkraut/Savina sylvestris vnd sterilis.

Von der Krafft vnd Würckung.

DAS kriechend/mosicht/grün gürtelkraut ist druckener qualitet/vnschädlich beider seits zů brauchen/also das klein kreutlein ist warm vnd drucken.

Als *Beerlapp, Gürtelkraut* oder *Walt Seuenkraut* beschreibt Hieronymus Bock den in den Alpen verbreiteten Bärlapp, rechnet ihn aber wie viele seiner Zeitgenossen zu den Moosen.

Bärlapp *(Lycopodium annotinum).* Der Volksmund nennt ihn *Schlangenmoos,* denn schlangenartig, mehrere Meter lang kriechen die Haupttriebe mit gegabelten Wurzeln über den feuchten Boden, während die Seitentriebe bis zu einem Drittelmeter senkrecht in die Höhe treiben. Zur Zeit der Reife öffnen sich die Sporenähren und entlassen in gelben Wolken die Sporen, zu denen man im Volk *Hexenmehl* sagt.

In unseren Alpen am höchsten steigt der Tannen-Bärlapp *(Huperzia selago)* – der ursprünglichste unserer heutigen Bärlappe –, in Bayern und in den Tiroler Bergen über 2000 m, in der Schweiz sogar bis über 3000 m.

In montanen Zwergstrauchheiden – vergesellschaftet mit Heidelbeere, Heidekraut, Becher- und Rentierflechte – kriecht der Zypressen-Bärlapp *Diphasium tristachyum* stückweise oberirdisch, meist aber bis zu einer Handbreit Tiefe in Moder und Rohhumus, dabei selbst Graswurzelballen durchstoßend. Die wohl ersten und bereits völlig eindeutigen Abbildungen dieses Bärlapps finden wir in den Kräuterbüchern des *Hieronymus Bock.* Er nennt ihn *waldt Seuen-kraut.*

Nur bis zur oberen Waldgrenze (in Bayern bis etwa 1600 m, in den Schweizer Zentralalpen bis etwa 2200 m) steigt der Keulen-Bärlapp *(Lycopodium clavatum).* Daß er allgemein bekannt ist, beweisen seine zahlreichen Volksnamen. In Tirol (Hopfgarten) und in der Steiermark meint man, die langen schnurähnlichen Stengel sähen aus wie *dem Toifi sei Hosenbandl.* Andere Namen aus dem Alpen- und Voralpengebiet, wie *Hexenranken, Teufelskrallen* und *Drudenfuß,* zeigen, wie die Pflanze vielfach zu zauberischem Tun gebraucht wurde. In vielen alpenländischen Gegenden verwendete man zum Abseihen der frisch gemolkenen Milch den Keulenbärlapp als primitives Filter – so erklärt sich der Name *Milchmies* [-moos] im Kanton St.Gallen. Wo man den Bärlapp zum Auskehren der Öfen genommen hat, war er das *Wischgraud* (Oststeiermark), zum Reinigen der Backöfen benutzte man ihn als *Bäckerwisch* (Oberbayern) und *Bäckengras* (Kärnten). In der Volksheilkunde wird der Bärlapp als Mittel bei Blasenkrankheiten gerühmt und heißt in Kärnten *Seichkräutl.* Im St. Gallischen ist unsere Pflanze das *Krampfchrut,* das man in die Strümpfe schiebt oder ins Bett zu den Füßen legt, um Gliederkrämpfe zu vertreiben. Die Sporen vom Keulenbärlapp wurden und werden pharmazeutisch als Wundstreupulver und als Zusatz zu Pillen verwendet, um deren Kleben zu verhindern; meist werden sie aus Polen und Rußland eingeführt.

Wo der Bärlapp einmal ausgerottet ist, dauert es viele Jahre, bis neue Pflanzen aufkommen können, die in ihrer Entwicklung auf die Symbiose mit gewissen niederen Pilzen angewiesen sind. Darum sind alle Bärlapp-Arten unter Naturschutz gestellt.

Bild 62: Als Ackerunkraut ist der Reiherschnabel wohl jedermann bekannt. Der abgebildete Felsen-Reiherschnabel *(Erodium petraeum ssp. crispum)*, eine üppig blühende Staude, kommt in den Seealpen vor.

Bild 63: Neues Leben drängt zum Licht. Die zarten Keimlinge des Blauen Eisenhutes haben die apernde Schneedecke durchbrochen.

Brillenschötchen. An den goldgelben Blüten und den flachgedrückten, brillenförmigen Schötchen ist dieser Kreuzblütler mit dem botanischen Namen *Biscutella laevigata* unschwer zu erkennen. Die bevorzugten Standorte sind steinige, sonnige Hänge, Schutthalden und Felsen, wo sich die Brillenschote mit ihrem gut entwickelten, stark verholzten Wurzelsystem fest zu verankern vermag. Nassen und gedüngten Böden geht unsere Pflanze aus dem Weg, für kalkhaltiges Gestein besteht eine sichtbare Vorliebe. *Biscutella* steigt von der Ebene bis in die alpine Stufe auf, im Engadin z. B. bis über 2600 m.
Blütezeit: Mai bis August, in tiefen Lagen bis November.

Distel. Zum bunten Bild einer Bergwiese gehören auch die leuchtend purpurroten (hin und wieder weißlichen) Blütenköpfe der Alpendistel *(Carduus defloratus)*. Wir finden sie aber auch im Geröllschutt, Legföhren- und Alpenrosengebüsch ebenso wie in lichten Wäldern, von der montanen Stufe bis zu 2500 m und vorzugsweise auf Kalk. Die bis zu einem Dreiviertelmeter hohe Korbblütlerstaude hat bogig aufsteigende, wenig verzweigte Äste. Der Stengel ist nur bis zur Mitte beblättert und herablaufend dornig geflügelt. Die Pflanze gilt als milcherzeugendes Futter, daher auch der in Kärnten verbreitete Volksname *Milchkraut*.
Blütezeit: Juli bis September.
Von allen alpinen Disteln ist die Stachelige Kratzdistel *(Cirsium spinosissimum)* am weitesten verbreitet, sowohl auf Kalk- als auch auf Urgestein. Diese niedrige, stark bedornte Distelart mit ihren gelbgrünen Hochblättern und den bleichgelben Blütenköpfen wächst auf feuchten Alpenmatten, in Karfluren, oft auch in der Umgebung der Sennhütten und auf Schaf- und Gemslägern. Der Volksmund vergleicht die dornige Pflanze mit dem struppigen Wolfspelz und benennt sie (im Aargau) *Wolfschrut*. Nach den bleichen, gezähnten Hochblättern und den gelblichweißen Blüten heißt sie in manchen Teilen Graubündens *Wißdorn*. Diese schöne Pflanze, die in Höhen zwischen 1600 und 2800 m vorkommt und die jeder Bergwanderer nur bewundern kann, ist für den Almbauern ein verhaßtes Unkraut – eine Delikatesse aber für die Murmeltiere, die sich an den artischockenähnlichen Blütenkernen gütlich tun.
 Blütezeit: Juli bis September.

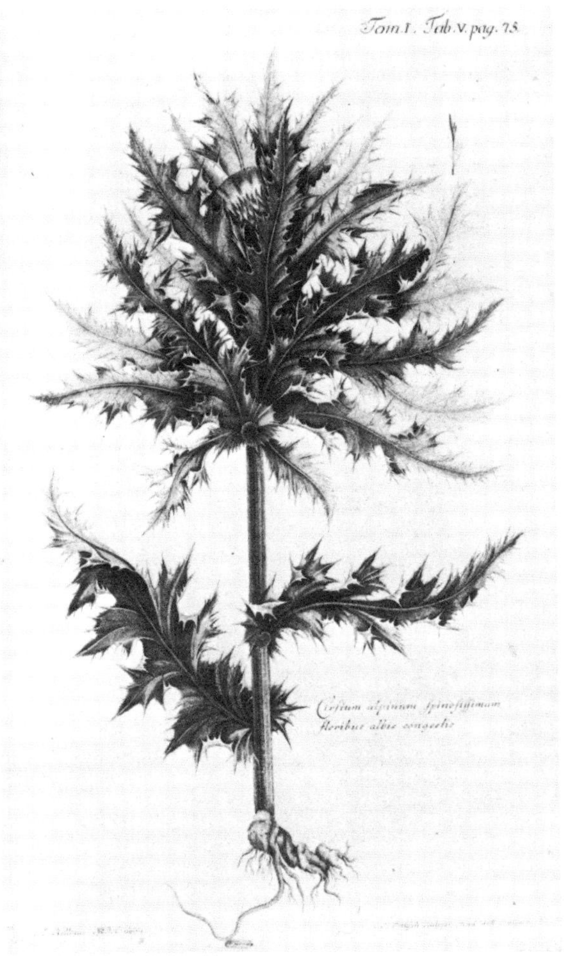

Stachelige Kratzdistel *(Cirsium spinosissimum).* Aus Albrecht von Haller »Historia stirpium« (1768). Schweizerische Landesbibliothek Bern.

Auf steinigen Matten, sonnigen Hängen, in lichten Wäldern und an Paßstraßen, auf Kalk- und Tonmergelböden wächst die Wollige Kratzdistel *(C. eriophorum),* vom Tal bis über 2000 m aufsteigend. Der wollig-zottige Stengel, die dornig-steifhaarigen Blätter, die in starre Spitzen auslaufenden Hüllblätter unter den großen, herrlich purpurnen Blütenköpfen machen die *Wolldistel,* die anderthalb Meter hoch werden kann, zu einer Zierde der Alpenflora. Nicht minder ansehnlich ist auch die Alant-Kratzdistel *(C. heterophyllum),* die in subalpinen Mähwiesen und Hochstauden am häufigsten ist. Auch ihre Blütenköpfe sind groß und purpurfarben. Alle Blätter sind

unterseits weißfilzig. Zwischen Juli und September blühen diese beiden Disteln.
Ganz auf Schauwirkung für honigsuchende Insekten zielt die Blütenscheibe der Silberdistel *Carlina acaulis* ab, die von einem doppelten Kranz stachelbewehrter, silberweißer Hüllblätter umgeben ist; sie überdecken des Nachts und bei feuchtem Wetter den Blütenkorb. Diese hygroskopischen, durch wechselnden Wassergehalt des Gewebes verursachten Bewegungen haben unsere Pflanze beim Volk zur *Wetterdistel* gemacht. Bereits im Altertum hieß sie *epurwurzel* = Eberwurz, weil sie früher als bewährtes Mittel gegen Schweinekrankheiten galt. Seit alters wird die Wurzel *(Radix Carlinae)* in der Volksmedizin als harntreibend und magenfreundlich angewandt. Die kalkliebende *Carlina acaulis* wächst meist truppweise auf Magerwiesen und Viehweiden, in trocknen, lichten Nadelwäldern, auf steinigen Hängen, von der Ebene bis 2800 m (Wallis) aufsteigend. Naturschutz: Verbot des Ausgrabens!
Blütezeit: Juli bis September.

Edelraute. Wie das Edelweiß steht auch die Echte Edelraute *(Artemisia laxa),* die hauptsächlich in besonnten Felsspalten, auf Schuttfluren und in Gletschervorfeldern wächst, bei der alpenländischen Bevölkerung in hohem Ansehen – für den Tiroler ist diese *edle* Pflanze »mehr wert als Gold«. Gedörrte Kränze der *Artemisia* hängt man gerne in Almhütten auf, nach altem Volksglauben hilft dies bei Verwundungen und Seitenstechen. Im Isarwinkel wurde bis in unsere Zeit die Edelraute am ›Büschelfrauentag‹ (15. August) geweiht. In den Lechtaler Alpen sieht man nicht selten auf manchen Hausdächern die Edelraute zusammen mit der Dachhauswurz gepflanzt: beide Kräuter sollen das Haus vor Blitzschlag bewahren. Bereits in der Antike war die Heilwirksamkeit von *Artemisia*-Pflanzen allgemein bekannt. Bei den Sennern gilt die Edelraute als schweißtreibendes Hausmittel.
Wegen der weißglänzenden Behaarung heißt die Edelraute im Salzburgerland auch *Silberraute,* nach dem Standort *Stei[n]rute[n]* im Kan-

Bild 64: In Bergwäldern, im Krummholz und in Hochstaudenfluren weitverbreitet ist der Gelbe Eisenhut *(Aconitum vulparia)*, der schon im Altertum als Tiergift verwendet und *lycoctonum*, der »Wolftötende«, genannt wurde.

ton Obwalden. Sie ist nahe verwandt mit dem Wermut, daher die schweizerischen Volksnamen *Wildä Wurmueth.*
Blütezeit: Juli bis September.
Rein auf die zentralen Westalpen beschränkt, von den Seealpen bis zum Oberwallis, ist die Gletscher-Edelraute *(A. glacialis).* Sie kommt besonders auf kalkarmen Schuttböden zwischen 2000 und 3200 m vor. Der Blütenstand ist leuchtend goldgelb (Name *Gold-Edelraute*).
Blütezeit: Juli bis September.
Gelb blüht auch die Schwarze Edelraute *(A. genipi),* eine kurzrasige Halbrosettenstaude, bei der die filzigen Hüllblätter schwarzbraun berandet sind. Sie ist auf Gipfelfelsen, Gehänge- und Moränenschutt daheim, in erster Linie in den Zentralgebirgen Österreichs und der Schweiz, wo sie nicht selten bis in die Gletscherregion vordringt (Name *Keesraute*).
Blütezeit: Juli bis September.

Edelweiß. Mehr als je zuvor ist heute im Zeitalter des Massentourismus das prächtige Edelweiß *(Leontopodium alpinum)* – Emblem von Alpen- und Bergsteigervereinen, von Gebirgsjägern, von Berghütten und alpenländischen Parteien – zum vielbegehrten Souvenir geworden und daher an vielen Orten ausgerottet oder in seinen Beständen auf das ernsthafteste bedroht und deshalb unter strengem Naturschutz gestellt. Der wunderschöne Alpenstern – ladinisch *Staila alpina* –, der bis 6 Zentimeter Durchmesser erreichen kann, ist eine sog. Scheinblüte aus wollig behaarten, der Insektenanlockung dienenden ›Hochblättern‹, in deren Mitte vier bis acht gelblichweiße Blütenköpfchen stehen. Jedes von ihnen enthält mehrere Hundert kleiner Einzelblüten, die am Rande weiblich, in der Mitte männlich sind; doch gibt es auch zwittrige und geschlechtslose, nur mit Nektar erfüllte Blüten.
Der aus den Tauerntälern kommende Name *Edelweiß* ist noch keine 200 Jahre alt, im 16. und 17. Jahrhundert heißt unsere Gebirgspflanze ihrer weißfilzigen Behaarung wegen, wie schon erwähnt, *Wollblume,* in Vorarlberg sagt man *Katzedäpli* [Katzenpfötchen] zu ihr.
In einem alten Kräuterbuch können wir lesen: »... und ist ein wild Gewächs/ hat keinen Brauch in der Artzney/ jedoch wo man es haben kan/ ist es zu brauchen wie Ruhrkräuter.« Als *Bauchwehbleaml* in Milch gekocht, mit Butter und Honig, sollte es in Tiroler Landen

und der Steiermark gegen Leibschneiden, als Tee gegen die Schwindsucht und Ruhr, in Salbenform gegen Gliederreißen gut sein. Auch in der Schweiz wird der ›Edelwiß-Tee‹ zusammen mit anderen Kräutern gegen Durchfall getrunken. Wenn eine Kuh ›gebissen‹ war, d. h. ein geschwollenes Euter hatte, so räucherte man in manchen Alpengegenden den Stall mit Edelweiß und Edelraute, dann konnte »kein Geist noch Gespenst« hereinkommen.

Leontopodium ist ein Abkömmling einer in der Mongolei mit mehreren Rassen vertretenen Art, die in Hochasien bis 5000 m hinaufsteigt. In den Bayerischen Alpen gedeiht das Edelweiß zwischen 1300 und 2300 m, die höchsten Fundorte liegen in den Tiroler Bergen bei 3000 m, im Wallis bei 3400 m. Streng an mehr oder weniger neutrale bis alkalische Böden gebunden, findet es sich vor allem in trockenen, steinigen Grasheiden, mit Vorliebe auf Grasbändern steiler, nach Süden gerichteter Kalkhalden.

Blütezeit: Juli bis September.

Ehrenpreis. Vorwiegend auf Kalk an sonnigen Felsen, auf trockenen Alpentriften (Blaugras-, Horstseggen- und Buntschwingelrasen) findet sich zwischen 1000 und 3000 m der Felsen-Ehrenpreis *(Veronica fruticans).* Dieses ungemein zierliche Braunwurzgewächs hat wunderschöne tiefblaue Blütchen mit rotem, zum Nektar weisenden Schlundring (Blütenmal!), daher der Name *Blaumänderle.* Es überwintert meist mit grünen Laubsprossen an schneefreien Stellen, und erst im Winter oder Frühling streut es seine Samen aus. Das Verbreitungs-

Felsen-Ehrenpreis
(Veronica fruticans).

gebiet reicht über die ganzen Alpen von den Pyrenäen bis zu den Karpaten.
Blütezeit: Juli/August.
Der Gelbe Ehrenpreis *(V. lutea)*, das *Gelbe Manderle*, ist eine ausdauernde Felsspaltenpflanze auf Kalk und Dolomit mit kurzem, reichfaserigem Rhizom. Hauptverbreitung in den südlichen Kalkalpen, vereinzelt in den Nordalpen (Hochkönig-Gebiet) zwischen 1000 und 2000 m.
Blütezeit: Juni/Juli.

Eisenhut. Für die *Aconitum*-Arten hat der Volksmund eine Vielzahl von meist recht anschaulichen Namen geprägt, gleich ob wir dabei an den Gelben oder den blauviolett blühenden Echten Eisenhut denken, den vor Jahrhunderten *Hieronymus Bock* als *Ysenhütlin* und der Schweizer *Conrad Gesner* als *Eysenhütle* benannten. Meist nehmen die Benennungen auf die helmartige Blütenform oder die schon seit dem Altertum bekannte Giftigkeit dieses Hahnenfußgewächses Bezug, dessen »gewaltig tödtliche Gifft« sich »fast mit keiner artzney« vertreiben läßt – meint *Pietro Andrea Mattioli*, der als Zeitgenosse *Gesners* in den Südalpen zahlreiche Bergbesteigungen durchgeführt und viele Alpenpflanzen beschrieben und abgebildet hat. Solche Namen für den Echten Eisenhut *(Aconitum napellus)* sind *Sturmhut*, *Narren-* oder *Mönchskappe*, *Pantoffelblume*, *Giftkraut*, *Teufelswurz*, *Ziegenwürger* und *Hundstod*. Alle Teile der Pflanze enthalten nämlich hochtoxische Alkaloide, allen voran das Aconitin, weshalb die Eisenhutpflanze vom Weidevieh verschmäht wird. Im Altertum gehörte *Aconitum* zu den meistgebrauchten Mord- und Selbstmordgiften. In der Volksheilkunde findet der Eisenhut seiner Giftwirkung wegen kaum Verwendung, lediglich die Homöopathie wendet die einjährigen Knollen *(Tubera Aconiti)* bei fieberhaften Erkrankungen wie auch bei Kopf-, Gesichts- und Gelenkschmerzen an. Das Ausgraben der Wildknollen und das Sammeln des Laubes für den Handel sind heute gesetzlich verboten. Früher haben hin und wieder – z.B. in Kärnten – Roßtäuscher den Pferden vor deren Verkauf die *Teufels-*

Bild 65: Nicht nur vom Gelben Enzian, auch vom Purpurroten *(Gentiana purpurea)* wird die bitterstoffreiche Wurzel zur Destillation von Enzianschnaps verwendet.

wurz eingegeben, damit die Tiere recht »schäumig« [feurig] wurden. Gleichfalls giftig sind die verwandten *Aconitum*-Arten, so der violett blühende Bunte Eisenhut *(A. variegatum)*, der ebenfalls blau blühende Rispen-Eisenhut *(A. paniculatum)* und schließlich der schon erwähnte Wolfs-Eisenhut *(A. vulparia)*, der gelbe Blüten trägt. Dieser wurde bereits im Altertum zur Herstellung von Pfeilgift benutzt und fand bis in neuester Zeit Verwendung als Giftköder zum Töten von Wölfen, Füchsen und wildernden Hunden (alte Namen *Wolfwurz* und *Hundskraut*). Er ist im lichten Bergwald, in Kar- und Hochstaudenfluren, im Legföhren- und Grünerlengebüsch verbreitet. Der gedüngten Boden liebende Blaue Eisenhut ist eine Charakterpflanze der Lägerflur, alpenwirtschaftlich ein lästiges Unkraut, das durch Ausgraben und Abmähen bekämpft wird. Mehr in Waldschluchten, feuchten Bergwäldern und auf Almweiden finden wir den Bunten Eisenhut, dessen Blüten violett, weiß oder scheckig sind. Der dem Blauen Eisenhut ähnliche Rispige Eisenhut bevorzugt lichte Bergwälder, Erlengebüsche und Karfluren zwischen 1200 und 2400 m, nur ausnahmsweise trifft man ihn auf Lägern an.
Die Blütezeit der Eisenhüte fällt in die Monate Juni, Juli und August.

Enzian. Ohne Zweifel gehören die Enziane zu unseren schönsten Bergblumen, zusammen mit Edelweiß und Alpenrosen die ›Welt der Alpen‹ schlechthin symbolisierend. Neben den bekannt Blaublütigen bringt die Natur lilablühende, gelbe, purpurfarbene und sogar rotpunktierte Enziane hervor. Dieser bunten Farbpalette entsprechen die Unterschiede hinsichtlich der Blatt- und Kelchform, der Blütenzahl und Blütenanordnung, des Standortes und der Blütezeit.
Zauberhaft schön sind die tiefblauen, durch den langen röhrigen Kelch sehr schlank wirkenden Blüten des Bayerischen Enzians *(Gentiana bavarica)*, der aber keineswegs auf Bayern beschränkt ist. Er findet sich zwischen Juli und September im gesamten Alpengebiet, selbst im Apennin und in den Karpaten in Höhenlagen zwischen 1600 und 2500 m, meist truppweise auf feuchten Matten, an Bachrändern und begrasten Feinschutthalden.

Bild 66: Vor den Felszinnen des Langkofels wiegen sich im Bergwind die zauberhaft schönen Blütenköpfe der Alpen-Grasnelke *(Armeria alpina)*.

Ohne Zahl sind die volkstümlichen Benennungen für den Frühlings-Enzian *(G. verna)*, diese wunderschöne himmelblaue Blume des Bergfrühlings, die häufigste unter den mehrjährigen Arten. Nach dem Standort heißt sie *Wiese[n]nägele, Stei[n]glöggli, Schafblümle, Sumpfbleaml;* nach der frühen Blütezeit: *Kuckucksblume, Himmelfahrtsveigele, Blauäugele, Herrgottssterneli.* Nach altem Volksglauben ist der liebenswerte Frühlingsenzian keineswegs so harmlos. In der Schweiz ist er das *Wetterveigeli* und das *Blitznägeli,* das um keinen Preis ins Haus gebracht werden darf, da sonst der Blitz einschlägt – nachzulesen bei *Gesner,* 1587. Unser Enzian ist auch eine *Totenblume,* ein *Tötli,* eine kleine *Leiche!* Und wer am *Roßmuckenveigerl* riecht, bekommt leicht Sommersprossen. Als *Gottesschühlein* ist der Frühlingsenzian, wie die Sage berichtet, unter den Füßen des Gottesknaben entsprossen.

Gentiana verna wächst gesellig auf ungedüngten Matten und Weiden, an Felsgraten und auf Schutthalden, von der Ebene bis nahe an 3000 m. Blütezeit: März bis Juni.

Beim Stengellosen Enzian *(G. clusii)* ist der Stengel sehr kurz; die Blüte sieht aus, als entspringe sie unmittelbar aus der Erde (Tiroler Namen: *Erdenzian, Bodenglocke*). Dieser nach dem eingangs schon erwähnten Arzt und Botaniker *Charles de l'Ecluse* (1525–1609) – bekannt unter dem latinisierten Namen *Clusius* – benannte Enzian findet sich in den Alpen auf Felsen und Magerrasen, seltener in Heiden und Quellmooren des Vorlandes. Bei Sonnenschein sind die dunkel-azurblauen Blüten weit geöffnet, um sich bei trübem Wetter sofort zu schließen (Name *Wetterglocke*). Gerne belustigen sich die Kinder damit, die glockigen Enzianblüten auf die Finger zu stecken und darauf zu schlagen, was dann einen Knall gibt – so erklären sich Namen wie *Guggerhandschin* [Kuckuckshandschuh] im Defereggental, *Kukurantschen* in Kärnten und *Schnöller* im Tannheimer Tal. Blütezeit: Mai bis August.

In Tracht und Größe der vorigen Art sehr ähnlich ist die breitblättrige *acaulis*-Art, die von Juni bis August blüht und sich vorwiegend auf trockenen Heiden und Wiesen und steinigen Halden findet. Sie steigt vom Alpenvorland bis in die alpine Stufe hinauf, in den Zentralalpen bis 3000 m. Von *Gentiana clusii* unterscheidet sich der Breitblättrige Enzian durch die olivgrünen Längsstreifen an der Innenseite der azurblauen Blütenkrone.

Gentiana clusii, Stengelloser Enzian. Aus Clusius, 1583.

Auf kalkreichen Trockenwiesen von den Tälern bis hinauf über 2000 m erscheint im Herbst der Gefranste Enzian *(G. ciliata)*. Seine engröhrigen Blüten sind blau, die vier Zipfel seiner Blütenkrone zierlich zerschlissen.

Leicht zu übersehen ist der zierliche Schnee-Enzian *(G. nivalis)*. Nur bei vollem Sonnenschein öffnen sich die kleinen sternförmigen, azurblauen Blütchen, um freilich dann um so auffälliger zu leuchten (alter Name *Himmelsstengel, Aretius* 1561). Auf Feinschutt, in Flachmooren und auf Schwemmböden findet sich dieser zwischen Juni und August blühende, nicht gerade seltene Enzian. Er kommt selbst noch in der Nivalregion um 3000 m vor, übrigens außer in den Alpen auch in Grönland und im arktischen Nordamerika.

Bis zu einem Viertelmeter hoch wird der Feld-Enzian *(G. campestris)*, gekennzeichnet durch hellviolette, im Schlund bärtige Blüten, die in der Regel von langrüsseligen Hummeln und Schmetterlingen besucht werden. Die mit Vorliebe auf Kalk, seltener auf Urgestein wachsende Pflanze steigt in Graubünden auf trockenen Magerrasen bis 2800 m hinauf. Der Genuß der Pflanze ruft bei Jungrindern schwere Durchfälle hervor, daher der Vulgärname *Chalber-Schiss* im Berner Oberland.

Blütezeit: Juli bis Oktober.
Bei dem Namen *Enzian* denkt man zunächst an die niedrigen, mehr oder weniger kurzstengeligen Alpenblumen. Nicht minder interessant sind die hochwüchsigen Arten, wie etwa der bis 60 cm hohe Punktierte Enzian *(Gentiana punctata).* Streng an kalkfreie Böden gebunden, kommt diese Art – charakterisiert durch hellgelbe, violett-schwarz gepunktete Blüten (Name *Tüpfelenzian*) – auf steinigen Matten, Weiden, Karfluren und Moränen zwischen 1500 und 2800 m vor.
Blütezeit: Juli bis September.
Der gleichfalls stattliche Purpur-Enzian *(G. purpurea)* findet sich meist gesellig an rasigen Hängen, in Kar- und Hochstaudenfluren, auch auf Wiesen und Weiden zwischen 1600 und 2700 m. Auffallend sind neben den wie vom Stengel durchwachsen aussehenden Blättern (Name *Dir[ch]wachs,* Grindelwald) vor allem die außen satt braunroten, innen gelblichen Blütenglocken. Der Kelch ist einseitig aufgeschlitzt und scheidenähnlich (nicht glockig).
Blütezeit: Juli bis September.
Der Gelbe Enzian *(G. lutea)* ist eine in jeder Hinsicht ansehnliche Pflanze. Hüft- bis schulterhoch wird der Stengel der *Hochwurz* (Pinzgau); breit und elliptisch sind die großen bläulichgrünen Blätter, leuchtend goldgelb die etagenartig angeordneten Kelchdolden (Name *Goldenzian*), armdick und vielköpfig und bis 6 Kilogramm schwer der Wurzelstock, der sich in tiefgreifenden Wurzeln fortsetzt. Dieser Wurzelstock ist als *Radix Gentianae* offizinell und enthält ein Bitterstoffglykosid, das Gentiopicrin. Daraus wird der begehrte magenstärkende Enzianbitter gewonnen, dessen Wirksamkeit gegen Fieber und Gicht, Melancholie und Hypochondrie seit Menschengedenken erprobt und bestätigt ist. Die Brennhütten, mit modernen Destillierapparaten, Maischbottichen und Wurzelhackbänken ausgestattet, liegen mitten in den Bergen. Welche mühevolle Prozedur, die schweren Wurzeln aus dem steinigen Boden zu stechen! Sie werden an Ort und Stelle gereinigt, zerkleinert und in einem zehn Tage dauernden Prozeß vergoren. Dann ist die Wurzel-

Bild 67: Mit ihren großen, gelb- bis glühendroten Blüten ist die Feuerlilie *(Lilium bulbiferum)* sicher die schönste (aber auch gefährdetste) unter den Alpenlilien. Immer seltener begegnet man ihr. Aufnahme: Schweizer Nationalpark.

masse brennreif und kommt in die Brennkessel, in denen der ›Stoff‹ verdampft und, mit kaltem Gebirgswasser gekühlt, in die bereitgestellten Fässer tröpfelt. Damit ist der sogenannte ›Rauhbrand‹ gewonnen, der nun noch einmal zum hochprozentigen ›Feinbrand‹ klären muß. Jetzt erst beginnt der Abtransport, der nicht selten über halsbrecherische Steige führt. Bei den Almbauern sind die ›Wurzelgraber‹ nicht ungern gesehen, denn die Enzianwurzeln sind arge Bodenzehrer, und das Vieh macht ohnehin um jede Enzianpflanze einen weiten Bogen.

Der Gebrauch des Enzians als Arznei ist schon uralt. *Leonhart Fuchs* weiß nicht genug des Lobes: »...Entzianwurtzel und der safft darvon seins treffenliche Artzney für allerley gifft/ und bekommen seer wol dem schwachen magen«, und um die gleiche Zeit meint *Hieronymus Bock* von der Magenwurtz: »So weiß der gemein man keinen besseren Tiriak oder magenartzney als eben den Entian«. Häufig wurde die Wurzel des Gelben Enzians bei Wechselfieber gebraucht: »Enzian zu Pulver gestossen und 1 quintle schwer getrunken ist gut wider dz tägliche und viertägliche Fieber« *(Mattioli)* – damit hängt

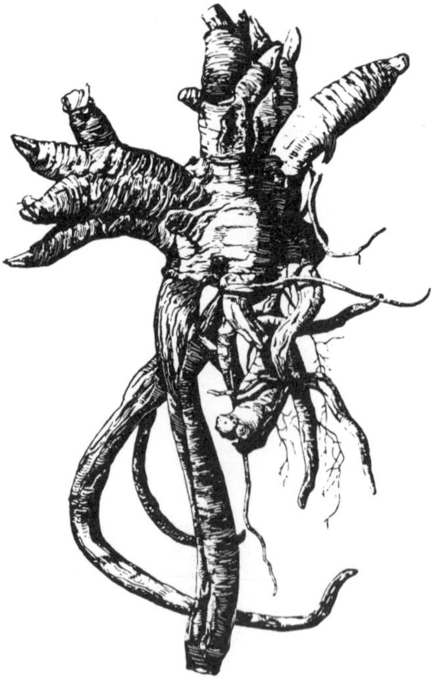

Wurzelstock des Gelben Enzians, die offizinelle *Radix Gentianae*.
Aus Adamus Lonicerus, 1679.

der Name *Fieberwurz* zusammen. Auch als äußerlicher Umschlag bei »faulenden Geschwüren« wird er empfohlen und gar vortrefflich sei er »gegen Pest und giftigen Tierbiß«. Pfarrer *Kneipp* schätzte die eigentliche Wirkung von *Gentiana lutea* so hoch, daß er einmal erklärte, Salbei, Wermut und Enzian machten allein schon eine Kräuterapotheke aus.
Blütezeit: Juli und August.
Die eiförmig-lanzettlichen, lang zugespitzten Blätter des kalkliebenden Schwalbenwurz-Enzians *(G. asclepiadea),* der in Bergwäldern, Hochstauden- und Sumpfwiesen vom Vorland bis zur Waldgrenze wächst, sind auffällig gekreuzt gegenständig (Name *Kreuzwurz,* Pinzgau und Zillertal). Die kniehohen Stengel neigen meist über, und dann hängen die zu Paaren in den Blattachseln stehenden glockigen, azurblauen Blüten alle nach einer Seite. Der Schwalbenwurz-Enzian gilt seit Jahrhunderten als Heilpflanze, darauf nehmen manche in die Umgangssprache eingegangenen Namen Bezug: *Bitzwurtz* (*Aretius,* 1561) gegen die Bisse giftiger Tiere, *Gelbsuchtwurz'n* (Niederösterreich) gegen Galle- und Leberleiden, *Schelmwurz* (Zürich) gegen den ›Viehschelm‹, eine dämonische, angeblich durch den Biß giftiger Spinnen verursachte Viehseuche, *Kloawuschzen* [-wurzeln] (Nordtirol) bei Klauenseuche. Auf die ungewöhnliche Blütezeit im Spätsommer und Herbst beziehen sich Benennungen wie *Hirschbrunftenzian* (St. Wolfgang) und *St. Bartholomäusblume* (der Bartholomäustag fällt auf den 24. August).

Faltenlilie. Keine Lilie steigt so hoch ins Gebirge wie die Faltenlilie *(Lloydia serotina).* Nur selten trifft man dieses kleine Liliengewächs mit den grasartigen Blättern und den weißlichen, innen rötlich gestreiften Blüten unterhalb der Baumgrenze – im Venter Tal bei 1600 m. Am Rotmoosferner im Ötztal, im Engadin, im Monte-Rosa-Gebiet wurde sie bis 3000 m gefunden. Ihre Vorliebe für kalkarme Böden macht die Faltenlilie in den Bayerischen Alpen zur Seltenheit, lediglich am Hohen Göll und im Allgäu auf dem Linkerskopf kommt sie vor. So zart und zierlich die nach dem englischen Botaniker *Edward Lloyd* (1666–1709) benannte Pflanze auch ist, ihre Vorliebe gehört windgefegten, allerdings auch im Winter schneefreien Stellen in Nacktried- und Krummseggenrasen sowie in humosen Felsritzen, wo ihre winzigen Zwiebeln in Moos- und Leimkraut-

polstern geschützt sind. *Lloydia* ist von den Alpen bis nach Sibirien verbreitet, sie wird wohl während der Eiszeit aus Asien nach Europa gewandert sein.
Blütezeit: Mitte Juni bis August.

Farn. In ihrer Üppigkeit geben die Farne den Gebirgswäldern ein ganz besonderes, beinahe tropisches Gepräge, insbesondere in feuchten, halbschattigen Schluchten, wo es dann vielfach zur Bildung eigentlicher Farngesellschaften kommt. Hier finden sich sommergrüne Wurm- und Frauenfarne, Schildfarne, die prachtvollen, unter Naturschutz stehenden Hirschzungen, die Tüpfelfarne der Gattung *Polypodium* und nicht zuletzt der prächtige Adlerfarn, dessen Wedel nicht selten eine Höhe von zwei Metern und mehr erreichen.
Innerhalb der Felsspalten-Gesellschaften finden sich schattenresistente Farne wie der Blasenfarn *Cystopteris fragilis* und verschiedene Streifenfarne, wie etwa *Asplenium seelosii,* der sein Hauptareal in den Dolomiten hat, oder die drüsige *lepidum*-Art, die wir in den Südalpen oft an Höhleneingängen entdecken können. Andere Farnpflanzen können über Monate austrocknen, ohne daß die grünen Blätter absterben; nach Benetzung und Wasseraufnahme kehren sie wieder ins Leben zurück. Wir denken hier an den Nacktfarn *Anogramma leptophylla* der Südalpen und die bekannte Mauerraute *(Asplenium ruta-muraria),* die vom Tal bis in die alpine Stufe gedeiht und noch in 2700 m Höhe gefunden werden konnte. Die Mauerraute »bleibt fast über winter grün und unversert. Verdirbt nit ...«, schreibt *Leonhart Fuchs* in seinem ›New Kreutterbuch‹, das 1543 in Basel erschienen ist.
Selbst auf den nicht zur Ruhe kommenden Schutthalden finden Farne eine Daseinsexistenz. Manche Streifenfarne (z. B. *Asplenium fissum*) verankern sich im Boden mit derben Senkwurzeln und tragen damit zugleich zur Festigung des Gerölles bei. Andere wiederum wurzeln ganz flach und können leicht ein Stück hangab rutschen, aber hinter ihnen kommt der Schutt zur Ruhe. Ein solcher Schuttstauer und Schuttpionier, der durch Humuslieferung und Befesti-

Bild 68: Vor dem weißen Kalkgestein ein blütendurchwirktes Bouquet, wie es nicht lieblicher sein kann: das silbergraue Spaliersträuchlein des Dolomiten-Fingerkrautes *(Potentilla nitida)*. Dieses ziemlich seltene Rosengewächs ist nur in den südlichen Alpen verbreitet.

Waldfarn. Aus Fuchs (1543).

gung des Gerölls den Lebensraum für spätere Rasen-, Gebüsch- und Waldpflanzen schafft, ist z. B. der Krause Rollfarn *(Cryptogramma crispa),* der nach dem Gewirr seiner Blattbüschel auch *Petersilienfarn* genannt wird.

In der alpinen Stufe, innerhalb der Rasen- und Zwergstrauch-Gesellschaften, finden wir zusammen mit Heidel- und Preiselbeeren und verschiedenen Bärlappen auch die Echte Mondraute *(Botrychium lunaria).* An ihren gelbgrünen, halbmondförmigen Fiederblättern ist sie leicht zu erkennen. Der sporentragende Wedelteil ist ›traubenartig‹ verzweigt, daher auch der häufig gebrauchte Name *Traubenfarn.* Früher Aberglaube hat diese Farnpflanze immer mit dem Mond in Verbindung gebracht, denn »ettlich wöllen diß Kraut sol zu und abnemen mit dem Monschein/ also/ so mancher tag das liecht am himmel alt/ also vil sol diss kraut underschiedliche zerkerffte bletter bringen/ vil treiben abenthewer mit disem gewächs/ sonderlich aber die alchymisten … « (*Bock,* 1539). Auch sonst genießt die Mondraute abergläubisches Ansehen. Im 16. Jahrhundert glaubten die schweizerischen »Sennen, Krütter und Berglütte«, daß sie da, wo sie einmal

gefunden worden sei, später nie wieder auftauche. Häufig, z. B. nach einem trockenen Frühjahr, bleibt die Pflanze aus – eine ganz einfache Erklärung. Eine Vielzahl von Wirkungen hat man seit eh und je dem *Mondkraut* zugeschrieben. So heißt es *Leberkraut,* »weil es den Lebersüchtigen wohl thut«, und *Wundkraut,* denn »es heilet die Wunden zusammen«. Im Oberbayerischen verfüttert man das *Nutzkraut,* »damit niemand dem Vieh die Milch [den Nutzen] entziehen kann«, und bei *Conrad Gesner* lesen wir, daß die Schweizer Sennen das Mondkraut den Rindern als Aphrodisiakum ins Futter geben (Name *Rinder-Chrut,* Kanton Uri). Wie auch andere Farne hat man früher mancherorts, beispielsweise im Pustertal um 1800, die Mondraute als Abtreibungsmittel verwendet, und so kam es zu dem Vulgärnamen *Hurengras.*
Das Mondkraut, dessen Vorläufer bis ins Obere Devon vor etwa 300 Millionen Jahren zurückreichen, ist bis zur Schneegrenze verbreitet, in den Zentralalpen bis um 3000 m. Tiefliegende Vorkeime und Wurzelstöcke verleihen dieser Farnpflanze eine erstaunliche Widerstandskraft. Die Blätter von *Botrychium* erscheinen im Mai und Juni.

Ferkelkraut. Von den Westalpen bis weit in die Karpaten verbreitet, wächst das Einköpfige Ferkelkraut mit dem botanischen Namen *Hypochoeris uniflora,* ein kalkmeidender Korbblütler, in Zwergstrauch- und Grasheiden der subalpinen und alpinen Stufe – in den Ostalpen zwischen 1400 und 2400 m, in den westlichen Alpengebieten bis über 2700 m steigend. Über die Bildung des Namens schreibt *Tabernaemontanus, Theodorus Gaza* [griechischer Gelehrter des 15. Jahrhunderts, der die Werke des Theophrast ins Lateinische übersetzte] habe es Porcelliam [*porcella* = Ferkelchen] genannt »und dieweil es bey uns Teutschen keinen Namen hat/haben wir es Ferkleinkraut zu Teutsch genennt/damit es auch einen teutschen Namen bekomme«. Diese kräftige, milchsaftführende Halbrosettenstaude ist steif behaart ▷

Bild 69: Von geradezu schemenhaftem Zauber sind die fädig-verworrenen und -verwebten Girlanden der Bartflechten, die epiphytisch an Stämmen, Ästen und Zweigen leben.
Bild 70: Alpen-Bergminze *(Calamintha alpina)*, ein Halbsträuchlein mit teils niederliegenden, teils aufsteigenden Stengeln. Dieser Lippenblütler, den besonders Hummeln und Falter besuchen, tritt an besonnten Felsen und Schutthalden auf.

und unter dem großen, tiefgelben Blütenkopf auffallend keulig verdickt.
Blütezeit: Juli bis September.

Fettkraut. Gleich den Sonnentaugewächsen sind die Fettkräuter fleischfressende Pflanzen, die das Prinzip des ›Fliegenleims‹ verwirklichen. Ihre dem Boden anliegenden fettglänzenden Rosettenblätter (Name *Schmalzkraut*) sondern einen klebrigen Schleim ab, in dem kleine Insekten hängenbleiben und durch ein labähnliches Ferment verdaut werden – für dieses Wasserschlauchgewächs eine zusätzliche Eiweißquelle.
Die Gebirgs-Fettkräuter, das weißblühende Alpen-Fettkraut *(Pinguicula alpina)* und das blauviolette Gemeine Fettkraut *(P. vulgaris)*, werden vom Weidevieh gemieden. Bevorzugt wachsen die *Pinguicula*-Arten auf feuchten Kalkböden: in der Bergwald-Stufe, besonders in Quellsümpfen, an überrieselten Felsen, aber auch auf trockenen Kalkheiden, häufig in Gesellschaft von Felsaurikel und Silberwurz. Je nach dem Standort sind die Rosettenblätter spitz oder rundlich: hier die schmalen, zu zierlichen Sternen angeordneten Blätter von Pflanzen auf Felsgestein, dort das üppige Laub einer Fettkrautpflanze des tiefen Sumpfgrundes.
In der Volksmedizin gebrauchte man früher das Alpen-Fettkraut zur Wundbehandlung, in Nordtirol heißt es *Heilblattl.*
Blütezeit: Mai bis Juli.

Verbreitung des Dolomiten-Fingerkrautes *(Potentilla nitida).*

Feuerlilie. Mit dem flammenden Rot ihrer Blüten ist die Feuerlilie *(Lilium bulbiferum)* die wohl auffallendste Blume unserer Alpen. Ungeachtet der leuchtenden Farben werden nur wenige Schmetterlinge (Apollofalter, Pfauenauge) angelockt. Gewissermaßen zum Ausgleich tritt häufig die ungeschlechtliche (vegetative) Vermehrung auf, dann werden in den Achseln der oberen Stengelblätter erbsengroße Brutzwiebeln gebildet. Die wärmeliebende Lilie bewohnt Bergwiesen, südexponierte felsige Matten und begraste Felsbänder bis zu 2400 m Höhe. Auf solchen Felsenstandorten bleibt die Feuerlilie allerdings nur klein (Name *Stein-ilge,* St. Gallen).
Blütezeit: Mai bis Juli.

Fingerkraut. Im Bereich der Alpen gibt es eine Vielzahl von Fingerkräutern, darunter einige endemische, d. h. auf ein begrenztes Gebiet beschränkte Arten. So ist das streng an Kalk- und Dolomitenfelsen gebundene Dolomiten-Fingerkraut *(Potentilla nitida)* nur in den Südalpen und im nördlichen Apennin verbreitet. Hier überzieht es als verzweigtes Spaliersträuchlein oft große Flächen. Die silbergrauen Blätter, Nebenblätter und Stengel bilden seidig schimmernde Teppiche, dazwischen die leuchtend rosaroten Blüten – eine Augenweide für jeden Bergwanderer.
Die meisten Fingerkräuter blühen zwischen Juli und August/September.

Flechten. Flechten und Moose bilden die alpine Pioniervegetation ›der ersten Stunde‹. Die durch Algen vorbereitete biologische Verwitterung setzt die Algen-Pilz-Symbiose der Flechten fort, die in vielfältig wechselnder Gestalt und dank ihrer einmaligen Genügsamkeit die höchsten Berglagen besiedeln. Wie viele Bergwanderer beachten diese ›niedere‹ Gebirgsflora überhaupt nicht, deren Schönheit eigentlich nicht zu übersehen ist. Wohl sind auf den Hochgipfeln die dunklen Flechtenfarben vorherrschend – aus gutem Grund, denn die ungemein lichtempfindlichen Algenschichten müssen durch das dunkle Pigment der vom Flechtenpilz gebildeten Rinde gegen das intensive Licht geschützt sein. So kommt es, daß die besonnten Gipfelgrate der Granite, Gneise und Hornblendenschiefer häufig ganz in Schwarz gekleidet sind. Hier dominieren die Nabelflechten der Gattung *Umbilicaria,* andernorts die dunklen

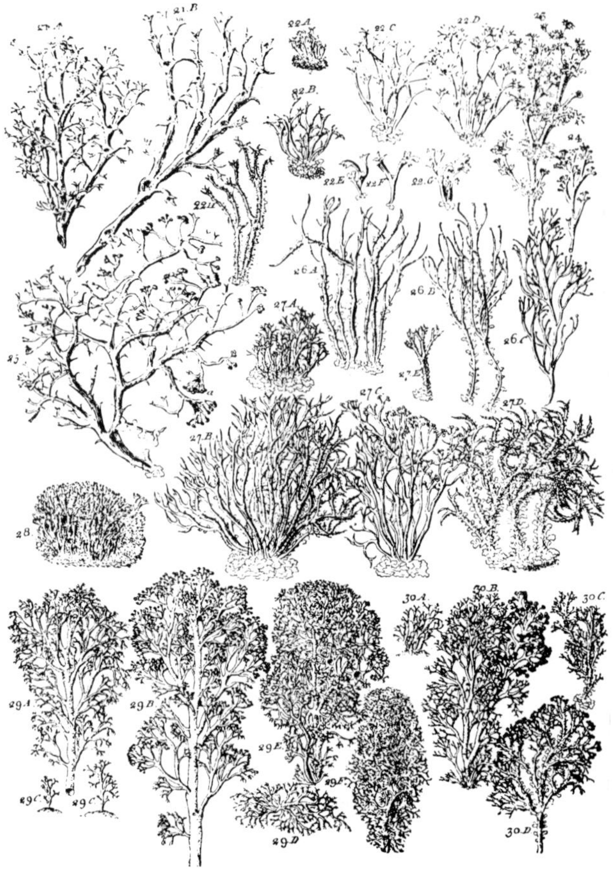

Strauchflechten, *Cladonia*-Arten. Aus John J. Dillenius: »Historia Muscorum, a general history of Land and Water Mosses and Corals«. London, 1768.

Parmelia-Schüsselflechten und die ›Moosbärte‹ der Mähnenflechte *(Alectoria).* Doch auffallend genug sind dazwischen die vielen Farbtupfer anderer Flechten, etwa die braun bis scharlachrot gefärbten *Haematomma*-Arten. Besonders schön ist das Wind-Blutauge *(H. ventosum)* mit seinen dickscholligen Krusten, auf denen die braunroten Fruchtscheiben (Apothezien) wie verspritzte Blutstropfen sitzen. An trockenen Stellen im Gebirge trifft man oft Flechten mit zierlichen Trichtern. Es sind dies die ›Fruchtträger‹ der *Cladonia*-Becherflechte, die in der Regel korallenroten Köpfchen stellen die ›Fruchtkörper‹ dar.

Bild 71: Ausschließlich schuttbewohnend, streckt die Großblütige Gemswurz *(Doronicum grandiflorum)* im Kalkgebirge ihre Stengel mit den prachtvollen goldgelben Blütensternen zum Licht.

Leuchtend dottergelbe, buschig gelappte Thalli hat die auffallende Wandflechte *Xanthoria elegans,* eine echte Gebirgspflanze, die selbst in höchsten Lagen, weit über die Dreitausendergrenze, anzutreffen ist.

Das helle bis schmutzige Grüngelb des Flechtenlagers und das tiefe Schwarz der Fruchtkörper wechseln bei der verbreiteten Landkartenflechte *(Rhizocarpon geographicum)* mosaikartig ab und geben diesem verbreiteten »Doppelwesen aus Alge und Pilz«, das oft weite Flächen von kalkfreiem Gestein überzieht, das charakteristische Aussehen. Umfangreiche Flechtenlager erlangen, da das geringe Nährstoffangebot nur ein sehr langsames Wachstum zuläßt, ein geradezu erstaunliches Alter. So braucht unsere Landkartenflechte für die Bildung eines Thallus von 1 Quadratzentimeter etwa 60 Jahre – pro Jahr bedeutet dies einen Radialzuwachs von einem halben Millimeter! Man darf annehmen, daß die umfangreichen felsbewohnenden Krustenflechten unserer Alpen sicherlich Hunderte von Jahren, wenn nicht tausend Jahre alt werden. Ehrwürdige Pflanzenveteranen gibt es also nicht allein unter den Bäumen!

Die Krustenflechten, zu denen auch *Rhizocarpon* gehört, sitzen der Unterlage als flacher ›Schorf‹ auf und verwachsen häufig fest mit ihr, in der Regel haben sie keine scharf ausgeprägte Form. Eine solche findet sich bei den bereits etwas weiter entwickelten Laubflechten, die in den Alpen weitverbreitet sind. So besteht die Nabelflechte *Umbilicaria crustulosa* aus einem blattartigen Flechtenlager, das oben die schwarzen, kreisrunden Fruchtkörper mit den Sporen trägt und auf der Unterseite wurzelähnliche Gebilde (Rhizinen) zur Verankerung in den engen Felsritzen ausbildet. Und so ist es auch bei den meist blatt- und laubähnlichen *Parmelia*-Schüsselflechten, die in dichten, ledrigen Schichten Rinde, Holz und Gestein überziehen und selbst in tiefsten Rissen noch Fuß fassen.

Sehr häufig begegnet man den verzweigten, vielfach filzig verflochtenen, blaugrünen, grauen oder gelblichen Thalli der Bartflechten *(Usnea),* die an Nadelbäumen herabhängen und jeden Bergwald auf geheimnisvolle Weise verzaubern. An den wirren Verzweigungen sitzen die runden, am Rande meist bewimperten Fruchtscheiben; von einer Haftscheibe wird der ganze ›Bart‹ gehalten.

Recht interessant sind unter den Alpenflechten die ›ornithokoprophilen‹ Flechten, echte Spezialisten in der Stickstoffverwertung, die sich vorzugsweise an den überdüngten Sitz- und Nistplätzen der Greifvögel, Krähen und Segler, mitunter auch an Murmeltierbauten ansiedeln und hier oft eine große Ausdehnung haben. Zu diesen Flechtengesellschaften gehören die *Lecanora*-Kuchenflechte, die bis nahe 3000 m aufsteigenden strauchigen Lager der Astflechte *Ramalina capitata* und die verbreiteten Schönflechten der Gattung *Caloplaca.*

Seit unvordenklichen Zeiten werden Flechten medizinisch verwendet. So gilt die Bartflechte als auswurfförderndes Mittel, außerdem als sehr wirksam bei der Behandlung lokaler Geschwüre. Die bis in die subalpine Stufe vordringende Lungenflechte *(Lobaria pulmonaria)*, wo sie an alten Laubbäumen und mitunter auch an moosigen Felsen wächst, wie auch das auf saurem Substrat von der Ebene bis weit über 2500 m verbreitete Island-›Moos‹ *(Cetraria islandica)* wurden noch bis ins 19. Jahrhundert hinein vielfach zur Behandlung der Tuberkulose verschrieben – offizinell als *Herba Pulmonariae* und *Lichen Islandicus.* Im ›Hortus Sanitatis‹ (Mainz, 1485) lesen wir: »lungenkrut glichet eyner lungen... ist gut vor den drücken husten und sunderlich vor alle gebresten der lungen«. Sicherlich spielt hier die im Mittelalter vielbeachtete Signaturlehre herein. Nicht vergessen sei in diesem Zusammenhang die einzige giftige Flechte Europas: *Letharia vulpina,* die Gebirgsbänderflechte, eine Charakterart der Arven-Lärchenwälder der Zentralalpen. Von ihr wird die stark toxische Vulpinsäure abgeschieden, noch heute dient sie in nordischen Ländern zum Vergiften von Wolfsködern.

Um die Flechten spinnt sich mancher alte Aberglaube. Wenn man Zweige, die mit der Bartflechte bewachsen sind, im Ofen verbrennt, dann schlägt der Blitz ins Haus ein. In der Neujahrsnacht soll man vor dem 12-Uhr-Glockenschlag nackend auf den Gottesacker gehen und das ›Moos‹ [gemeint sind Flechten] von den hölzernen Kreuzen »im Namen Gottes des Vaters...« holen, um Gicht und andere Krankheiten zu heilen. Die Wandflechte sammelt, wer an Wassersucht leidet, am besten im Januar und Februar von der Nordseite alter Buchenstämme. Und Flechtenkrankheiten der Haut werden mit Flechten kuriert, die an Pappeln wachsen – auch hier wieder unverkennbar die Beziehung zur Signaturlehre *(similia similibus curantur).*

Von den Flechten gibt es eine in den Alpenländern weitverbreitete Sage. Einstens wuchs auf den Almen eine solche Fülle kräftiger Futterkräuter, daß das Weidevieh enorme Milchleistungen erbrachte. Die Sennen aber verfluchten diesen Segen an milchgebenden Weidekräutern; schließlich waren diese daran schuld, daß sie soviel Arbeit mit dem Melken und Buttern hatten. Da ließ Gott zur Strafe die saftigen Kräuter verdorren und verwandelte sie in dürre, trockene Gewächse, eben in Flechten.

Flockenblume. Mit ihren reichblütigen (nur Röhrenblüten enthaltenden) Blütenköpfen ist die Riesen-Flockenblume *(Centaurea rhapontica)* eines der auffallendsten und wohl auch schönsten Gewächse der Hochstaudenfluren. Das Verbreitungsgebiet reicht von der Dauphiné bis nach Westtirol. Wegen der oft faustgroßen Blütenköpfe heißt sie im Kanton St. Gallen *Groß-Trumme[n]schnebel* [-trommelschlegel]. Im Mittelalter würdigten die alten Kräuterdoctores die ›Rhaponticwurtzel‹ als etwas Köstliches, das »gestossen zu meel und eins quinten [Quentchen] schwer mit wein getruncken das grimmen im leib frawen und mannen stilt [stillt]« *(Bock).* In manchen Gegenden der Schweiz, wo unsere Flockenblume *Galtkraut* heißt, ist man der Meinung, daß das Weidevieh nach dem Genuß der Pflanze keine Milch mehr gibt.
Blütezeit: Juli bis September.
Waldtkornblume nennt *Tabernaemontanus* die kornblumenähnliche Berg-Flockenblume *(C. montana)* mit ihren blauen Randblüten und den rotvioletten inneren Röhrenblüten. Sie bevorzugt Kalkboden, und wir finden sie auf trockenen Wiesen wie an sonnenheißen Felshängen, in Schluchtwäldern und Hochstaudenfluren bis zu 2000 m Höhe. Blütezeit im Juni.
Bei der Fedrigen Flockenblume *(C. nervosa)* sind die großen Blütenköpfe leuchtend tiefpurpurrot, zierlich die fedrig zerteilten Hüllblätter. Wir finden diese schöne, im Juli und August blühende Flockenblume auf grasigen Abhängen, steinigen Matten, in Latschen- und Alpenrosengebüsch bis über die Waldgrenze, besonders in der Schweiz, in Südtirol, Kärnten und Krain (bis 2600 m).

Bild 72: Niedere und höhere Vegetation nebeneinander: Farbenprächtige Schönflechten und blühender Steinbrech. ▷

Frauenmantel *Alchemilla vulgaris*. Aus O. Brunfels, Contrafayt Kreuterbuch, Straßburg 1532. In einem steirischen Kräutergebet wurde dieses Rosengewächs als Heilpflanze angerufen.

Frauenmantel. *Unser Frawen Mantel* heißt die *Alchemilla alpina* bereits in den deutschen Kräuterbüchern des 16. Jahrhunderts. Als *Muttergottesmäntelchen, Herrgottsmantel* und *Mäntelichrut* ist dieses Rosengewächs mit seinen kleinen gelbgrünen Blütchen heute noch in vielen Alpengegendenden volkstümlich. Namen wie *Taumänteli* und *Tauschüsseli* zielen auf die Guttationstropfen, die sich vornehmlich in den frühen Morgenstunden in den trichterförmig vertieften Blättern bilden und zur Voraussetzung haben, daß von den Wurzeln Wasser im Überschuß aufgenommen wird – mit Tau haben diese Wasserausscheidungen nichts zu tun. Unsere Pflanze, ein vom Weidevieh gemiedenes Unkraut (Gerbstoff-Glykoside und Tannin!), ist überall häufig in Mager- und Fettwiesen, auf Zwerg-

strauchheiden, im Geröll und an Felsen, von der Ebene bis in die alpine Stufe (2700 m).
Blütezeit: Juni/Juli.

Gänsekresse. Von den Tälern bis 3000 m ist die Alpen-Gänsekresse *(Arabis alpina)* verbreitet, in feuchtem Feinschutt und in Felsspalten genauso wie in Quellfluren und Flußkies. Der sternhaarige Kreuzblütler hat eine grundständige Rosette und weiße Blüten, er gilt als Übergangsform vom Schuttwanderer zum Schuttüberkriecher. Wohl deswegen, weil die Pflanze unverdrossen vom Frühjahr bis weit in den Sommer hinein blüht, heißt sie in Grindelwald *Immerfrehli[ch].*
Nur wenige Zentimeter hoch wird die Niedrige Gänsekresse *(A. pumila),* deren mehrköpfiger Wurzelstock ganze Rosettenscharen trägt. Ihre in einer Doldentraube stehenden Kreuzblüten sind rein weiß. Sie ist ziemlich häufig auf Kalkfelsen und Geröll und steigt bis nahe 3000 m.
Blütezeit Juni/Juli.

Gemsheide. Auf kalkfreien, windgefegten Böden ist die Alpenheide *(Loiseleuria procumens)* zu Hause, oft große und dichte Bestände (Spalierrasen) bildend (Kärntner Name *Teppichrose*) und benannt nach dem Weidegebiet der Gemsen wegen ihres Vorkommens in den höheren Lagen der Alpen (bis nahe an 3000 m) – in Tirol heißt sie *Jochhoadn.* Bald nach der Schneeschmelze entfalten sich die kleinen, hellrosafarbenen Blütchen zu zwei bis fünf in endständigen Doldentrauben. Der für die Alpenheide vielgebrauchte Name *Alpenazalee* ist in den Alpenländern nirgends volkstümlich, abgesehen davon, daß *Loiseleuria* mit der Gattung *Azalea,* dem sommergrünen Rhododendron, nicht das mindeste zu tun hat.
Blütezeit: Mai bis August.

Gemskresse. Auch die Alpen-Gemskresse *(Hutchinsia alpina)* wächst am Aufenthaltsort der Gemsen – im Gebiet der Churfirsten (Kanton St. Gallen) ist sie das *Gemsblüemli,* in Oberbayern die *Gamskress,* welche die Gemsen angeblich auch gerne fressen. *Hutchinsia* wächst auf kalkreichem Feinschutt, häufig vergesellschaftet mit dem Täschelkraut, auf Schneeböden und an Bachufern. Leuchtend weiße Kreuz-

blüten stehen in einer zierlichen Traube bei dieser nach der irischen Botanikerin *Ellen Hutchins* (1785-1815) benannten Alpenpflanze. Blütezeit: Juni/Juli.

Gemswurz. Die Großblütige Gemswurz *(Doronicum grandiflorum)* wächst ausschließlich an steinigen, lange von Schnee bedeckten Orten der Kalkalpen, meist zwischen 1800 und 3000 m. Leuchtend goldgelb sind die großen Blütenköpfe, die oberen Laubblätter sind lanzettlich und halbstengelumfassend, die unteren Blätter gestielt. Das getrocknete und zerriebene Kraut setzt man in St. Gallen dem Ziger [geronnene Milch] zu, daher auch der Name *Berg-Zigerchrut.* Übrigens werden das Kraut und der dicke, gekrümmte Wurzelstock, die beide einen Süßstoff enthalten, von Gams- und Hochwild gerne gefressen. Nach altem Älplerglauben macht die Gemswurz »schwindelfrei wie die Gams«. Abergläubische Dachdecker tragen die an gewissen Tagen und zu gewissen Stunden geschnittenen Wurzeln an einer Schnur um den Hals. Außerdem ist die Wurzel seit alters ein Mittel, um sich kugelsicher zu machen: »ist bewert/ wickle sie in rotem samt ein und trags bey dir. Daß man dich nicht kann schießen«. Blütezeit: Juli/August.

Germer. Der Weiße Germer *(Veratrum album),* ein ansehnliches, bis eineinhalb Meter hoch werdendes Liliengewächs, ist Bewohner von Matten und Weiden, ein häufiger Bestandteil von Läger- und Hochstaudenfluren, besonders in dem Höhengürtel zwischen 700 und 2300 m. Nicht selten siedelt er sich auch auf Flachmooren des Alpenvorlandes an. Das den Bergbauern verhaßte Unkraut ist eine hochgradig giftige Pflanze, die in allen Organen mehrere Alkaloide enthält und dem Weidevieh gefährlich werden kann. Als Heilpflanze fand der Germer bereits in frühester Zeit allgemeine Anwendung, insbesondere war der Wurzelstock offizinell *(Rhizoma Veratri sive Radix Hellebori albi).* »So man sie ja in leib brauchen will/

◁

Bild 73: Leuchtende Blumenpracht am Sellapaß: der orangefarbene Goldpippau *(Crepis aurea)* und die Bärtige Glockenblume *(Campanula barbata).*
Bild 74: Wer mit wachen Augen in den Bergen unterwegs ist, wird beinahe auf Schritt und Tritt den vielfältigsten Glockenblumen begegnen, im Felsbereich, in Schuttfluren wie an Paßstraßen, im Tal ebenso wie noch in 3000 m Höhe — zum Beispiel der dichtrasig wachsenden unwahrscheinlich zierlichen *Campanula cochleariifolia.*

Johann Jakob Scheuchzer. Schweizerische Landesbibliothek Bern.

soll solche mit bescheidenheit geschehen/ und allein zu den Kranckheiten/ als da ist die fallende sucht/ schwindel/ tobigkeit/ wassersucht/ hufftwee/ krampff/ aussatz/ und dergleichen ...« Auch tötet sie, wie *Mattioli* in seinem Kräuterbuch von 1563 weiterschreibt, »leuß unnd nieß in har«. Diese Verwendung des Weißen Germer gegen Ungeziefer bei Mensch und Tier war bis in die Gegenwart noch üblich und findet in dem Vulgärnamen *Lauskraut* ihre Bestätigung.

Höchstwahrscheinlich ähnlich toxische Wirkstoffe wie die *album*-Art hat der verwandte Schwarze Germer *(V. nigrum)*, den eine ungewöhnlich braun-purpurne Blütenfarbe kennzeichnet. Ihm begegnen wir im Tessin, in Südtirol und Krain vorzugsweise im Bergwald (Lichtungen und Schlagflächen).

Die Blütezeit der beiden Germer-Arten fällt in die Monate Juni/Juli und August.

Glockenblume. Im Alpengebiet kommen über 30 *Campanula*-Arten vor. Die nach dem Schweizer Naturforscher *Johann Scheuchzer* (1684–1738) benannte *Campanula scheuchzeri* ist an den langgestielten, intensiv blauvioletten Glocken zu erkennen – ein optisches Signal auch für Schmetterlinge, Bienen und Hummeln, die sich bei

der Bestäubung mit dem klebrigen, stacheligen Pollen beladen. Unsere Glockenblume wächst überall, auf Wiesen und Weiden, auf felsigem Boden, in Hochstaudenfluren, seltener im Zirben-Lärchenwald, und steigt von 1500 m bis weit über 3000 m (Aostatal) hinauf.
Blütezeit: Juli und August.
Der gilt im Kärtner Land als ganz besonders scharfer und tüchtiger Mahder, der das Glück hat, eine Bärtige Glockenblume *(C. barbata)* mit weißen Glocken zu schneiden; stolz darf er sich dann das Mahderkraut an seinen Hut stecken. In der Regel sind nämlich die rauhhaarigen Blüten von hellblauer Farbe. Die in den Alpen ziemlich häufige *Barthbluhme* findet sich auf Magerwiesen, im Grünerlen- und Latschengebüsch und in Zirbenwäldern zwischen 600 und 2800 m.
Blütezeit: Juni bis August.
Auf Wildheumähdern und ungedüngten Wiesen, die nur alle zwei Jahre gemäht werden, wächst die kalkliebende, in den meisten Alpenländern nicht gerade häufige Strauß-Glockenblume *(C. thyrsoides)*. Ihre blaßgelben, wollig behaarten Blüten sind zu einer dichten, kolbigen Traube zusammengedrängt. *Maad-Kerze* nennt man sie im Berner Oberland. Ihre Blütezeit ist im Juni/Juli.
Von allen Glockenblumen ist die von *Albrecht von Haller* nach dem Mont Cenis benannte *Campanula cenisisa* am strengsten an vorwiegend neutralen Felsschutt an der Schneegrenze gebunden. Meist wächst die wunderschön blaulila blühende Pflanze in 2500 bis 3000 m Höhe, sie erreicht in den Westalpen 3800 m; vereinzelt kommt sie schon bei 1900 m auf Moränen vor. Nahe verwandt ist mit ihr die Dolomiten-Glockenblume *(C. morettiana)*. Ihr Verbreitungsgebiet ist streng auf die südlichen Kalk- und Dolomitberge beschränkt, wo sie zwischen 1500 und 2300 m mit Vorliebe in Spalten steiler Felswände wächst.
Blütezeit: August bis Oktober.
Große, dichte Rasen mit vielen nichtblühenden und zahlreichen hellblauen, zarten Blütenglöckchen auf dünnen Stielen bildet die

◁

Bild 75: »Marienchrut« nennt der Schweizer den in makellosem Weiß blühenden Alpen-Hahnenfuß *(Ranunculus alpestris)*.

Niedliche Glockenblume *(C. cochleariifolia).* Häufig findet sie sich auf Felsen und Feingeröll des Kalkgebirges sowie auf Flußanschwemmungen von der Ebene bis weit über 3000 m. Ihre Wurzeltriebe breiten sich im Schutt aus, wachsen an einer Stelle unvermittelt ans Licht und bilden Blätter; wir haben es also mit einem echten Schuttwanderer zu tun.
Blütezeit: Juni bis August.

Greiskraut. Von den in den Alpen vorkommenden Greiskräutern ist das stattliche Gemswurz-Greiskraut *(Senecio doronicum)* eine echte Gebirgspflanze, die fast im ganzen Alpengebiet und bis in den südlichen Jura verbreitet ist. Meist findet es sich an steinigen Abhängen, auf sonnigen Matten, im Krummholz- und Alpenrosengebüsch zwischen 1600 und 3000 m Der bis halbmeterhohe Stengel ist meist wollig behaart, Zungen- und Scheibenblüten sind orangegelb.
Blütezeit: Juli/August.
Auf die zentralen Westalpen beschränkt ist das Einköpfige Greiskraut *(S. uniflorus),* das in Grasheiden, auf Felsschutt und in Felsspalten bis über 3000 m vorkommt. Manche *Senecio*-Arten haben den deutschen Namen *Kreuzkraut,* was aber wohl nur eine Umdeutung von *Greiskraut* sein dürfte. So nennt man das Kärntner oder Krainer Kreuzkraut *(S. incanus ssp. carniolicus)* nach der Farbe seiner prächtig orangegelben Blütenköpfchen in Tirol *Gulden Raut* [Goldraute], im Gebiet von Langkofel und Schlern *Gelbe Aberraut.* Die Pflanze ist kalkmeidend und Charakterart des Krummseggenrasens, wächst aber auch in Zwergstrauchheiden, auf Moränenschutt und in Felsspalten.
Blütezeit: Juli bis September.
Ursprünglich wohl eine Pflanze der Hochstauden- und Grünerlengebüsche, ist das Alpen-Kreuzkraut *(S. alpinus)* durch den Weidebetrieb ein Unkraut von stark gedüngten Plätzen in der Ampferflur geworden (Name *Senne[n]chrut,* Glarus). Die bis 1 Meter hoch werdende, goldgelb blühende Pflanze ist in der montanen und subalpinen Stufe von 400 bis 2100 m weitverbreitet, in manchen Gegenden aber auffallend selten, z. B. im Engadin.
 Blütezeit: Juli bis September.

Habichtskraut. In den Alpen gibt es eine Vielzahl von Habichtskräutern, die mit ihren zitronengelben bis orangeroten Blütenköpfen das Grün der Matten beleben, aber nicht immer leicht auseinanderzuhalten sind. *Hieracium aurantiacum,* das Gold-Habichtskraut, ist dicht mit schwärzlichen Haaren bedeckt, hat dunkelorange bis purpurrote Zungenblüten und ist auf alpinen Wiesen und Weiden, in Blaugras- und Horstseggenrasen wie auch in der Zwergstrauchregion (1400–2600 m) recht häufig. Ihm gab man in der Schweiz die Namen *Goldenes Mausöhrlein* und *Dukatlein.* Mancherorts heißt es *Branntweinblume,* da das Kraut als falsche ›Arnika‹ in Branntwein angesetzt wird.
Blütezeit: Juni bis August.
In den genannten Pflanzengesellschaften findet sich oft das Zottige Habichtskraut *(H. villosum),* dessen über und über von weißen Wollhaaren bedecktes Äußeres durch die weithin sichtbaren, zitronengelben Blütenköpfchen noch unterstrichen wird.
Blütezeit: Juli/August.

Hahnenfuß. In den Alpen sind die Hahnenfüße teils mit weißen, teils mit gelben Blüten vertreten. Dem goldgelb blühenden Scharfen Hahnenfuß der Ebene ähnlich, aber kleiner ist der Berg-Hahnenfuß *(Ranunculus montanus),* den wir im Alpenvorland ebenso finden wie in den Hochalpen, in den Pyrenäen ebenso wie in den Karpaten und im Kaukasus. Zu seiner weiten Verbreitung auf Weiden und Matten, auf Schneetälchen und Karfluren tragen sicher auch Bergtiere bei, nicht zuletzt Vögel, deren Darm die Früchtchen passieren.
Blütezeit: Mai bis August.
Der leuchtend weiß blühende und kalkholde Alpen-Hahnenfuß *(R. alpestris)* ist gleichfalls recht häufig; er bevorzugt in mittleren Höhenlagen feuchte Wiesen und Moore, geht im Hochgebirge aber auch auf Trockenrasen, Schneetälchen und Felsbänder. In Dolomitenschluchten reicht er bis in die Buchenstufe hinunter, in den Kalkalpen bis zur Rasengrenze (2500-2900 m).
Blütezeit: Mai bis September.
Weißblühend ist auch der hier schon mehrfach erwähnte Gletscher-Hahnenfuß *(R. glacialis).* Kaum eine andere Blütenpflanze steigt in den Alpen höher als er, der im Berner Oberland gewöhnlich als das *Steinbockchrut* bezeichnet wird. Das geringe Wärmebedürfnis

und die ungewöhnliche Frosthärte verdankt die hochalpine Pflanze, die noch am Großglockner Pionierpolster bildet (!), wohl in erster Linie einem maximal konzentrierten Zellsaft. In allen Farbtönungen tritt sie uns gegenüber: die Kelchblätter rotbraun bis schwärzlich behaart, weiß bis rosenrot die nektarreichen Kronblätter, gelb die zahlreichen Staubgefäße und Stempel. *Ranunculus glacialis* liebt den aus dem Schnee- und Gletscherbereich dauernd berieselten Felsschutt, findet sich auch in Felsspalten und auf höchsten Graten und Gipfeln, selbst noch im Bereich der Viertausender (Finsteraarhorn).
Blütezeit: Mitte Juni bis August.
Schon bald nach der Schneeschmelze ziert der Pyrenäen-Hahnenfuß *(R. pyrenaeus)* mit seinen leuchtend weißen Blüten Matten und Weiden. Vorzugsweise zeigt er sich auf lange vom Schmelzwasser durchrieselten Böden, vielfach in Buntschwingel-, Borst- und Krummseggenrasen. In Tirol klettert er bis über 2500 m, im Engadin bis 2800 m, im Wallis über 3000 m.
Kaum fingerbreit sind die gelben Blüten des nur wenige Zentimeter hohen und ziemlich seltenen Zwerg-Hahnenfußes *(R. pygmaeus)*, der auf Silikat-Schneeböden der östlichen Zentralalpen (Unterengadin, Tirol, Oberkärnten) wächst, in Lawinenzügen, an Moränenhängen und in Moos-Schneetälchen von 2300 bis 2900 m.
Blütezeit: Juli und August.
Ebenfalls gelb blüht der auf Schutt und Felsbändern auftretende Gift-Hahnenfuß *(R. thora)*. Auffallend das unterste, rundlich-nierenförmige Stengelblatt, während die oberen Stengelblätter schmallanzettlich sind. Verbreitet bis 2400 m auf Schutthalden und Felsbändern, auf schrofigen Matten, in Blaugrashalden und Horstseggentreppen.
Blütezeit: Mai bis Juli.
Die Ranunculaceen sind mehr oder weniger giftig. In den Blättern und Knollen ist das gleiche Anemonin, das für die Toxizität der Küchenschellen verantwortlich ist. Das Weidevieh meidet die Hahnenfußkräuter, nimmt aber das Heu ohne weiteres und ohne Schaden auf; trockenes Hahnenfußkraut verliert nämlich rasch seine Giftwirkung. Frisches, hahnenfußreiches Weidegras kann bei Tieren zu Magen-Darm-Entzündungen und Blutharnen führen. Bemerkenswert ist, daß auch der Blütenstaub mancher *Ranunculus*-Arten für Bienen giftig ist und Schädigungen hervorruft. In der Volks-

medizin dient seit alters das frische, zerquetschte Kraut äußerlich gegen Warzen, innerlich wird die Pflanze gegen chronische Hautleiden sowie bei Bronchitis, Rheuma und Gicht gebraucht.

Hauswurz. Bei den *Sempervivum*-Arten haben wir es mit echten Dickblattgewächsen zu tun, deren Blätter zu Wasserspeichern umgestaltet sind. Diese Sukkulenz ermöglicht es den Pflanzen, selbst auf trockenen Standorten zu gedeihen.
Weitverbreitet, von den wärmsten Talhängen bis in Höhen nahe 3000 m ist die rot- und reichblütige Alpen-Hauswurz *S. tectorum ssp. alpinum)*. Gleich der heimischen Dach-Hauswurz und der nur auf Urgestein auftretenden, violettrot blühenden Berg-Hauswurz *(S. montanum)* steht auch die an trockenen Felspartien und auf Schuttfluren wachsende Alpenhauswurz unter Naturschutz. Die als *Donner-* und *Feuerkräuter* bezeichneten Hauswurze wurden schon bei unseren Altvorderen auf Mauern und Hausdächern angepflanzt, »daz ez den donr und daz himelplatzen [Blitzstrahl] verjag« *(Konrad von Megenberg*, 1350). Die Hauswurz schützt auch das Vieh auf der Weide und im Stall vor Zauberei, Unglück und Krankheit. Den Kühen, die zum ersten Mal auf die Weide getrieben werden, gibt man unter anderem drei Hauswurzblätter, damit sie ihr Haus und ihren Stall wieder finden. In der Volksmedizin wird der Saft der ausgepreßten Hauswurzblätter äußerlich bei Verbrennungen und Wunden, bei Warzen und Flechten angewendet, aber auch innerlich als kühlendes Fiebergetränk, was man bei *Hieronymus Bock* nachlesen kann: »... der safft und gebrandt wasser leschen alle hitz am gantzen leib. Legt nider den schmertzen und hitz/ der Lebern und Nieren/ miltert also gebraucht das glider wehe.« Am Hals getragen, schützt die Hauswurz gegen Augenkrankheiten (Aargau).
Die Hauswurzen blühen zwischen Juni/Juli und September.

Bild 76: Wenn Schutt und Geröll zur Ruhe gekommen sind, finden auch die Dickblattgewächse eine Lebensmöglichkeit, nicht zuletzt die Hauswurzen *(Sempervivum)*. Unter ihnen ist die gelbblühende *Wulfenii*-Art zweifelsfrei die schönste, aber auch die seltenste.

Bild 77: In Höhen über 2600 m schmückt sich der Dolomitenschutt mit einem polsterbildenden Vergißmeinnicht mit dem schönen Namen Himmelsherold. *Eritrichum nanum* nennen die Botaniker dieses Rauhblattgewächs, im Bild vergesellschaftet mit dem Moos-Steinbrech.

Hieronymus Bock, einer der »Väter der Botanik«. Porträt aus seinem Kräuterbuch, Ausgabe von 1546.

Weitaus seltener als der Alpen-Hauswurz begegnen wir auf unseren Bergfahrten der Gelben Hauswurz *(S. wulfenii),* die streng auf die Zentral- und Südalpen beschränkt ist und (zwischen 1700 und 2500 m) auf ruhendem Schutt, Magermatten und in sonnigen Zwergstrauchheiden wächst. Benannt ist die Pflanze nach *Franz Xaver von Wulfen* (1728–1805), dem verdienstvollen Erforscher der Kärntner Bergflora.

Blütezeit: Juli bis September.

In den Alpen wachsen noch zahlreiche andere *Sempervivum*-Arten, beispielsweise die hübsche Spinnweb-Hauswurz *(S. arachnoideum)* mit leuchtend roten Blüten und silbrig umsponnenen Kugelrosetten, ferner die Rauhhaarige Hauswurz *(S. hirtum)* mit gelblich-weißen Blüten, die beim Verwelken unansehnlich grau werdende Sand-Hauswurz *(S. arenarium)* und schließlich die auf Dolomit und Eruptivgestein beschränkte Dolomiten-Hauswurz *(S. dolomiticum).* Wunderschön hellrosenrot sind die Kronblätter mit einem dunkleren Mittelnerv bei diesem Dickblattgewächs, das vermutlich ein Relikt aus dem letzten Interglacial darstellt.

Heckenkirsche. Während die Blüten der heimischen Wald-Heckenkirsche, die in den Alpen fehlt, an den Besuch von Nachtfaltern mit einer bestimmten Rüssellänge angepaßt sind, werden die in den Bergwäldern verbreiteten Heckenkirschensträucher von Bienen und gelegentlich von pollenfressenden Schwebfliegen bestäubt.
Vorzugsweise im Legföhren-, Alpenrosen- und Grünerlengebüsch auf steinigem Gelände zwischen 900 und 2000 m (im Engadin bis über 2300 m) tritt die Blaue Heckenkirsche *(Lonicera caerulea)* auf. Gelblich-weiß sind ihre Lippenblüten, deren beide Fruchtknoten zu einer schwarzen, blau bereiften Frucht verwachsen. Trübbraun sind die Blüten und kirschrot die Doppelbeeren bei der Alpen-Heckenkirsche *(L. alpigena),* die bis in die Nähe der Baumgrenze vordringt: in den Bayerischen Bergen und in Tirol bis über 1600 m, in Bünden bis 2000 m. Im Alpenbereich, von den Pyrenäen über das französische Zentralmassiv bis zu den Ostalpen und Karpaten ist die Schwarze Heckenkirsche *(L. nigra)* verbreitet, deren Beeren blauschwarz sind.
Der Genuß der roten wie der schwarzen Beeren der verschiedenen Heckenkirschen-Arten kann infolge eines chemisch noch nicht erforschten Wirkstoffes (Xylostëin) Erbrechen, Durchfall und Krämpfe verursachen. Mehr als einmal sind bei Kindern schon Massenvergiftungen und vereinzelt Todesfälle vorgekommen, vor allem nach dem Genuß der schwarzen Heckenkirschen. In Graubünden werden die Kinder vor ihr gewarnt, indem man ihnen vorgibt, sie zersprengten ihren Bauch – dies nur zur Erklärung des volkstümlichen Namens *Sprengbeere,* nicht aber als nachahmenswertes pädagogisches Beispiel...

Heckenrose. Schon von weitem leuchten im Alpenrosen- und Zergwacholdergebüsch, an Felsen, in lichten Lärchenwälern, in Latschen- und Hochstaudenfluren die lebhaft rosa bis purpurroten Blüten und im Herbst die flaschenförmigen Hagebuttenfrüchte der Alpen-Heckenrose *(Rosa pendulina).* Von allen Gebirgs-Rosengewächsen steigt die Bergrose am höchsten: im Gschnitz- und

Ötztal bis 2200 m, am Großen St. Bernhard bis 2460 m, am Bernina über 2600 m.

Himmelsherold. Wer möchte bezweifeln, daß *Eritrichum nanum*, der Himmelsherold, zu den schönsten Polsterpflanzen unserer Alpen gehört! Seine himmelblauen, herb duftenden Blüten mit dem gelben Schlund gleichen etwas denen des Vergißmeinnichts – daher die alte Benennung Gletschervergißmeinnicht. Dieses recht seltene, ausschließlich im Hochalpenbereich (2500–3400 m) vorkommende Boretschgewächs ist vor allem auf Dolomit und Kalk der Südostalpen, in den West- und Zentralalpen auf Urgestein verbreitet. Gratfelsen, Kämme, Felsspalten und Abwitterungshalden sind die bevorzugten Standorte.
Blütezeit: Juli und August.

Hornkraut. Von den Hornkräutern steigt das Einblütige Hornkraut *(Cerastium uniflorum)* am höchsten, in den zentralen Ostalpen beispielsweise bis 3400 m. Wir treffen dieses Nelkengewächs in Felsspalten, auf Geröll und Moränenschutt. Ihm steht das Breitblättrige Hornkraut *(C. latifolium)* sehr nahe, das jedoch kalkhold und im mittel- und südeuropäischen Gebirgsraum beheimatet ist. Seine lockeren, niederliegenden Rasen setzen prächtig weiße Blütensträuße in das Geröll, das die Pflanze als echter Schuttbewohner mit einem sehr ausgedehnten Wurzelwerk durchflicht. *Cerastium latifolium* kommt, am Ortler z. B., bis in Höhen über 3000 m vor und wird mit dem Kies der Alpenbäche mitunter auch in tiefere Lagen hinabgeschwemmt. Eine Unterart, *C. l. var. nivale,* steigt am Matterhorn bis 3500 m.
Blütezeit: Juli und August.

Hungerblümchen. Das Immergrüne Hungerblümchen *Draba aizoides* mit seinen dichten, beinahe kugeligen Blattrosetten und den goldgelben Kreuzblüten ist eine Pflanze der Spalten auf Kalkfels und des ruhenden Feinschuttes wie auch trockener Weiden

Bild 78: Auf fetten Wiesen und Alpenmatten, ja selbst auf Moränen wächst der als Futterpflanze geschätzte Braun- oder Goldklee *(Trifolium badium)*, dessen gelbe Blütenkrone sich beim Verwelken bräunlich umfärbt.

und Felsbänder zwischen 1400 und (im Wallis) 3500 m. Auch in Silberwurz- und Weidenspalieren tritt das im allgemeinen wenig beachtete Hungerblümchen recht häufig auf. In der Steiermark heißt unsere *Draba*-Art *Wiederkraut,* weil nach altem Volksglauben dieses Kraut die ›verlorene‹, d.h. durch Zauber und Hexerei entzogene Milch wiederbringen soll. Ein ganz alter Volksname ist *Igel Viole* nach der igelähnlichen Blattrosette und der Ähnlichkeit der Blüten mit denen der *Viole,* dem bekannten Goldlack.
Blütezeit: April bis August.
In sonnigen Felsspalten und an Felsgraten auf Kalk finden wir das Filzige Hungerblümchen *(D. tomentosa),* dessen Stengel mit zierlichen, flaumigen Sternhaaren dicht besetzt ist. Verbreitung von 1600 bis 3400 m..
Blütezeit: Juni und Juli.

Klee. Von allen europäischen Klee-Arten besitzt der Alpenklee *(Trifolium alpinum)* die kräftigste, über einen Meter lange Pfahlwurzel und die größten Blüten, die durch ihre fleisch- bis purpurrote Färbung und den feinen Duft immer wieder bezaubern. Diese hochwertige – übrigens auch von Gemsen und Murmeltieren begehrte – Futterpflanze ist kalkfeindlich; ihr Verbreitungsgebiet reicht von den Seealpen bis in die westlichen Tauern, in den nördlichen Kalkalpen Bayerns und Österreichs fehlt sie. Südexponierte Borstgrasmatten, Rispengras-Fettwiesen und Krummseggenfluren von (1000–) 1600 bis 3000 m sind der Bereich des Alpenklees.
Auf fetten Alpenmatten und Wiesen (1000–2200 m), vereinzelt an Bachrändern, aber auch auf Moränen (hier bis 3000 m steigend) wächst der kalkliebende Braun-Klee *(T. badium).* Die gelben Schmetterlingsblüten seiner anfangs halbkugeligen, später eiförmigen Köpfchen werden im Verblühen kastanienbraun, ohne aber abzufallen. In größerern Beständen bieten die oben goldgelben, unterseits braunen Kleeschöpfe einen zauberhaften Anblick. Der verbreitete Braun- oder Goldklee ist eine für die Alpwirtschaft sehr wertvolle, weil nährstoffreiche Futterpflanze.
Blütezeit: Juni bis August.
Auch beim Alpen-Süßklee *(Hedysarum hedysaroides)* kann die Pfahlwurzel, die armlange Ausläufer bildet, über einen Meter lang werden; Ausläufer oder Laubsprosse können auch aus den in den

Den Wiesenknöterich nennt Bock in seinem Kräuterbuch *Naterwurtz*, »einem Schlangen oder wurm gleich«.

Von Schlangen / oder Naterwurtz. Cap. cv.

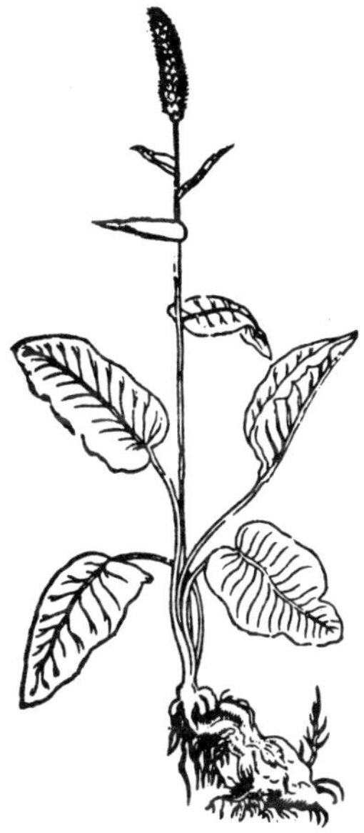

DJE recht vnd groß Naterwurtz mit den zwybelechten wurtzelẽ / gehört nit hieher/sonder zům Aron/ daselbst solle von jr geschriben werden. Die andern aber mit den Braunen/roten/knöpffechten wurtzeln wöllen wir besehen/ vnd sagen von zweien geschlechten. Die wurtzel an jhnen beiden seind außwendig schwartz vnd haarecht / jnnwendig Braunrot/eines rauhẽ geschmacks/wie die wurtzel am Geißbart/oder wie der Eicheln. Auß den spitzigẽ schwentzen der wurtzel stechen gegẽ dem Früling die kleine rote spitzige bláttlein herfür/ wie kleine zünglein/ nit anderst dann an den obgemelten Grindtwurtzeln / die werden zů langen breitten blättern / den vil gemelten Grindtwurtzelen ähnlich/doch krauser rum gebögen/ schwartzgrün/vnd auff der andern seitten blawgrün/ wie der Spongrün. Der stengel würt rund / Elen hoch / mit kleinen spitzigen gezüngelten bletteren bekleidet. Am gypffel der stengel sicht man schöne kolbechte äherlein/ mit vilen kleinẽ Leibfarben blůmlein/ neben einander gedrungen / anzůsehen wie die blůmen am Wegerich kraut.

Die ander Schlangen wurtzel ist auch einem Schlangen oder wurm gleich / doch kleiner inn der gestalt dann die öberst. Die stengel vnd bletter seind nicht vil grösser dann des Sauraimpffers / die bletter auff der einẽ seitten seind auch Blawgrün. Dise kreutter vnd wurtzel wachsen an schattechten feuchten örtern / sonderlich inn den Wysen / auff dem Schwartzwald / Odenwald / Speßhart/ vnnd inn der Eyffel auff dem Ydar bei Veldentz/ auff der Mosel. Die kreutter so sie jung seind/werden sie wie andere Můßkreutter inn der Kuchen gebrauchet.

Niederblättern gebildeten Knospen entstehen. Kennzeichnend für den Süßklee ist die reichblütige Traube aus (12–50) prächtig purpurroten, meist hängenden Schmetterlingsblüten. Auf die Hufeisenform der plattgedrückten Hülsen nimmt der im Salzburgerland gebildete Name *Roßeisen* Bezug, im Churfirstengebiet sagt man zu ihnen, da sie den Erbsen etwas ähnlich sehen, *Bergerbsli.* In der Tracht gleicht unsere Pflanze der (übrigens nahe verwandten) Futter-Esparsette, so heißt sie im Raum Grindelwald *Wildi Äschbersetta.*

Der zwischen den Pyrenäen und dem Kaukasus verbreitete Alpen-Süßklee bevorzugt steile Abhänge, Rasenbänder, Wildheuplätze und humusbedeckte Felsgrate, vereinzelt wächst er in Hochstaudenfluren zwischen Grünerlen- und Latschengebüsch (1800–2800 m).
Blütezeit: Juli bis August.

Knöterich. Schöne große Ähren mit dichtgedrängten rosa Blüten trägt der verbreitete Schlangen-Knöterich *(Polygonum bistorta).* Meist tritt er in den Alpen bestandbildend auf: in fetten Bergwiesen, lichten Auwäldern und besonders im Umkreis von Sennhütten. Er ist die Charakterpflanze der Goldhafer-Fettmatte, der Meisterwurz- und Ampferflur von der Ebene bis in die subalpine Stufe, vereinzelt bis 2500 m. Der gewundene Wurzelstock galt nach der ›Signatur‹ in früheren Zeiten als Mittel gegen Schlangenbiß (Name *Natternwurz*) und seines hohen Gerbstoffgehaltes wegen als blutstillendes Mittel – »stilt alle bauchflüß/kotzen/blutspewen/und ubrige weiber krankheit...«, heißt es in einer alten Schrift. Die Knöterichblätter verglich man gerne mit Tierzungen: Im Salzburgischen nannte man die Pflanze *Katzenzingl, Ochsenzunge* in der Schweiz, *Hirschzunge* in Tirol. Nach den dicht-walzigen Blütenähren heißt der Wiesenknöterich im Berner Oberland *Zahnbürschtli* und *Fläschebürstli.*
Blütezeit: Mai bis August.
Auf Weiden der subalpinen und alpinen Stufe, in Zwergstrauchgestrüppen, vor allem in Krummseggen- und Nacktriedrasen und in Schneetälchen (bis 3000 m) wächst der im gesamten Alpengebiet verbreitete Knöllchen-Knöterich, der seine lateinische Artbezeichnung *viviparum* seiner besonderen Fortpflanzungsart verdankt. Aus dem unteren Teil des Blütenstandes lösen sich kleine, braune Brutzwiebeln (Bulbillen), aus denen neue Pflanzen werden. Nach altem alpenländischen Volksglauben bringt dieses Kraut den Kühen die Milch zurück, wenn sie mal ausbleibt; die Senner in der Steiermark nennen sie *Bringherwieder.*
Blütezeit: Juni bis August.

Küchenschelle. Die wohl ursprüngliche Namensform der Küchenschelle ist *Kuhschelle* [Kuhglocke] und bezieht sich auf das Aussehen der Blüte. »Hie haben wir«, schreibt *Hieronymus Bock,* »widerumb ein frembdes kraut/dz die Weiber Kuchen od'Kuschellen deutten/darumb dz seine blume der schelle oder Cymbalen gleich seind.«

Bild 79: Schon kurz nach der Schneeschmelze erscheinen die goldgelben Blüten des Immergrünen Hungerblümchens *(Draba aizoides)* – meist auf mageren Böden, was (nach altem Volksaberglauben) schlechte Ernten vermuten läßt.

Der Allermannsharnisch, von dem es nach altem Volksglauben heißt, »es werde derjenige, so es bey sich trägt, nicht wund geschlagen«. Aus Lonitzer, 1679.

Allermansharnisch / Victorialis herba.
Cap. 299.

Allermansharnisch wird diß Kraut geneñet/ dieweil man von ihm schreibt/es werde derjenige/so es bey sich trägt/ nicht wund geschlagen/ Latinè, Herba victorialis. Seines Geschlechts sind zwey/ das Mannlin/Victorialis mas genannt/und das Weiblin/Victorialis fœmina. Es wächst das Weiblin gern an feuchten Bergen/mit langen schmalen Lauchblättern / hat einen eintzigen Stengel/ daran sind purpurbraune Violen / bringt ein kleines rundes weisses Sämlein / die Wurtzel ist rund/in der Grösse einer welschen Nuß / nicht mit Fachen/ wie ein Zwiebel/sondern über einander gewickelt/ daß man sie gar auffwickeln kan/außwendig gestalt/ wie ein Fischgarn.

Dieses Kräutlin zielet auch insonderheit bey uns Herr Johan Nesenius/Apotecker/in seinem Lustgarten/darauß auch gemelte Abconterfeytung genommen worden.

Das Männlein ist dem vorgemeldten fast gleich / allein an Gestalt grösser und höher/ hat ein Leibfarbe Blume / die Wurtzel ist eines Fingers lang / und auch Fingers dick / in der Länge auch über einander gewickelt.

Krafft und Wirckung.

Diese Wurtzel ist bitter am Geschmack / warmer und trockner Natur.

Die alte Weiber brauchen dieses Kraut zu den Zaubereyen / mit vermelden/ wer die Wurtzel bey sich trag/ soll unverwundet bleiben. Soll auch den schwangern Weibern die Gebärung oder Frucht befördern/die Wurtzel angehenckt.

Auf trockenen Weiden und Matten in Höhenlagen zwischen 600 und 3500 m wächst die Frühlings-Küchenschelle *(Pulsatilla vernalis)*. In noch winterbleichem Gras, gleich nach der Schneeschmelze und »wenn der Birkhahn mit der Balz beginnt«, kommt sie aus dem Boden, die *Schneeglocke* (Graubünden) oder *Hahnblume* (Kärnten). Von einmaligem Liebreiz ist die bei Sonnenschein weit geöffnete, sonst glockige Blüte der silbrig-zottig behaarten Pflanze, die darum vielerorts auch als *Pelzanemone* bekannt ist. Die Griffel der zahlreichen Fruchtblätter bleiben nach der Bestäubung erhalten und entwickeln sich zu langen, federigen Schwänzen – perfekte Flugorgane für die Windverbreitung. Den ganzen Fruchtstand nennt der Älpler *Teufels-* und *Hexenbart.* – Blütezeit: April bis Juni.

 Wenn die Pelzanemonen schon stark am Verblühen sind, dann

kommt die Zeit für andere, nicht minder schöne Küchenschellen: für die Alpen-Anemone *(P. alpina)*, deren Blüte von strahlendem Weiß ist, und für die leuchtend gelbblühende Schwefel-Anemone *(P. alpina ssp. sulphurea)*. Ihre Fruchtstände vergleicht man in Vorarlberg mit dem struppigen, zerrauften Haar wilder Buben *(Strubebuebe)*, im Kanton Glarus mit den Schnauzhaaren des Murmeltieres, des Mung *(Mungge[n]schnutze)*, in Appenzell sagt man *Alte[r] Ma[nn]* und im Haslital *Har Manndli.*
Die Küchenschellen sind giftig, sie enthalten reichlich Anemonin. Das ist seit langem bekannt, heißt doch eine alte Bauernregel: Bringt man Kuhschellen ins Haus, wenn die Gänse brüten, müssen die jungen Vögel in den Eiern ersticken. Eine große Rolle spielten früher die Pulsatillen in der Medizin. Bei *Mattioli*, weiland Leibarzt von Kaiser Ferdinand I., lesen wir u. a.: »Die wurtzel wird hoch gepreiset wider die Pestilentz/hilft auch wider gifft/und der gifftigen thiere stich und biß...« Die Blätter werden »wider das hufftwee/ und der krancken augen zeherflüß auffgelegt.«

Kugelblume. Jedem Alpenwanderer sind wohl schon jene kleinen blauen Blumen aufgefallen, deren eigenartig kugelige Form von den sonst gewohnten Gestalten abweicht. Es sind Kugelblumen, vielfach rasenbildende Halbsträucher, bei denen sich 100 und mehr Blütchen in den Köpfen zusammendrängen. Nach dem Bau der engröhrigen, nektarbergenden Blüten sind sie echte Falterblumen; der Distelfalter und die gerne im Sonnenschein fliegende Gamma-Eule sind die häufigsten Blütengäste.
Die Kugelblumen sind kalk-, wärme- und lichtliebende Gewächse. In Höhen von 800 bis 2600 m, besonders in hellen Nadelwäldern, im Legföhren- und Almrauschgestrüpp, findet sich die 10 bis 30 Zentimeter hohe Nacktstengelige Kugelblume *(Globularia nudicaulis)*, ein Frühlingsblüher, oft vergesellschaftet mit Schneeheide, Buchskreuzblume und Scheidenkronwicke.
In trockenen und mageren Lagen (vom Tal bis 2800 m) entfaltet sich die viel kleinere Herzblättrige Kugelblume *(G. cordifolia)*, vorzugsweise auf steinigen Matten, wo Felsblöcke ihre Lieblingsplätze sind, die sie mit ihrem immergrünen Rasen überdeckt. Ihre Blütezeit beginnt später, oft erst dann, wenn Silberwurz und Zwerg-Alpenrosen zu blühen beginnen, und da ist es schon Juni.

Ihr ähnlich ist die nahe verwandte, kaum zwei Zentimeter hohe Zwerg-Kugelblume *(G. nana)*, die bis 2400 m vorkommt und auf trockenen Schutthalden, in offenen Grasheiden und an senkrechten Felsflächen oft große Teppiche bildet.
Blütezeit: Mai bis Juli.

Lauch. Ohne Zweifel ist unter den alpenbewohnenden Lauch-Arten der Allermannsharnisch *(Allium victorialis)* der stattlichste. Sein Gebiet ist die Matten- und Latschenregion, wo er auf bewachsenen Felsbändern, auf Matten und gedüngten Wiesen auftritt. Dieses Liliengewächs besitzt eine Zwiebel, die von einem dichten Netz abgestorbener Wurzelfasern wie von einem Panzer eingehüllt ist. Diese *Neunhemdenwurz* gilt seit alters als zauberisches Mittel, um sich hieb- und stichfest zu machen. In seinem ›Contrafayt Kreuterbuch‹ vom Jahre 1532 schreibt *Otho Brunfels:* »Etlich meynen/ so yemant dißes kreutlin an halß trag/ sampt der langen Sigwurtz/ Victorialis genennet/ daß er nit wund solt werden im kryeg/ und alle sein feind überwinden.« Mit dem Glauben an den unverwundbar machenden Allermannsharnisch hängt es wohl zusammen, daß er vor allem bei heftigen Blutungen gute Dienste leisten soll; man muß nur die Zwiebelhäute auf die Wunde legen oder die Zwiebel fest in der Hand halten. Nach der ›Signatur‹ der schützenden Zwiebelhülle und als stark riechende Lauchart gilt der Allermannsharnisch seit alters als Hexen und allen bösen Zauber vertreibend. In Tirol gab man früher den ›vermeinten‹ Tieren Allermann-Wurzeln, in Altaussee trug man sie in einem Säckchen gegen das ›Verschreien‹. Vor allem sollte das Kraut die ›Erzknappen‹ untertag schützen »vor allerlei gespenst und böse geister«, wie *Tabernaemontanus* in seinem ›Neuw Kreuterbuch‹ (1588) vermerkt. Hier lesen wir auch, daß die Victorialis »bauren und hirten« hilft, sie »lobens gar sehr wider alle schädliche Lufft und Bradem«. In den alten Apotheken wurde die *Radix Victorialis longae* gehandelt, vor allem als Mittel bei Herz- und Wurmleiden.
Blütezeit: Juli/August.

Bild 80: Die Berge sind noch nicht schneefrei, da beginnen die Küchenschellen zu blühen, zum Beispiel die leuchtend gelbe Schwefelanemone *(Pulsatilla alpina ssp. sulphurea)*. Kein Bergwanderer wird achtlos an solcher Blumenpracht vorübergehen können.

Auf quellig-sumpfigen Wiesenplätzen und wasserüberrieselten Steinhalden subalpiner Höhen ist der Berg-Schnittlauch *(A. schoenoprasum ssp. sibiricum)* zu Hause. Er ist eine der zahlreichen Wildformen unseres Küchenschnittlauchs, die in vielen Gebirgen Europas, Asiens und Amerikas vorkommen – in unseren Alpen bis über 2500 m, im Himalaja über 4500 m – und wohl erst während der letzten Eiszeit aus Sibirien über den Ural und die Karpaten bis nach Westeuropa gewandert sind.
Die Blütezeit des *Almschnittla* (Kärnten) fällt in die Monate Juli und August.
Der bereits in den Kapitularien Karls des Großen erwähnte Schnittlauch, der als Küchenkraut heute gar nicht mehr wegzudenken ist, kann sich in der mittelalterlichen Volksmedizin der vielseitigsten Verwendung erfreuen. Die Blätter, »zerstossen unnd übergelegt/ leschen und heylen den brandt. Mit honig vermengt und übergeschlagen/ heylen sie die wunden. Der safft ist gut denen so die geelsucht haben/ unnd wassersüchtig seind«. An anderer Stelle heißt es vom Schnittlauchsamen: »...er reytzt zur unkeüscheyt« und »wo er stats gebraucht würdt/ macht er truebe augen. Er schadet auch dem magen«.

Läusekraut. In den Alpen erfreuen sich die Läusekräuter einer weiten Verbreitung. Auf Kalk- und Dolomitböden, an Felsbändern und steinigen Hängen sowie auf Geröllhalden finden wir das hellpurpurn blühende Geschnäbelte Läusekraut *(Pedicularis rostratocapitata):* namengebend die Oberlippe, die in einem abwärts gerichteten Schnabel vorgezogen ist. In verlängerter Traube stehen die rosaroten Rachenblüten beim Fleischroten Läusekraut *(P. rostratospicata),* das trockene Bergwiesen und Weiden zwischen 2000 und 2600 m auf Kalk bevorzugt. Auf steinigen Weiden und feuchten Rasenhängen wächst das ziemlich streng an Kalk gebundene Quirlblättrige Läusekraut *(P. verticillata),* leicht kenntlich an den quirlig stehenden Blättern und purpurroten Blüten. Diese kurzstengelige Art ist Leitpflanze für die alpine *Sesleria*-Blaugrashalde. Gerade und stumpf ist die Oberlippe beim rotbraun blühenden Gestutzten Läusekraut *(P. recutita),* einer bis 60 cm hoch werdenden Pflanze, die wir in Hochstaudenfluren und auf feuchten Weiden finden. Recht ansehnlich ist auch das Gelbe Läusekraut *(P. foliosa),* wird es

doch bis zu einem halben Meter hoch. Kalk als Wurzelgrund bevorzugend, findet sich diese prächtige Pflanze auf begrasten Schutthalden und kräuterreichen Alpenwiesen, vor allem in Rostseggenrasen, Hochstaudenfluren und Legföhrengestrüppen, in tieferen Lagen auch in Wollgrastriften, von (800–) 1400 bis 2400 m.
Alle Läusekräuter sind Halbschmarotzer, d. h. Pflanzen, die zwar assimilieren, die aber im Boden durch Sauger (Haustorien) ihrer weit hinstreichenden Wurzeln Gräsern und Seggen nährsalzhaltiges Wasser entziehen.
Dem Rindvieh sind die Läusekräuter schädlich, diese Meinung vertritt jedenfalls *Hieronymus Bock,* denn »wo diese kreutter under das futter kommen... weden sie voller leuß daher bey uns disen kreuttern der Namen Leüßkraut entstanden«. Richtig ist, daß *Pedicularis* brennend scharfe Aucubin-Glykoside enthält, welche bei Weidevieh Harnbluten verursachen können. Auch hat man früher mit dem Absud von Läusekräutern Vieh- und Menschenläuse und anderes Ungeziefer vertrieben.
Blütezeit der Läusekräuter: Juni/Juli und August.

Leimkraut. Während die meisten Leimkräuter des Flachlandes weiß blühen, trägt in den Alpen das zwischen 1500 und 3600 m verbreitete Stengellose Leimkraut *(Silene acaulis)* schöne rosarote bis rote Blüten. Mit seinen dichten, blütenstrotzenden Polstern, die von einer kräftigen, sehr tief gehenden Pfahlwurzel ausgehen, besiedelt es neben Rasen und steinigen Weiden auch Felshänge und ungefestigten Schutt (Name *Steinguckerli*). Interessant ist, daß es von unserer Pflanze verschiedengeschlechtliche Polster gibt: männliche mit verkümmerten Stempeln, weibliche mit verkümmerten Staubgefäßen und zwittrige Stöcke.
Blütezeit: Juni bis August.

Bild 81: In einer Bergwiese am Fuße der Diavolezza blüht dieser Allermannsharnisch *(Allium victorialis)*, dessen Zwiebel nach altem Volksglauben hieb- und stichfest macht, Mensch und Tier vor Verhexung bewahrt.
Bild 82 : Auf Moränenschutt und in Felsspalten (bis in Höhen über 4000 Meter!) wächst der Gletscher-Mannsschild *(Androsace alpina)*, ein lockerrasiges, rosarot bis weiß blühendes Pflänzchen — hier vergesellschaftet mit zwei Gletscher-Hahnenfüßen.

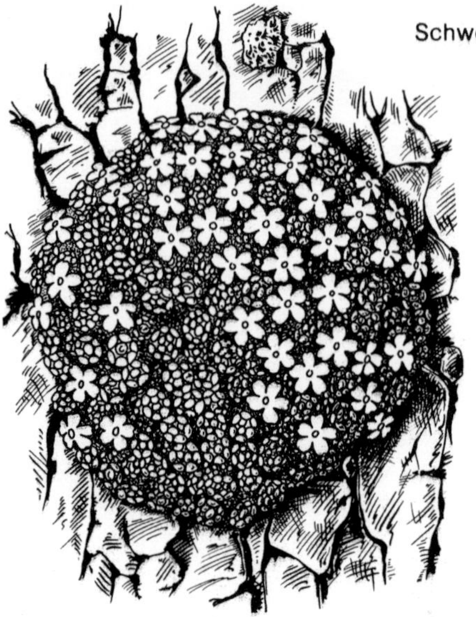

Schweizer Mannsschild *(Androsace helvetica)*.

Mannsschild. Über weite Gebiete der nördlichen Halbkugel bis in die Arktis hinein kommen Mannsschilde vor. Das größte Verbreitungsgebiet, nämlich von den Pyrenäen bis zum Himalaya, hat der nur wenige Zentimeter hohe, weiß bis zartrosa blühende Zwerg-Mannsschild *(Androsace chamaejasme)*, der auf steinigen Weiden und in Silberwurz-Spalieren lockere Rasen bildet. Weiter verbreitet, als man nach seinem Namen annehmen möchte, ist der Schweizer Mannsschild *(A. helvetica)*. Sein Areal reicht von der Dauphiné bis Kärnten und in die Steiermark, in den Südalpen tritt er lediglich in den Dolomiten auf. Ihn kennzeichnet ein polsterförmiger Wuchs, der selbst extremer Austrocknung und stärkstem Wind- und Schneedruck standzuhalten vermag. An windgepeitschten Graten in 2000 bis 3500 m Höhe, mitten im Gefahrenbereich von Steinschlag und Lawinen, kann der Bergwanderer die tellergroßen, oft viele Jahrzehnte alten Polster hängen sehen. Die einzelnen Stämmchen stehen dichtgepackt um eine kräftige, reichverzweigte Pfahlwurzel, die tief in die Felsspalten eindringt; die abgestorbenen Blätter zersetzen sich zu einem das Polsterinnere erfüllenden Humus. Die Bestäubung der weißen, in der Mitte gelblichen Blüten erfolgt durch Fliegen, die durch schwache Nektarabsonderung angelockt werden.

Blütezeit: Mai bis Juli.

Kleine Polster bildet der Dolomit-Mannsschild *(A. hausmannii)*, ein zauberhaftes Kleinod der Fels- und Schuttregion der Dolomitberge (Langkofel, Schlern, Boé, Marmolata, Rosengarten, Latemar u. a.). Weißlich bis zartrot sind die Blütenkronen mit ihrem goldgelben Blüteneingang.
Weiter verbreitet als die *helvetica*-Art ist der rein weiß blühende Milch-Mannsschild *(A. lactea)*, der in Deutschland außerhalb der Alpen auch in der Schwäbischen Alb an Kalkfelsen wächst. Er bildet keine Polster, sondern wächst als lockerrasiges Pflänzchen mit einer kleinen, zwei- bis vierblütigen Dolde. Meist dichte, seltener lockere Rasen bildet der ziemlich seltene rosarot blühende Fleischrote Mannsschild *(A. carnea)*, den man auf Felsen, frischem Schutt und in Rasen der Silikatberge antrifft.
Blütezeit: Mai bis Juli.

Mannstreu. In Hochstaudenfluren, in Alpenrosen- und Erlengebüsch und auf steinigen Hängen von den Seealpen bis zu den Illyrischen Gebirgen (1400–2500 m) kommt der seltene Alpen-Mannstreu *(Eryngium alpinum)* vor, ein stattlicher Doldenblütler mit dem Aussehen einer Distel. Sein Blütenstand: eine anfangs kugelige, später kolbenförmige Blütenähre, unter der ein Kranz von langen, dornig gezähnten, prachtvoll stahlblaufarbenen Hüllblättern steht. Wie die Blüten und die Hochblätter ist auch der Stengel von einem zarten Amethystblau überhaucht. *Edeldistel* hat *Conrad Gesner* vor 400 Jahren unsere Pflanze benannt, *Dornchrut* sagt man in Graubünden, *Mattcharte* im Kanton Luzern.
Blütezeit: Juli/August.

Mauerpfeffer. Wie die Hauswurzen, so gehören auch die Mauerpfeffer-Arten zur Familie der Dickblattgewächse. Wochenlang

Bild 83: Nicht nur die Alpenblumen, auch die Alpengräser sind ein Erlebnis für jeden Berg- und Naturfreund — wenn er sich nur seine Aufgeschlossenheit für die Natur bewahrt hat. Hier das Alpen-Lieschgras *(Phleum alpinum)* vor der gewaltigen Kulisse der Marmolata.
Bild 84: Der wohl schönste Schmuck von Alpenmooren sind die wattigen Fruchtstände des Wollgrases *(Eriophorum scheuchzeri)*. Im Hintergrund die Schneefelder des Groß-Litzners, des kühnsten Gipfels der Silvretta.

können diese Pflanzen ohne Wasser weiterblühen, werfen dabei allerdings die Saftblätter, wenn deren Wasservorrat erschöpft ist, ab. Von den zehn alpinen *Sedum*-Arten steigt der auf Felsen, Geröllschutt, Moränen und Schneeböden lockere Rasen bildende Alpen-Mauerpfeffer *(S. alpestre)* am höchsten – am Monte Rosa z. B. bis 3500 m.

In den Alpen verbreitet ist der Dunkle Mauerpfeffer *(S. atratum)*, ein gelbgrünes, meist aber rotbraun bis dunkelpurpurn überlaufenes Pflänzchen mit walzigen oder keulenförmigen, dickfleischigen Blättern. Die Blüten sind weißlich, grüngelb oder rötlich. Er besiedelt auf Kalk Schuttfluren, Felsspalten, Rasenbänder und Bachgerölle (1400–3000 m).

Als ein Pionier auf trockenem Felsschutt, auf Felsbändern und steinigem Rasen erweist sich der bis 2500 m hochsteigende, silikatliebende Weiße Mauerpfeffer *(S. album)*.

Die Mauerpfeffer blühen im allgemeinen zwischen Juni und August.

Meisterwurz. Aus L. Fuchs Historia stirpium, Basel, 1543.

Meisterwurz. In den deutschen Mittelgebirgen ist die Meisterwurz *(Peucedanum ostruthium)* nur ein ›Kulturflüchtling‹, ihre eigentliche Heimat sind die Alpen, wo dieses stattliche, weiß oder rötlich blühende Doldengewächs auf Bergwiesen, in Hochstaudenfluren, im Grünerlengebüsch und auch in Lägergesellschaften ziemlich häufig ist. In den Bayerischen Alpen bewohnt es Höhenlagen zwischen 1500 und 2100 m, im Berninagebiet steigt es bis 2700 m.
Schon der Name *Meisterwurz* deutet an, daß sie »der fürnehmsten Kräuter eins« und »in vielen Gebrechen dienlich« ist, wie uns die alten Kräuterbücher berichten. In früheren Jahrhunderten galt die Pflanze als eine *Panazee,* ein Allheilmittel: Wurzel, Samen, Kraut und Saft sind »nutz für alle kalten presten [Gebresten]/ der faulen feber/ des kalten magen/ und für alle gifft«. Auch gegen Harnstein, Ischias, Wassersucht, Geschwülste und Beulen hilft die Meisterwurz – so urteilt *Hieronymus Bock* in seinem Kräuterbuch. Vor allem soll sie »zu der zeit der Pestilentz wider den vergifften bösen lufft gebraucht werden«. In der alpenländischen Bevölkerung ist der Glaube an die Heilkraft der Meisterwurz lange lebendig geblieben. In der Steiermark liefert die in Wein abgekochte Wurzel den beliebten ›Schlaggeist‹ gegen Schlagflüsse, auf frische Wunden gelegte Blätter verhindern eine Eiterung, und nicht zuletzt erfreute sich das Wurzel-Öl einer großen Beliebtheit; die herumreisenden Zillertaler ›Ölhändler‹ machten damit noch im vorigen Jahrhundert gute Geschäfte. Seit alters galt die Meisterwurz auch als ein Mittel gegen Hexen und andere satanische Mächte. In den Rauhnächten, den Nächten vor hohen kirchlichen Feiertagen, verbrannte man, um Unheil von Haus und Stall fernzuhalten, neben Weihrauch, Wacholderbeeren, Enzian- und ›Neunhantelwurz‹ [Allermannsharnisch] auch die Meisterwurz. Nachgewiesen ist dieses ›Hexenräuchern‹ beispielsweise aus der Gegend von Altaussee.
Durch Wurzelgräber wurde der Bestand an Meisterwurzpflanzen in vielen Alpengegenden stark gefährdet, so sind sie in den St. Gallener Voralpen nahezu ausgerottet.
Blütezeit: Juli und August.

Milchlattich. Im lichten Ahorn-Buchenwald, in Legföhren- und Grünerlengestrüppen, in Waldschluchten und an Bergbächen zwischen 1000 und 2300 m entwickelt der Alpen-Milchlattich *(Cicerbita alpina)* seine

Links Hooker Moos *(Hookeria lucens),* rechts Drehmoos *(Funaria hygrometrica).*

Stein-Klaffmoos *Andreaea petrophila.*

meterhohen Stengel. Sie tragen in einer einfachen oder zusammengesetzten, drüsig behaarten Traube große, blauviolette Wegwarte-Blütenköpfe mit schmalen, zwittrigen Zungenblüten, die sich nachts und bei trüber Witterung schließen. Die ganze Pflanze führt reichlich weißen Milchsaft – in Kärnten ist sie das *Milchkraut,* in der Steiermark der *Milchheider.* Ihr Genuß soll nach altem Älplerglauben den Buttergehalt der Milch merklich steigern.
Blütezeit: Juli und August.

Moos. Wälder und Hochgebirgsmoore sind ein wahres Eldorado für Moospflanzen. Mit ihren oft dichten Polstern sind sie die idealen Wasserspeicher; hier finden ungezählte zarte Pflanzenkeime in ihren frühen Lebensphasen günstige Entwicklungsbedingungen, hier lebt in Scharen die für die Boden- und Humusentwicklung so wichtige tierische Kleinwelt. Zusammen mit Flechten besiedeln die Moose Bodenflächen, Strünke, Steine und Rinden, wo sie eigene Gesellschaften zu bilden vermögen. Denken wir nur an das stattliche, üppig sich entwickelnde Frauenhaarmoos *(Polytrichum commune),* das winzige Koboldmoos der

Bild 85: Unterhalb des mächtigen Stockes der Marmolata liegt diese weite Hochalm, aufleuchtend in sattem Grün vor der dunklen Gebirgswaldkulisse.

Gattung *Buxbaumia* oder das bis 2500 m verbreitete Drehmoos *(Funaria hygrometrica).* Dieses sehr kleinwüchsige Moospflänzchen liebt trockene Standorte, es gedeiht auf Waldblößen ebenso prächtig wie auf Felsen. Die birnförmige Sporenkapsel wird von einem langen, biegsamen Stiel getragen, der sich in feuchter Luft strickartig zusammendreht (Volksnamen: *Seilmoos, Wettermoos).*

In Kalk-Kahlschlaggesellschaften und auf Geröll findet, bis 3000 m steigend, das Kräuselmoos *(Tortella tortuosa)* seine Hauptverbreitung. Es meidet tiefen Schatten ebenso wie extrem starke Belichtung.

Die reichste Moosflora stellt sich erwartungsgemäß in Quellflur-Gesellschaften ein. Erst ab 1000 m und bis 2500 m verbreitet ist das zarte kalkmeidende Zweispießmoos *(Diobelon squarrosum),* zwischen 700 und 3000 m wächst das Zackenmützenmoos *Racomitrium aciculare,* das gelegentliche Austrocknung gut verträgt und sich oft auch an Schutthängen und Böschungen von Bergbächen findet. Oder nennen wir das Hooker Moos *(Hookeria lucens),* ein schatten- und feuchtigkeitsliebendes Laubmoos, das bis über 2000 m vordringt.

Typische Gesteinsmoose sind die Klaffmoose *(Andreaea petrophila).* Urgestein bevorzugend überziehen sie mit ihren Flachpolstern alle Unebenheiten und Spalten. Nur bei trockenem Wetter öffnet sich die Sporenkapsel, um bei Feuchtigkeit wieder zuzuklappen. Wir haben es mithin auch hier mit feuchtigkeitsmessenden (hygroskopischen) Bewegungen zu tun. Nicht wenige Arten der kälteliebenden Klaffmoose sind echte Hochgebirgsbewohner, ihre Hauptverbreitung liegt zwischen 1000 und 3000 m.

Moosbeere. *Vaccinium uliginosum,* ein kleiner, heidelbeerähnlicher, aber bis einen Meter hoch werdender Strauch, wächst auf Hochmooren ebenso wie auf trockenen Böden und steigt bis 3000 m in die Zwergstrauchheiden oberhalb der Baumgrenze. Die fast schwarzen, blau bereiften Beeren sind größer als Heidelbeeren, haben aber nicht deren Wohlgeschmack. Die nicht selten beim Menschen auftretenden Vergiftungen (Übelkeit, Erbrechen, Schwindelgefühl) nach dem Genuß der Moosbeeren müssen dem noch unbekannten Wirkstoff der Frucht zur Last gelegt werden, darauf gehen zweifelsfrei die Vulgärnamen *Rausch-* und *Trunkelbeere* zurück.

 Blütezeit: Mai bis Juli.

Moosfarn. Nach Fossilfunden haben die den Bärlappgewächsen zugehörigen Moosfarne schon vor 250 Millionen Jahren eine eigene Entwicklungsrichtung eingeschlagen. Sie besitzen einen mit kleinen Blättern besetzten, gabelig verzweigten Stengel und tragen an den Zweigenden Sporenähren, in denen unterschiedlich große Sporen zur Entwicklung kommen. Die Alpenflora zählt zwei auf moosigen Matten und feuchten Felsen auftretende *Selaginella*-Arten, den seltenen Dornigen Moosfarn *(S. selaginoides)* und die Schweizer Art *S. helvetica.* Beide Arten kommen noch in Höhen über 2500 m vor.

Moosglöckchen. Weltweit verbreitet, von der Arktis bis zu den Gebirgen Europas und Asiens, in den Rocky Mountains ebenso wie in unseren Alpen, in der Hohen Tatra und im Kaukasus ist das zarte Nordische Moosglöckchen *(Linnaea borealis).* Im Alpenraum zwischen 1200 und 2200 m findet es sich zerstreut, aber gesellig in Fichten- und Zirben-, seltener in Lärchenwäldern, wo es zwischen Moos- und Flechtenpolstern seine fadendünnen, aber verholzenden Sprosse treibt oder Bergsturzblöcke in dichten Rasen umspinnt. Dieses auf der Grenze zwischen Kraut- und Holzgewächs stehende, nach *Linné,* dem großen Naturforscher, benannte Halbsträuchlein – übrigens ein Geißblattgewächs – wird bis 15 Zentimeter hoch und trägt hübsche, meist rosarote, nickende Blütenglöckchen.
Blütezeit: Juli/August.

Mutterwurz. Als bekannt gutes Futterkraut spielt die Alpen-Mutterwurz *(Ligusticum mutellina)* in der Milchwirtschaft des Alpenlandes seit eh und je eine große Rolle. Ihr Genuß soll dem Weidevieh zu einer besonders fettreichen Milch verhelfen – so erklärt sich der Appenzeller Name *Rombluem* [Rahmblume]. Ein alter Schweizer Sennerspruch lautet: »Muttern, Romeye [Alpen-Rispengras] und Adelgras [Alpenwegerich], das Beste ist, was Kühli fraß.« Umstritten ist die Herkunft des Namens des *Muttern-* oder *Madaunkrautes.* Er könnte mit der ›Mutte‹, dem Milchgefäß, in Verbindung gebracht werden. Die in Tirol häufige Benennung *Madaun* könnte vom lateinischen *montanus* = gebirgig abgeleitet werden – mit Hinweis auf Orts- und Bergnamen (Mathon in Tirol, Madaunspitze im Paznauntal, Muttenjoch im Gschnitztal usw.). Übrigens heißen im oberen Eisacktal und bei Fulpmes im Stubaital die Mähder ›Mattaun‹.

Auf die milchfördernden Qualitäten der Mutterwurz spielt manche Alpensage an, so aus dem Kanton Glarus: Einst verwünschten gottlose Sennen, denen die Melkarbeit zu viel war, samt und sonders die milchgebenden Alpenkräuter »van z'underst bis zur höchsten Spitz«, unter ihnen auch unser *Mutteri-Kraut,* das zur Strafe dann in *Fideri,* in Isländisches Moos, also in eine wertlose Flechte verwandelt wurde.
Ligusticum mutellina findet sich in Hochstaudenfluren und an Feinschutthalden, in Goldhafer-Fettmatten und Milchkrautweiden, den sogenannten ›Mutternwiesen‹, in Gletscherweiden-Spalieren und Grünerlengebüschen, in Borstgrasmatten und Krummseggenrasen von 1500 bis 2800 m. Es blüht von Juni bis August.

Nadelhölzer. Ohne Nadelgehölz, ohne Bergkiefer, Zirbe, Lärche und Wacholder, kann man sich das Landschaftsbild unserer Alpen kaum vorstellen. Über die Botanik hinaus bietet sich auch hier manches aus Kulturgeschichte und Volkskunde an, das eingeflochten zu werden verdient – nicht zuletzt im Spiegel der zahlreichen, vielfach recht aufschlußreichen Pflanzennamen, um deren Erforschung sich *Prof. Heinrich Marzell* (gest. 1970) in hohem Maße verdient gemacht hat. Daß die Beobachtungsgabe des Volkes, meist einfacher Bergbauern, Schäfer und Waldgänger, erstaunlich klar ist und mit den Benennungen meist den ›Nagel auf den Kopf‹ getroffen hat, ist wissenschaftlicherseits längst bestätigt, von Sprachforschern, Volkskundlern und Medizinhistorikern ebenso wie von Botanikern.
Sicher erklären sich so manche Namen für die Bergkiefer, wie beispielsweise *Krummholz, Knieföhre* und *Knieholz, Legföhre* oder *Latsche* aus ihrer unterschiedlichen Wuchsform: mal hochstämmig oder kurzschäftig, mal niederliegend-strauchig oder als ganz niedriges Krüppelholz auf höchsten Schutthalden und Karrenfeldern. Die in den Mooren des Alpenvorlandes wachsende Kiefer heißt im Volksmund *Filz-* oder *Mooskoppe.* Bei dem in Oberbayern verbreiteten Namen *Latsche* könnte man vielleicht an latsch=schlaff denken, weil die Zweige der Legföhre auf dem Erdboden ›schleifen‹. Das aus den jungen Trieben der Legföhre gewonnene Latschenkiefernöl *(Oleum Pini pumilionis),* eine alte Volksmedizin, die mit ihrem angenehm balsamischen Geruch als Zusatz für Badeessenzen

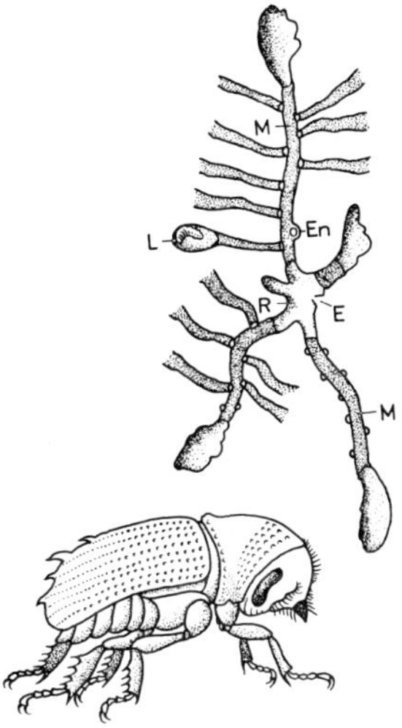

Latschen-Borkenkäfer *(Pityogenes alpinus)*. Männchen, Länge etwa 2,5 Millimeter. Oben der Brutgang. E Einbohrloch; En Ei-Nische mit einem abgestorbenen Ei; L Larve; M Muttergänge mit den Ei-Nischen; R Rammelkammer. Nach Wichmann (schematisch).

und zum Inhalieren dient, heißt im Etschtal Raischenöl, die Kiefer selbst *Raische,* im Pustertal *Raisten.*
Die in den Alpen meist in der Höhe der Baumgrenze vorkommende Zirbelkiefer wird in der Schweiz bekanntlich *Arve* genannt - ein sehr altes Wort, das, wie *Marzell* überzeugt ist, schon bestanden hat, bevor die Römer und nach ihnen germanische Bevölkerung sich in der Schweiz niederließen. In Gegenden, wo unsere *Pinus cembra* nicht oder nur selten vorkommt, z. B. in den Kantonen Uri und Unterwalden, wird die Legföhre *Arfe* genannt. Die Benennung *Arve* tritt in zahlreichen Bergnamen auf: Arbenhorn am Zinalgletscher (Wallis), Arben nördlich vom Matterhorn u. a. Der Schweizer Botaniker *Rikli* zählt in einer Denkschrift über die Zirbelkiefer (1909) über 70 von Arve abgeleitete Orts-, Flur- und Bergnamen auf. In der ostalpenländischen Mundart heißt die Zirbelkiefer *Zirbm* oder *Zirm.* Zirmgratsche [zu Gratsche = Häher] ist der Tannen- oder Nußhäher, der sich mit Vorliebe von den Samen der Zirbe nährt; in der Steiermark heißt der gleiche Vogel übrigens Zirbentschoi [Tschoi = Eichelhäher]. Auch die Zirbe erscheint häufig in Bergnamen: Zirmkogel (Ötztal), Zirbelkopf (Wetterstein), Zirbitzkogel (Niedere Tauern). Dunkel ist die Herkunft der meist örtlich begrenzten Mundartnamen für die Zapfen

Zapfen der Zirbelkiefer.

der Zirbe. Sie heißen in Graubünden *Betschla* und *Nuschella,* im Tessin *Zimber,* in Südtirol *Zirbeltschurtschen.*

Als Lieblingsbaum des Gebirgsvolkes ist die Lärche zu einer Vielzahl von Namen gekommen. Sie heißt in Tirol *Larch,* in Oberösterreich *Lerbaum,* im schweizerischen Solothurn *Lörche,* im Walliser Bergland *Lörtschine,* im Grödnertal *lèresh,* in Graubünden *láras.* Sie genießt seit alters in der alpenländischen Bevölkerung kultisches Ansehen, wie ihr Vorkommen an Wallfahrtsorten beweist. Denken wir an die heilige Lärche bei Nauders in Tirol, die 1855 umgehauen wurde, und an die Wallfahrt ›Maria Larch‹ im ›Gnadenwald‹ bei Innsbruck. Maria von der Larch war eine besondere Hauspatronin, die Mensch und Vieh vor dem »gachen Todt, vor Pest, Krieg, Wasser- und Hungersnoth« bewahrt. Auch das Gnadenbild aus dem Lärchenstock zu Maria Waldrast an der Serles im Stubai wird bei allen Wassergefahren und Feuersnöten angerufen. Die Volksmedizin hat bis in unsere Zeit vom Lärchenbaum bezogen, was der ›Salbenhändler‹ aus Tirol oder der ›Waldhansel‹ von Wallgau seit je empfohlen hatten: das honigähnliche Lärchenharz (Terpentin), das der ›Lärgetbohrer‹ aus dem Stamm gewinnt, ein begehrtes »Nieren und Blase reinigendes Mittel«; die Lärchennadeln, »mit Essig gesotten«, gegen schlechte Zähne; die zerstoßene Lärchenrinde, »mit Schusterpech gemengt, gegen fressende Schäden«, und selbst das auf der Lärche wachsende Moos, »über den Nabel gebunden«, soll gegen die Ruhr helfen.

Den Wacholder nennt Hieronymus Bock *Weckholter* oder *Krametbeer.*

Von den Namen.

DIE frucht am Weckholter baum nennet man auch Krametbeer / der Kramat Vögel vnd Ziemer halben / zů Latin Turdi genant / darumb das ernennte Vögel im Winter jhre narung an den Weckholter stauden sůchen vnd finden. Das ander Weckholter geschlecht wächßt nit bey vns. Mir seind rote / runde beerlein zů kommen / sollē vom grossen Weckholter baum kommen sein. In Diosco. heißt diser baum Juniperus / Juniperulus / Cyparissus agrestis / ἀρκευθίς, ἀρκευθος, Mnesitheus / Acatalis / Zuorinsipet / Libius / Acatera. Die Frantzosen nennen disen baum Geneurum. Die Juden Rethom / vñ die Araber nennen die Weckholter beer Abel vnd Habhagar / Serap. cap. cclxx.

Von der Krafft vnd Würckung.

WEckholter seind warm inn der dritten / vnd drucken inn der ersten staffeln. Wer will der Weckholter nutz gar beschreiben?

Innerlich.

DIE zeitigen beerlein seind zů vilen presten gůt / vnnd meins bedunckens nützer dann der Pfeffer. Dann dise beer gessen bekommen wol dem kalten schleimigen magen / zertheilen die auffblähung des bauchs / stillen das grimmen / vnnd raumen die brust / wehren dem hůsten / treiben den harn sichtbarlich / vnd jagen das gifft vom hertzen. Ist ein sonderlich Preseruatiuum zůr zeit der Pestilentz inn Germania. Fürter treiben sie auß der Weiber blödigkeit vnd den Lenden schleim. Seind inn summa zů vil dingen nutz vnnd gůt / derhalben so hat der Koch solche beerlein auch zů sich inn die kuchen berůffen / füllet darmit Hüner vnd Vögel. Dioscorides schreibet das die Ramentaschabet oder mäl vom Weckholter baum eingetruncken / tödtlich seien / das hat mich wunder / dann ein laugen gemachet mit Wein / auß gebrandter Weckholter äschen / vnd die selbig getruncken / treibet den harn mit gewalt / also das auch vil Wassersüchtiger darvon erlediget seind worden / so solche lauge getruncken haben. Auß den beeren brennet man ein köstlich öly / dem Balsam beynahe gleich. Deßgleichen so brennet man auch auß dem dürren holtz ein wolriechends starckes öly / zů vilen dingen nutzlich.

Eine große Rolle im alpenländischen Volksglauben spielt seit jeher der Wacholder, der im bayerischen Oberland allgemein *Krammet, Kranewitt* und *Jochmied,* in Kärnten *Almkranawit* und im Salzburgischen *Kranznach* heißt. So galten in früheren Zeiten Räucherungen mit den Beeren oder Zweigen als das beste Vorbeugungsmittel gegen die Pest: »Der Rauch darvon verjagt die schlangen und den ver-

Bild 86: Krummholzregion am Fuß des Sassonger im Abteital (Alta Badia) in den Südtiroler Dolomiten.
Bild 87: Wie Riesenschlangen winden sich die schenkeldicken Stämme der Berglatsche *(Pinus mugo)* vor der Kulisse der Allgäuer Grasberge.

gifften lufft/ derhalb wo die pestilentz regiert so man stätz [stets] von weckholder holtz rauch machen in allen gemachen [Gemächern]/ darinnen man wonet« (*Fuchs,* 1543). Den Glauben an die krankheitabwehrenden Wirkungen des Wacholders drücken alte Salzburger Reime aus: »Kranawet brennt im Haus, treibt Doktor und Bader aus« und »Kranawether muaßt fruatlings [frisch und munter] koin [kauen], aft [dann] kon di[ch] die Pest nöt hoin [hauen]«. In der Volksmedizin genoß der Wacholder in früheren Jahrhunderten ein heute kaum mehr vorstellbares Ansehen; ohne »Wacholder Apoteck« (*Beckher,* 1665) mit allerlei aus diesem Gewächs bereiteten »Wasser, Extracte, Oehl und Salien [Salben]« ging es einfach nicht mehr. Wie sagt doch der alte *Hieronymus Bock:* »In summa die würckung und tugendt des Weckholder Baums zu beschreiben [ist] nicht wol möglich.«
Nicht allein den Menschen, auch das Vieh sollte der Wacholder vor Seuchen schützen. Auf dem ›Stofel‹ in Vorarlberg wurde dereinst bei der Alpbenediktion ein Jochatfeuer [Jochat = Zwergwacholder] angebrannt; nach der Segnung trieb man das Vieh durch den Rauch, daß es vor Krankheiten, besonders vor dem »Brandt« [Milzbrand] verschont bleibe. Im Kanton Schaffhausen verfütterte

 Andrea Mattioli (1501–1577).

man bis in unsere Zeit gehackte Wacholderbeeren und -zweige, damit sie fettreiche Milch geben – im Grunde ein echter Zauberschutz gegen das Wegbleiben der Milch. Gegen den Teufel und sein Gefolge glaubte man, helfe allemal der Kronawitt: »Eichenlaub und Kranewitt, dös mag der Teufel nit«, sagt man in Berchtesgaden. Sogar gegen das Einschlagen des Blitzes kann sich schützen, so hieß es im Aargau, wer bei einem aufziehenden Gewitter drei Wacholderbeeren ins Herdfeuer wirft. Auch dem kirchlichen Brauchtum ist der Wacholder nicht fremd. In manchen Gegenden ist ein Bestandteil des ›Palmbuschen‹, der an Palmsonntag in der Kirche geweiht wird. Über viele Jahrhunderte hat sich der Aberglaube erhalten, daß ebenso wie unter einer Hasel unter dem Wacholder Schätze vergraben sein können. Am ›heiligen Bühl‹ in Raron (Wallis), erzählt man sich, stünden Wacholderstauden, in denen die Schlüssel verborgen seien, die die Tore zu verzauberten Schätzen öffnen.

Neben dem Wacholder umgibt auch den verwandten Sadebaum, der sonnig-heiße Südlagen der Alpen besiedelt, die eine oder andere Volksmeinung – vieles tun wir Heutigen kurzweg als ›Aberglaube‹ ab, der aber in Wahrheit ein Überbleibsel alten Volksglaubens ist. Unser infolge des Gehaltes an giftigem Sabinol-Öl unangenehm riechendes Zypressengewächs heißt im Salzburger Land *Stinkwacholder.* Seit ältester Zeit wird der Sadebaum als Abtreibungsmittel verwendet – ein altüberlieferter Vulgärname ist *Kindertod.* Der sehr gelehrte *Mattioli,* den wir schon des öfteren zitieren durften, kennt die toxische Wirkung des Strauches und wettert in seinem Kräuterbuch: »Die alten Hexen und Wettermacherin üben darmit vil zauberey und abenthewer/ verfüren darmit die jungen Huren/ geben ihnen Sevenbaumschüßling gepulvert/ oder heißens darüber trincken/ dardurch vil Kinder verderbt werden. Sind erger dann Herodes...«

Hinsichtlich der Einstellung zum Sadebaum läßt sich manches Widersprüchliche feststellen. Einmal bringt er Unglück, denn wer ihn pflanzt, dem geht das Vieh ein, und dann wieder ist er – im Salzburgischen z. B. – der *Segenbaum,* der am Palmsonntag geweihte Sade›palm‹. Schon *Hieronymus Bock* berichtet darüber: »Die Meßpfaffen und alte Huren genießen des Seuenbaums am besten. Die Pfaffen pflegen auff den Palmtag den Seuenbaum/ mit anderen

Darin sind die Väter der Botanik einig: Der Sade- oder Seuenbaum ist ein »nützlich gut gewächß, wann man jhn recht und wol brauchet«. Nach Bock, 1577.

grünen gewächsen zu weihen/ geben für/ der donder und der Teuffel können nichts schaffen/ wa solche geweihete stengel inn Heusern gefunden werden/ dardurch würt jhr opffer gemehret/ unnd der armen seckel gelart. Zu dem so haben die alten Hexen und Hure acht auff die erste schüssling/ so der Pfaff oder andere von Seuen palmen zu dem creutz werffen/ geben für die selbige schüßling seien gut für hawen unnd stechen/ für zauberey/ böß gespenst/ und treiben darmit vil Abenthewr/ lassens von newen weihen und Messen darüber lesen...« Den Hexen ist der Geruch des Sadebaumes unausstehlich, übrigens auch dem Leibhaftigen. Ein altes Sterzinger Rezept aus dem 15. Jahrhundert besagt: »Wiltu den teuffel von ainem menschen pringen, so nym Seuenpawm drew cweigel und leg sy in einen hafen und gews drey stund daran guten wein in dem namen des vaters und des suns und des heyligen gaistes und lass sieden daz es wol erwalle und leg es dem pesessen menschen auf daz haubt, daz ers nit wisse, so muß der teuffel antwurten und weichen.«

Seiner Ähnlichkeit mit dem Wacholder verdankt der Sadebaum seine volksmedizinische Verwendung. Blätter vom *Sefenbaum,* mit Salz gemischt, gab man früher gegen Harnbeschwerden, mit Butter und Rahm abgerührt, als Grintsalbe sowie gegen Läuse. Die blauschwarzen, bereiften Sefelbeeren, »mit Leinöl in einem kupfernen Geschirr gekocht«, sollen ein gutes Gehörmittel sein. Wie wenig wurde früher bedacht, daß mißbräuchliche Benutzung von Sadebaumöl bzw. -aufgüssen unter Umständen zu recht ernsthaften Vergiftungserscheinungen, zu Brechdurchfall und Nierenschädigungen oder bei Verwendung als Abortivum zu Gebärmutterblutungen führen.

Die Eibe, einst ein weitverbreiteter Waldbaum, ist, wie schon erwähnt, auch im Bereich der Alpen zunehmend seltener geworden. Seit ältester Zeit ist dieser „Nadelbaum ohne Zapfen" von Geheimnissen und Volksaberglauben umwittert. Das dunkle, immergrüne Nadelkleid läßt die Eibe seit jeher als Baum der Toten erscheinen. Andererseits galt sie früher als dämonenabwehrend: ein Stückchen Eibenholz auf dem bloßen Körper getragen, sollte mit Sicherheit vor Behexung schützen. In früheren Zeiten schrieb man dem »gottverfluchten Eibenbaum« auch mancherlei Heilkräfte zu. So soll der Absud von Eibenrinde »gegen Hundswuth, Schlangenbiß und Insectenstiche« helfen. *Adam Lonitzer* meint in seinem Kräuterbuch von 1679: »Eibenbaum hat sonderlich kein Gebrauch in der Artzney/ wird under die Gifft gezehlt. So man das Holtz brennet/ tötet der Rauch die Mäuse. Die Beeling gessen/ machen den Bauch flüssig ...« Die Eibe soll, heißt es an anderer Stelle, »so gifftig seyn/ daß auch die jenige/ so darunder schlaffen/ oder essen/ um ihr leben kommen/ welches insonderheit geschicht/ wann er blühet«.

Narzisse. In der Pfingstzeit bildet die Weiße Narzisse, die zu allen Zeiten besungene Dichternarzisse *Narcissus poeticus* auf feuchten Bergwiesen und tief gelegenen Auwiesen oft große Bestände. Der Name spielt an auf die antike Sage vom Jüngling Narcissus, der sich in sein eigenes Spiegelbild verliebte und in Sehnsucht dahinschmachtete; doch die Götter hatten Mitleid und verwandelten ihn in die Narzisse. Ihre nach Nelken duftenden Blüten krönen den hohen Stengel mit einem sechsstrahligen weißen Stern, der einen scharlachrot gerandeten, gelben Mittelpunkt hat. Das Verbreitungsgebiet dieses zauberhaften Liliengewächses erstreckt sich von der Dauphiné über die Seealpen und vom Tessin über die Südalpen bis zu den Venezianer Bergen.

Mit der Weißen Narzisse nahe verwandt ist die schmalblättrige Sternnarzisse *(N. stellaris),* eine der prächtigsten Zierden des Alpenfrühlings. Auf die frühe Blütezeit nehmen manche Namen Bezug, wie *Aprilröserl* in der Steiermark und *Moadnbliambln* [Maiblümlein] in Tirol. In Kärnten sagt man zu der um den Pankratiustag (12. Mai) in voller Blüte stehenden Sternnarzisse *Pankrazerln.* Stellenweise ist sie auf fetten Matten und feuchten Bergwiesen recht häufig, vereinzelt kommt sie (in Südtirol) bis über 2000 m vor. Die giftigen Eigenschaften der Narzissenzwiebel - sie enthält das Alkaloid Narcissin - können Erbrechen, Kollaps- und Lähmungserscheinungen hervorrufen.

Nelke. Zur Gattung *Dianthus* gehören die jedermann bekannten Gartennelken, aber auch eine ganze Anzahl von Arten der Wildflora, nicht zuletzt im Alpenbereich. Auf steinigen Triften und Wiesen, an grasigen und felsigen Abhängen, seltener im Legföhrengestrüpp der östlichen Kalkalpen (1000 - 2200 m) wächst lockerrasig die Alpen-Nelke *(D. alpinus).* Durch ihre großen, leuchtend fleischfarbenen Blüten - im Schlund tiefpurpurrot und weiß gesprenkelt - ist sie kaum zu übersehen. Sie blüht zwischen Juni und August. Von ihr unterscheidet sich durch dichtrasigen, niedrigen Wuchs die einfarbig fleischrot blühende Gletscher-Nelke *(D. glacialis),* eine seltene hochalpine Urgebirgsnelke, die man von Graubünden bis in die Niederen Tauern (Name *Tauern-Nagei*) kaum jemals unter 2000 m trifft. Weitverbreitet ist die anspruchslose, in rasigen Büschen wachsende, rosarot blühende Stein-Nelke *(D. silvester).* An ihre meist trockenen Standorte (steinige Wiesen und Weiden, Felsabsätze und Gesteinsspalten) ist sie dank einer kräftigen, tiefreichenden Pfahlwurzel bestens angepaßt. Sie ist das *Steinnagerl* Tirols, das *Fluehnägeli* [Flueh = Fels] des Berner Oberlandes, das *Plattennage[r]l* in Heiligenblut, das *Klapfernagile* [Klapf = abschüssiger Fels] im Defereggental.
Die Verbreitung der Bergnelken erfolgt in erster Linie durch Huftiere, was ihnen mancherorts den Namen *Kuhdrecknagerl* eingebracht hat; in Kärnten sagt man zur Alpennelke *Mahdernagerlan,* da sie zur Zeit der Mahd blüht, und nach dem lockerrasigen, moosartigen Wuchs heißt sie im Pinzgau *Miesveigl.*

Nelkenwurz. Zwischen der überall verbreiteten Gewöhnlichen Nelkenwurz *(Geum urbanum)*, dem Gletscher-Petersbart *(G. reptans)* und der Berg-Nelkenwurz *(G. montanum)* macht der Alpenbewohner kaum einen Unterschied. Das zeigen die volkstümlichen Benennungen: *Nagerlwurz* nach dem gewürznelkenartigen Geruch des Wurzelstocks, *Flecke[n]-* und *Nagelchrut* (St. Gallen) als Mittel gegen Augenflechten und den „Augennagel" (Hornhauttrübung), *Judsbart* und *Grantiger Jager* nach den fedrigen Fruchtständen und *Benediktenkraut* wegen ihrer zauber- und heilkräftigen Eigenschaften. Im *Hortus Sanitatis* von 1485 lesen wir: »Wo diß wurtz in dem huse ist do mag der tufel nicht schaffen und fluhet sie und darumb ist sie gegebenedeyt für alle andern wurtzeln.« Sie ist übrigens auch seit jeher Bestandteil des »Malefizpulvers« gegen Hexen und Druden. In der Volksmedizin hat diese gesegnete Wurzel »vilerley gebrauch«, sie heilt »innerliche wunden«, aber auch »die außwendigen«, und je älter sie wird, »je stercker sie würt im geruch und krafft«. Weiter lesen wir bei *Bock:* »Die wurtzel für die Nasen gehalten/ bringt die Ohnmechtige und hingefallene wider zu sich selbs«. In Wein gesotten und möglichst warm getrunken, stillt sie »das Grimmen und Bärmutter. Ist ein Experiment wider den Schlag oder Paralysis«.

Die goldgelb blühende Berg-Nelkenwurz wächst oft scharenweise auf Trockenwiesen, Weiden und Wildheumähdern und in Zwergstrauchheiden zwischen 1600 und 3500 m.

Blütezeit: Mai bis August.

Die gleichfalls gelb blühende Gletscher-Nelkenwurz überzieht mit ihren langen Ausläufern feuchte Schutthänge, Gletschermoränen und Schwemmböden, doch kommt sie nur in der alpinen Stufe der Hochalpen zwischen 2000 und 3400 m vor. Sie blüht von Ende Juni bis August.

---▷

Bild 88: Ganz anders als im Kulturwald hinterläßt im höchsten Bergwald der Anblick der von Sturm und Wetter geformten Lärche einen tiefen, beinahe Ehrfurcht erweckenden Eindruck.

Bild 89: Die Buchsblättrige Kreuzblume *(Polygala chamaebuxus)*, ein niederliegender Halbstrauch mit verzweigten Ausläufern, gehört zum afrikanischen Element unserer Alpenflora.

Orchidee. Der ganze Zauber der Bergflora findet seine Krönung in den Knabenkräutern. Tatsächlich ist das gesamte Alpengebiet außerordentlich orchideenreich. Sicher gehören das Schwarze Kohlröschen *(Nigritella nigra)* und das nahe verwandte Rote Kohlröschen *(N. miniata)* zu den schönsten und beliebtesten Bergorchideen. Sie gedeihen auf sonnigen Weiden (Name *Kühbrändli,* Tirol) und Felsfluren (Namen: *Stan-[Stein-]rösel* in Kärnten, *Jochbrändli* in Niederösterreich) zwischen 800 und 2200 m. Zu ihren zweiteiligen, mitunter auch handförmigen Wurzelknollen sagt recht bildhaft der Volksmund *Handlwurz.* Charakteristisch für *Nigritella* ist das kugelige bis eiförmige, hellrot bis dunkelpurpurfarbene Blütenköpfchen (Namen: *Bergchölbli, Blutströpfchen, Mohrenköpfchen, Brändlein, Schoggoladebluemli).* Die zwischen Juni und September offenen Blüten haben einen vanilleähnlichen Geruch *(Vanilleblümli, Alpenvanille),* der so durchdringend sein kann, daß man nach alter Volksmeinung Kopfweh, ja sogar Nasenbluten bekommen kann. So finden die graubündischen Bezeichnungen *Chopfwehbluemli* und *Nase[n]blüeter* auch ihre Erklärung.

Um seiner Schönheit willen ist der Frauenschuh *(Cypripedium calceolus)* jahrzehntelang rücksichtslos geplündert worden. Seit sich der Naturschutz seiner angenommen hat und ein strenges Pflückverbot erlassen wurde, bleibt zu hoffen, daß die Bestände im Alpenraum allmählich wieder anwachsen. Die Frauenschuh-Orchidee verlangt wie die meisten Knabenkräuter Kalkboden, sie liebt lichte Laub- und Nadelwälder, findet sich aber auch in Flußauen und an buschigen Abhängen. In den Kalkalpen steigt sie bis in die Krummholzstufe hinauf, vereinzelt bis 1900 m. Die Blüte ist eine Pracht: zitronen- bis goldgelb, die wie ein zierlicher Pantoffel gestaltete Lippe und darüber die etwas gedrehten purpurbraunen Blütenhüllblätter, dazu ein aprikosenähnlicher Geruch. Meist erfolgt die Bestäubung durch Erdbienen, für die der außen glatte und glänzende Blütenkessel zur Falle wird – nur *ein* Weg, vorbei an der Narbe und den klebrigen Pollen, führt wieder heraus. Mit einer Vielzahl von volkstümlichen Namen wurde diese unvergleichlich schöne Orchidee seit jeher bedacht. Nach Form und Farbe der Lippe heißt sie *Venus-* oder *Marienschuh, Almlatscher* in Oberbayern, *Kapuzinerschueh* im Kanton St. Gallen; nach der Blütezeit im Mai und Juni ist sie die *Maien-, Kuckucks-* oder *Pfingstblume.*

Frauenschuh *(Cypripedium calceolus)*. Aus Albrecht von Haller »Historia stirpium« (1768). Schweizerische Landesbibliothek Bern.

An warmen Südhängen der Alpen, in der Regel bis etwa 1300 m, in Tirol bis 1800 m, wächst das Rote Waldvögelein *(Cephalanthera rubra)*, eine Orchidee, die anmutig und zierlich wirkt, selbst wenn sie eine Höhe von einem halben Meter und mehr erreicht. Bis zu zwölf Blüten vereinigen sich zu einer lockeren Ähre; die rosa bis rotviolett gefärbten Hüllblätter sind spitz und zur Blütezeit geöffnet – mit etwas Phantasie läßt sich die namengebende Gestalt eines ›Vögleins‹ erkennen. Die Blütenlippe ist hübsch rotviolett gerandet und im orangegelben Mittelteil von gewellten Längsleisten besetzt. Blütezeit: Mai bis Juli.

Auf feuchten Bergwiesen der Alpen und des Voralpenlandes in Höhen von 1000 bis 2400 m wächst die Kugelorchis *(Traunsteinera globosa)*, die mit ihrer rosavioletten Blütenkugel wohl kaum zu übersehen ist. Die kleinen, ungemein zierlich gestalteten Einzelblüten dieser nicht eben häufigen Orchidee verströmen einen baldrianähnlichen Duft.
Die Blütezeit fällt in die Monate Juni bis August.
Meist in höheren Lagen an Waldrändern und grasigen Hängen, aber auch in feuchten Wiesen, bis in die subalpine Stufe um 1800 m aufsteigend (in Graubünden beispielsweise) trifft man die *Orchis ustulata*, das Brand-Knabenkraut, in ihrer Art unverkennbar und nicht zu verwechseln. Am schönsten ist diese Orchidee, wenn ihre Blütenähre noch im Knospenzustand ist und oben die charakteristische angebrannt-rotschwärzliche Färbung zeigt. Die Lippe ist von hellem Rosa oder Weiß, dunkelrot gepunktet und deutlich dreilappig, der Sporn kurz und stumpf. In Berchtesgaden heißt die Brandorchis *Schwarzblümel*, im Tannheimer Tal *Wilde Brändle*, im Thurgauischen *Jakobli* und *Pfaffe[n]büngeli*.
Blütezeit: Ende April bis Juni.
Ganz andere Ansprüche stellt das Holunder-Knabenkraut *(O. sambucina)*, nicht nur, daß es Silikatgestein dem Kalk vorzieht, es bevorzugt auch höhere Lagen als manche andere Bergorchidee; im Tessin steigt es bis über 1500 m. Die schwach nach Holunder duftenden Blüten stehen in einer gedrungenen Ähre, die vorherrschende Blütenfarbe ist Gelb, doch sind Tönungen vom zartesten Lachsrot bis zu sattem Purpurrot keine Seltenheit.
Blütezeit: Mai bis Anfang Juni.
Nur zwischen 5 und 10 Zentimeter hoch wird das Alpen-Zwergknabenkraut *(Chamorchis alpina)*, zu dessen Verbreitungsgebiet außer den Alpen auch die Karpaten und die Hohe Tatra gehören. Hier bewohnt sie feuchte Weiden und steinige Grasplätze zwischen 1900 und 2700 m, eine für Orchideen normalerweise unerträgliche Höhenlage. Die *Chamorchis* ist eines unserer kleinsten Knabenkräuter; ihr kurzer, aber kräftiger Stengel, der die wenige Milli-

Bild 90: Zu den wohl schönsten alpinen Krustenflechten gehört das Wind-Blutauge *(Haematomma)*. Bei ihm sind die Sporen in den Fruchtkörpern braun, mitunter blutrot gefärbt. Aufnahme: Pflanzenschutzgebiet Daumen/Allgäu.

meter großen grüngelben, oft braun überlaufenen Blüten trägt, wird von schmalen, grasähnlichen Blättern umgeben.
Blütezeit: Mitte Juli bis Mitte August.
Auch die Grüne Hohlzunge *(Coeloglossum viride)* ist eine echte Gebirgsorchidee, die in kurzbegrasten Wiesen und lichten Waldungen von der Bergstufe bis 2500 m Meereshöhe wächst. Die Blütenähre ist eher locker, die Blütenfarbe schwankt zwischen leichtem Grün und Braunrot. Die Blütezeit reicht von Ende Mai bis Ende Juli.

Eine Vielzahl von Orchideen begleitet den Alpenwanderer bis in Bergregionen um 2000 m, auch solche, die ihm aus tieferen Lagen schon bekannt sind: *Dactylorhiza maculata* beispielsweise, das Knabenkraut mit den gefleckten Laubblättern und den in Ähren stehenden Blüten; die Mücken-Händelwurz *(Gymnadenia conopea)*, die in mageren Wiesen bis über 2200 m vorkommt; die ihr ähnliche, aber seltenere wohlriechende Gymnadenie lichter Bergwälder und Alpenmatten (in Graubünden bis 2300 m) und die grünliche Berg-Kuckucksorchis *Platanthera chloranta,* die interessanterweise gerne mit der genannten Hohlzunge bastardiert, wie *Danesch* aus dem Berninagebiet zu berichten weiß.
Unterwegs werden wir in den Bergwäldern mit Sicherheit auch den seltsamen Moderorchideen begegnen, die infolge des Mangels an Blattgrün mit Hilfe eines übermäßig entwickelten Erdstammes und in Arbeitsteilung mit niederen Pilzen aus dem Laubhumus organische Zersetzungsprodukte aufnehmen.
Wächsern, fast durchscheinend ist der blattlose Widerbart *(Epipogium aphyllum)* mit seinem elchgeweihartigen, wurzellosen Erdstamm und den großen, nach Bananen duftenden Blüten, der in schattigen Buchen- und Fichtenwäldern höherer Lagen bis 1500 m auftritt und zwischen Mitte Juli und Ende August blüht. Blaß lederbraun gefärbt ist die Nestwurz-Orchidee *(Neottia nidus-avis)* schattiger Nadel- und Laubwälder (bis 1700 m). Ihre nach Honig duftenden Blütentriebe entsprießen einem von fleischigen Wurzeln nestartig umhüllten Erdstamm (Volksnamen: *Vogelwurz, Wurmwurz*). Ebenso selten wie seltsam ist die Korallenwurz *(Corallorhiza trifida).* Sie bevorzugt höhere Lagen (bis 1700 m) und findet sich dort in Laub- und Nadelwäldern (Name *Tannenstendel),* mit Vorliebe in der Nähe alter Baumstrünke. Die grünlichbraunen Blüten-

triebe entspringen einem korallenartig verzweigten, mit Pilzen eng vergesellschafteten Wurzelstock, der im Laufe eines mehrjährigen Wachstums die Größe eines Kinderkopfes erreichen kann. Wie der Widerbart setzt auch die Korallenwurz häufig ein paar Jahre mit dem Blühen aus.

Von den zauberhaft schönen Ragwurz-Orchideen, die durch ihre insekten- oder spinnenähnlichen Blüten besondere botanische Kostbarkeiten darstellen, ist *Ophrys muscifera,* die Fliegen-Ragwurz, in den Alpen am häufigsten. In den Alpentälern findet sie sich in Magerwiesen und Pfeifengrasbeständen, in lichten Laub- und Nadelwäldern wie auch an steinigen Ufern alpiner Flüsse. Auf kalkreichen Böden steigt sie von der Ebene bis in die Krummholzregion, im Samnaun bis über 1800 m. Die Blütenmimikry hat dieser *Ophrys*-Art zahlreiche volkstümliche Namen eingebracht: *Fluigala* (Reutte in Tirol), *Immli* (Schaffhausen), *Insektenblümli* und *Tüfels-g'sichtli* (Thurgau), *Sammetschühli* (Aargau). Bereits *Hieronymus Bock* vergleicht die Ragwurzblüten mit Insekten: »... da unterst theil [die Blütenlippe] an einem jeden blümlin vergleicht sich einer Horneß [Hornisse] oder Bremen [Bremse]«.

Seit alters gelten die Knabenkräuter als Aphrodisiaka, nicht zuletzt wegen der Gestalt der Wurzelknollen, die bei manchen Arten hodenförmige Gestalt haben, bei anderen wiederum handförmig geteilt sind. In diesem Falle bieten sie einen »unzüchtigen anblick der weiber heymlichkeit gleich«, meint jedenfalls *Brunfels* in seinem ›Contrafayt Kreüterbuch‹ (1532). Im gleichen Sinne fabulieren auch die anderen ›Väter der deutschen Pflanzenkunde‹, *Bock* beispielsweise, der durchaus überzeugt ist, daß die Knabenkräuter »vom samen oder spermate der Weckolterziemer« [Krammetsvögel], der Amseln und Drosseln erwüchsen. Sie entstünden aus der »überflüssigen Gailheit« der Vögel, die auf die Erde falle. Die handförmig zerteilten Wurzelknollen haben es den »Einfeltigen« auch in anderer Hinsicht angetan. Die an Johanni gegrabenen ›Händchen‹ sollen vor Hexerei, gegen Zauber und den Fürsten der Hölle schützen. Wenn man mit ihnen einen erkrankten Körperteil bestreicht, so gesundet er. Mancherorts gibt man die Knollen den Kühen, damit die Milch nicht wegbleibt.

Pilze. Nicht allein Moose, Farne und Kräuter, auch die Pilze sind wichtige Glieder des alpenländischen Pflanzenlebens. Wir wissen, daß die Flechten „Doppelwesen" aus Algen und niederen Pilzen sind, und sprechen von einer Symbiose. Auch die Orchideenkeimlinge sind zu ihrer Entwicklung auf die Mithilfe gewisser Bodenpilze angewiesen. Ähnlich ist es bei zahlreichen anderen Pflanzen. Das strauchige Steinrösl, Alpenrose und Silberwurz, manche Enziangewächse und Gräser nehmen ihre Nahrung aus dem humosen Alpenboden ebenso durch die Mykorrhiza-Pilzwurzel auf wie die Legföhre an der Gebirgshalde und die Arve an der Baumgrenze. Die Wurzeln dieser Gewächse sind weitgehend umgestaltet; sie besitzen keine Wurzelhaare, sind aber dicht von einem Pilzgeflechtmantel umsponnen.
Von solchem Nutznießertum innigen symbiotialischen Zusammenlebens ist vielfach nur ein kleiner Schritt zu ausgeprägtem Schmarotzertum. Ihm begegnen wir bei den in den Alpen sehr verbreiteten Nacktbasidien-Pilzen. Sie bilden keine Fruchtkörper aus, vielmehr durchwuchert ihr Myzel Stengel und Blätter der befallenen Wirtspflanze, verursacht auffallende Verdickungen und Verbildungen, teilweise sogar Gallgewebe, das sich durch seine weißliche, rosige bis stark rote Färbung vom normalen Gewebe unterscheidet. Apfelähnliche Gallbildungen finden sich besonders an Alpenrosen, verursacht durch die Alpenrose-Nacktbasidie *(Exobasidium rhododendri)* – die Älpler nennen sie treffend *Alpenrosenäpfel.* Eine andere Art, *E. vaccinii,* befällt Sprosse, Blätter, Blüten und Früchte der Heidel- und Preiselbeere und bewirkt dort lokale Gallgewebsbildungen, die früher oder später zu ohrlöffelförmigen Einkrümmungen der befallenen Pflanzenteile führen. *Exobasidium oxycocci* infiziert Spirken, deren Sprosse glasbrüchig werden und sich rosa bis violett verfärben; diese Art ist in den Spirkenmooren des Alpenvorlandes häufig zu finden. Eine verwandte Art, *Acticomyces,* ist arktisch-alpin und auf einige Steinbreche spezialisiert.
Solche Nahrungsspezialisierung findet sich auch bei anderen höheren Pilzen. So wachsen winzige *Marasmius*-Schwindlinge aus-

Bild 91: Wenn der Frühling bergwärts wandert, blüht an Hängen und auf Bergwiesen alles, was zu blühen vermag, und so fehlt es nicht an Bestäubern, an Immen und Käfern, an Groß- und Kleinschmetterlingen. In leuchtendem Rot zeigen sich die Kohlröschen-Orchideen, im Bild eine *Nigritella miniata.*

schließlich auf verwesenden Fichtennadeln, andere kommen nur da vor, wo Tannen- oder Kiefernnadeln vermodern. Und welcher Alpenwanderer ist noch nicht den auf Almweiden häufigen Düngerlingen *(Anellaria)* begegnet, die auf Kuhfladen und gedüngten Stellen regelrechte Pilzgesellschaften bilden. Die Sporen dieser zum Teil sehr stattlichen, übrigens giftigen Blätterpilze werden wohl meist durch Insekten von einer Dungstelle zur anderen übertragen.

Zwei Pilze sind noch zu nennen, da sie für die Alpen charakteristisch sind: der bis 10 cm hohe eßbare, aber nicht eben schmackhafte Kupferrote Schmierling *(Gomphidius rutilus)*, der der Legföhre bis über die Waldgrenze hinaus folgt, und der im Gebirge häufige, schwach giftige Lila Dickfuß *(Cortinarius traganus)*, der in den Alpen bis zur oberen Nadelwaldgrenze aufsteigt. An seiner schönen blaßvioletten Färbung, dem zarten, spinnwebartigen Schleier und dem unangenehmen Gasgeruch ist er leicht kenntlich.

Primel. Zu den Alpenblumen, von denen eine ganz eigene Ausstrahlung ausgeht, gehören fraglos die Primeln. Felsgrate und Klüfte, besonders in den nördlichen und südlichen Kalkalpen, sind der Bereich der strenggeschützten Alpen- oder Felsen-Aurikel *(Primula auricula)* mit ihren großen, aromatisch duftenden gelben Blüten und den dicklichen, mehlig bestäubten Rosettenblättern. Deren Schwammgewebe füllt sich im Winter reichlich mit Stärke an zum schnellen Aufbau im Frühjahr. Bereits vor mehr als 400 Jahren war die Echte Aurikel eine wohlbekannte Alpenpflanze; sie »wechst in großer menge umb die Stadt Grätz [Graz] und umbliegende Landschafft in Kernten auff den Hohen steinechten Gebirgen«, schreibt *Mattioli,* der die Art unter dem Namen *Auricula ursi, Saniculae species* gut abbildet und beschreibt. Im Volksmund ist die Alpenaurikel das *Gamsbleaml* (Oberbayern) und die *Schwindelblüah* in der Steiermark, eine Blume, die Gemse und Jäger im steilen Gefels schwindelfrei macht; sie ist aber auch das *Kraft-* und

Clusius-Primel *(Primula clusiana)* und Gartenaurikel *(Primula pubescens)*. Aus Clusius, 1583.

Bruchkraut, welches alle Schäden heilt. Ein Gemisch aus Öl, Salbei, Huflattich und Aurikel ist nach einer alten Rezeptur »ein gar verläßlich« Hausmittel gegen die Schwindsucht und das ›Hinfallen‹ [Epilepsie]. Und das *Schrofenbleaml* der Tiroler Berge, am Walburgistag vor Sonnenaufgang gepflückt, hilft mit Sicherheit bei vielerlei Ungemach im Stall.

Blütezeit April bis Juni.

Auf nassen, sumpfigen Wiesen, in Quell- und Flachmooren, bemerkenswerterweise aber auch an extrem trockenen Windecken und Felsbändern, vom Tal bis nahe an 3000 m wächst die rotblühende Mehlprimel *(P. farinosa),* die häufigste Primelart unserer Alpen. Ihre länglichen Laubblätter sind unterseits dicht bestäubt, ebenso die Blütenstiele und Blütenkelche. Besondere Köpfchenhaare (›Mehlhaare‹) scheiden winzige Kristallkörnchen aus, die, mit Pflanzenwachs vermischt, den auffallend mehligen Belag ergeben – von ihm hat unsere Primel ihren Namen, im Thurgau sagt man *Müllerblüemli.*

Alle roten Primeln stehen unter Naturschutz (Pflückverbot!). Dazu gehört auch die mit langen Klebhaaren besetzte *Primula hirsuta,* allgemein Leim- und Pelzprimel genannt. Sie ist eine ausgesprochene Felsbewohnerin (Namen: *Schrofenrösl* in Tirol, *Flueblum* im Wallis), die die Silikatgesellschaften des Vielblütigen Mannsschildes und der Gemsheide bevorzugt und oft die Schneegrenze übersteigt (bis 3600 m). Ungemein reizvoll: der Kontrast des weißlichen Kronschlundes zum kräftigen Rosa – mit einem Stich ins Blaue – der übrigen Blüte.

Die Blütezeit liegt zwischen Mai und Anfang Juli.

Wer Glück hat, kann im Grenzbereich zwischen kalkarmem Fels und schmelzwassergetränktem Rasen gleich vier Arten von roten Alpenprimeln finden: in den Spalten die kurzstielige Behaarte und die hochstengelige Klebrige Primel, unterhalb der Felsen die für Schneetälchen charakteristische *Primula integrifolia* mit ihren ganzrandigen, zu Rosetten geordneten Blättern und im durchfeuchteten Gesteinsschutt die nur wenige Zentimeter hohe Zwergprimel

Bild 92: Mit einer fast halbmeterlangen Pfahlwurzel ist das Täschelkraut *(Thlaspi rotundifolium)* im Geröll verankert, das es mit zahlreichen Trieben durchkriecht.

(P. minima). Diese und die vorige Art findet man noch in Höhen knapp über 3000 m, ihre Blütezeit: Juni/Juli.

Sauerampfer. Kaum jemals wird der Bergwanderer im Umkreis von Sennhütten und Ställen oder auf überdüngten Wiesen den Alpen-Sauerampfer *(Rumex alpinus)* vergeblich suchen, den man nach seinem Standort in Kärnten, mit Verlaub zu sagen, *Scheißplotschen* nennt. Dieses nicht selten Mannshöhe erreichende Knöterichgewächs, die Charakterpflanze der alpinen Lägerflur (1000–2600 m), wurde lange Zeit in verschiedenen Gegenden der Schweiz und des Montafon wie Sauerkraut eingestampft, und noch heute wird der *Saublotschen* vielerorts als Schweinefutter gesammelt. Die großen, oxalsäurereichen Blätter nimmt der Älpler gerne als ›Frischhaltepackung‹ für Butterballen (Tiroler Name *Butterpletschen).* Die jungen, gleich nach der Schneeschmelze geschnittenen Blätter liefern ein spinatähnliches, durchaus schmackhaftes Gemüse, die Blattstiele schmecken wie Rhabarber. Es ist nicht von der Hand zu weisen, daß unser Ampfer die älteste Gemüsepflanze der Alpenbewohner darstellt. Die früher als *Radex Rhapontici = Radex Rhei Monachorum* (›Mönchsrhabarber‹) gebräuchliche Wurzelknolle ist in der Homöopathie ein brauchbares Abführmittel ohne Nebenwirkungen.
Die grünlichen, dichtgedrängt in Rispen stehenden Blüten öffnen sich Juni/Juli.

Schneeheide. Schon im zeitigen Frühjahr bedeckt sich die im Gebirge auf Kalk verbreitete Schnee- oder Alpenheide *(Erica carnea)* über und über mit Blüten, eine in dieser Jahreszeit willkommene Honignahrung für Bienen, Hummeln und Falter. Bestandbildend überzieht dieses Heidekrautgewächs – der *Rote Hoadach* des Zillertales, das *Brüschblüemli* Nidwaldens, das *Tann-Mies* [-moos] und *Heidarösli* St. Gallens – den Boden oder durchdringt als Unterholz Berg- und Legföhrenbestände, von den Tälern bis über 2700 m steigend, in Flußtälern oft weit ins Vorland reichend.

Schneerose. Der schwarzbraune Wurzelstock hat der in den Kalkalpen an steinigen Hängen, in Legföhrengestrüppen und lichten

Bergwäldern von der Talsohle bis über 1800 m verbreiteten Schneerose *(Helleborus niger)* den Namen Schwarze Nieswurz eingebracht und ihre frühe Blütezeit ein ganzes Namenregister *(Weihnachts-* und *Christrose, Schneebleaml, Schneekannerl* u. a.). *Brunfels* schreibt in seinem Kräuterbuch: »... würt genannt Christwurtz/ darumb/ das sein Blum/ uff die Christnacht sich uffthut/ und blüet/ welchs ich selb wahrgenommen und gesehn/ mag für ein gespött haben/ wer da will.« Auch von allerlei Heilkräften weiß man in alten Büchern zu berichten: »Die schwartz Nießwurtz purgiert stark die schwartz Gall und Melancholey« und sie heilt »alle böse grind/ reüde/ flechten und malatzey [Aussatz].« Man soll sie aber »keinem alten/ keinem Kind/ keiner Frawen/ noch zarten menschen« verabreichen, denn immerhin handelt es sich um eine »gifftig artzney/ die man nicht ohn rhat der gelehrten brauchen soll«. Tatsächlich sind die *Helleborus*-Arten Giftpflanzen, ihr Wurzelstock – als *Radix Hellebori* offizinell – enthält das Glykosid Hellebrin und lokal reizende Saponine.

Seidelbast. Wohl jedem Bergsteiger und Naturfreund ist das Steinröschen *(Daphne striata)* mit seinen hellrosafarbenen, feingestreiften und nach Flieder duftenden Blüten bekannt (Namen: *Almrausch, Alpenflieder, Wilde Nagelen* [Nelke]). Dieser sonnenliebende Zwergstrauch wächst (zwischen 1600 und 2800 m) auf Kalk in lichten Bergföhrenwäldern, im Latschengebüsch, auf steinigen Halden, mitunter auch an Felswänden (Kärntner Name *Wandnägel*). An senkrechte Dolomitwände, gerne vergesellschaftet mit der Schopfteufelskralle, schmiegt sich das Felsenröserl *(D. petraea)* mit seinem knorrigen, reich verästeltem Stamm, ein niedriger, kaum 15 Zentimeter hoher Spalierstrauch mit roten, flaumig behaarten Blüten. Alle Seidelbaste sind giftig, in erster Linie durch den Gehalt an dem stickstoffreichen Anemonol. Vergiftungen sind bei Kindern nicht selten, vor allem durch Verzehren der verlockend aussehenden Beeren; zehn bis zwölf sollen für den Menschen tödlich sein, »sechs für einen Wolf«, meint *Linné.* Offensichtlich recht bekömmlich sind sie den Bachstelzen und Rotkehlchen, die sie eifrig vom Stengel picken und ihre unverdaulichen Samen weiter verbreiten. Nicht eben schmeichelhaft sind die Namen, die der Volksmund für »des Teufels Strauch« geprägt hat: *Hundsbeeren, Schlangenholz, Wolfsbast, Grimmbeere* [Bauchwehbeere], *Elendsbluth*

(»die Bluth [Blüte] soll der Bienen schädlich seyn«, *Dörrin*, 1777). Bei »disem gewächß solten uns die namen erschrecken/ das man sein nicht bald brauchte/ als nemlich Rapiens vita/ Faciens viduas/ Mörder und menschen dieb« – das sind harte Worte aus der Feder des *Hieronymus Bock*.

Seifenkraut. In allen Organen, besonders in dem kriechenden Wurzelstock der Seifenkräuter sind Saponine enthalten, die wegen ihrer schweißtreibenden und abführenden Wirkung von jeher in der Volksheilkunde bei Brust- und Unterleibsleiden eine große Rolle gespielt haben. *Leonhart Fuchs* meint: »Die wurtzel/ welche scharpff ist ... treibt den harn/ ist nützlich den lebersiechen/ dem husten/ unnd denen so schwerlich athmen.« Das Rote oder Alpen-Seifenkraut *(Saponaria ocimoides)* ist eine Charakterpflanze der wärmeren Alpentäler und findet sich vorzugsweise an felsigen Südhängen, auf Geröllhalden und Erdabrissen.
Blütezeit: Mai bis Oktober.

Silberwurz. Die auf die Pyrenäen, den Schweizer Jura und die Alpen beschränkte Silberwurz *(Dryas octopetala)* ist mit ihren dem Boden dicht angeschmiegten Zweigen ein Bestandteil der alpinen Zwergstrauchregion. Die gekerbten, dickledrigen Laubblätter erinnern etwas an Eichenblätter – darum benannte *Linné* dieses Rosengewächs *Dryas* (nach dem griechischen drys = Eiche). Für die federartigen Fruchtschöpfe stehen die Namen *Haargras* und *Petersbart* (Niederösterreich), *Wild Ma(nn)* (Tannheimer Tal), *Wildes Wibli* und *Hex* (Sonthofen). Die ihrer Wuchsform wegen vielfach als ›Spalierstrauch‹ bezeichnete Pflanze kann bis zu hundert Jahre alt werden, die Breite der Jahresringe beträgt dementsprechend nur Bruchteile eines Millimeters. Vielfach vergesellschaftet mit Schneeheide, Behaarter Alpenrose, Steinrösel und der einen oder anderen Polsterpflanze, bewohnt die unwahrscheinlich genügsame und anpassungsfähige *Dryas* vorzugsweise trockene Kalk-Schutthalden, Moränenböden sowie Gras- und Zwergstrauchheiden zwischen 1200 und 2500 m.
Blütezeit: Mai bis August.

Bild 93: Welchem Bergwanderer sind noch nicht die leuchtend gelbroten »Rosenäpfel« in Alpenrosenfluren aufgefallen. Es sind dies Gallbildungen, erzeugt von einem Pilz, der Alpenrosen-Nacktbasidie *(Exobasidium rhododendri)*.

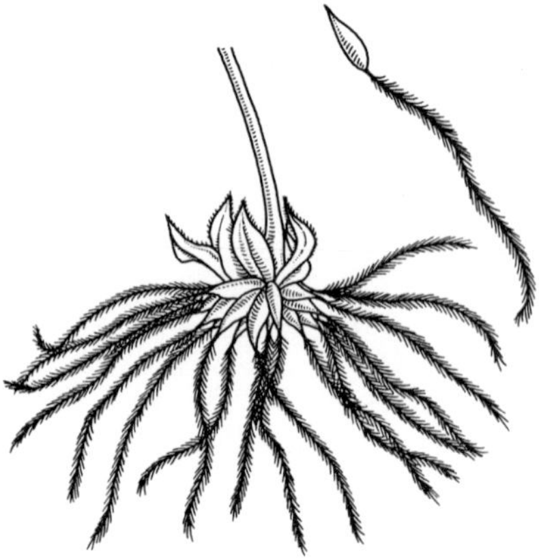

Silberwurz *Dryas octopetala*, Fruchtstand und Einzelfrucht.

Steinbrech. Dichter Polster- oder Rasenwurz ist in jedem Falle Ausdruck eines erb- und umweltbedingten ›morphologischen Bauplanes‹ der Pflanze mit den Vorteilen einer verkleinerten Transpirationsfläche, der möglichen Wasserspeicherung im Inneren und nicht zuletzt des Schutzes gegen Winddruck, Schneelast, Frost und Tierfraß. Gewächse solcher Art finden sich darum nicht zufällig überall dort, wo eine Vegetation, wie gerade in den alpinen Pionier- und Kampfzonen, auf Vorposten steht. Überzeugende Beispiele sind die Polster-Mannsschilde und Polster-Leimkräuter und nicht zuletzt die hier zur Rede stehenden Steinbreche, die ausdauernde Rasen, Rosetten, Rosettenpolster und extreme Flach- und Kugelpolster ausbilden.

Im Bereich der Alpen überschreiten *Saxifraga*-Arten verschiedentlich die 4000-m-Grenze, beispielsweise der lockerrasige Moschus-Steinbrech *(S. moschata)* im Bereich des Finsteraarhorns. In außereuropäischen Gebirgen, im Himalaja etwa, wachsen manche auf Sechstausendern! Einige Steinbreche sind Begleiter von Quellfluren und Bachufern, die überwiegende Mehrzahl freilich siedelt in Felsspalten und Gesteinsschutt, auf Felsbändern und Wandrissen, wie z. B. Bursers Steinbrech *(S. burserana)*, der durch starre, kantig-stachelige Blätter gekennzeichnet ist, oder der Furchen-Steinbrech *(S. exarata)* aus den Silikat-Spaltengesellschaften des Vielblütigen Mannsschildes *(Androsace vandellii)*. Oder nennen wir den auf kalkreichen und schwach sauren Böden gedeihenden Trauben-Steinbrech *(S. panicu-*

lata), eine typische Pionierpolsterpflanze in den Spaltengesellschaften des Stengel-Fingerkrautes *(Potentilla caulescens)*, die bis weit über 3000 m steigt und vielerlei Namen erhalten hat: nach dem Standort *Steinrösl* (Salzburg), nach den infolge Kalkausscheidungen silbrig erscheinenden Blatträndern *Silbermies* [-moos] (Pinzgau), nach der hauswurzähnlichen Blattrosette *Wildi Hauswurze* (Graubünden). Blütezeit: Juni bis August.

Eine *Saxifraga*-Art mit ausgeprägter Vorliebe für feuchte Standorte, für Quellfluren, überrieselte Felsen, nasse Halden und Bachufer (800–3000 m) ist der goldgelb blühende Fetthennen-Steinbrech *(S. aizoides)*, oft vergesellschaftet mit dem sternblütigen Quell-Steinbrech *(S. stellaris)*. Aus dieser ökologischen Bindung erklären sich Benennungen wie *Bachsteinbrech* und *Wasserweiz* (Wallis).

Bis 3000 m steigt auch der milchweiß blühende Mannsschild-Steinbrech *(S. androsace)*, der scharenweise Schneetälchen und Rohschutt auf basischen bis schwach sauren, meist kalkreichen Böden besiedelt. Sicher einer der anspruchslosesten und anpassungsfähigsten Steinbreche ist die *oppositifolia*-Art mit ihren prächtig weinroten Blüten, die später ins Violette bis Blaue umfärben (Name *Blaues Steinmies)*. Geröll, Felswände und Gipfelgrate, Moränengrus und Bachschutt ebenso wie offene Rasenflächen sind die so unterschiedlichen Standorte dieses Gegenblättrigen Steinbrechs, der von Mai bis Juli den Bergwanderer bis 3500 m begleitet.

Der Name der Steinbreche ist fraglos von ihrem Standort herzuleiten, wo sie den Anblick ›felsendurchbrechender‹ Pflanzen bieten. Anderer Meinung ist da *Konrad von Megenberg* in seinem ›Puch der Natur‹ (1482): »Wenn man des krautes wurzel nimt in wein, so pricht si den stain in den platern [Harnblase]«. Auch *Leonhart Fuchs* rühmt die »krafft und tugendt« des Steinbrechs, denn diese Pflanze »zermalt und bricht den lenden und blasen stein, ist nützlich zu der harnwind/ reynigt/ seubert und zerteylt die grobe feüchte in adern. Bringt den frawen jre zeit/ und reynigt die brust von den groben zähen flüssen«. Von der Heilkraft der Steinbreche waren auch andere überzeugt, unter ihnen kein Geringerer als *Paracelsus*, von dem aber auch der geradezu ketzerische Ausspruch stammt, »daß die Artzeney eine ungewisse Kunst sei, die nicht gebührlich sei zu gebrauchen, nicht billig mit Glück zu treffen, einen macht man gesund, zehn dagegen verderben...«

Sterndolde. Auf mageren, steinigen Weiden und im Gebüsch lichter Bergwälder (bis 2500 m) verbreitet sind die Sterndolden *(Astrantia).* Von ihnen gibt es eine stattliche, bis einen Meter hohe Art *(major)* und ein verkleinertes, kaum halb so großes, recht zierliches Abbild *(minor).* Besonders auffallend: die sternförmig angeordneten Hüllblätter, welche die blütenreiche Dolde umgeben. *Schnittlächtblüemli* sagt man in St. Gallen zu den Sterndolden, weil man bei den Dolden eine gewisse Ähnlichkeit mit den Blütenständen des Schnittlauchs zu erkennen glaubt.
Blütezeit: Juni/Juli und August.

Täschelkraut. *Thlaspi rotundifolium,* das Rundblättrige Täschelkraut ist ein schuttstetes Alpengewächs auf beweglichem Kalk- und Dolomitgeröll und die Leitpflanze der Täschelkraut-Gesteinsschuttgesellschaften, die bis weit über 3000 m steigen und denen Alpenmohn, Zwergbaldrian, Geröllveilchen, der Blattlose Steinbrech und die Wimper-Nabelmiere als Charakterarten angehören. Von der verholzten, über einen Viertelmeter langen Pfahlwurzel gehen zahlreiche Kriechtriebe aus, die den Schutt »durchwandern« und mehrere Jahre alt werden können; haben sie die Oberfläche erreicht, bilden sie Blattrosetten und dichte Rasen aus. Diese überwintern, und dank der bereits im Herbst vorgebildeten Blütenanlage erscheint das Alpen-Täschelkraut schon frühzeitig im Jahr. Die reichblütige Doldentraube hat hellviolette, dunkel geaderte und wohlriechende Kreuzblüten.
Blütezeit: Juni bis September.

Rundblättriges Täschelkraut
(Thlaspi rotundifolium).

Teufelskralle. In den Alpen sind die *Phyteuma*-Glockenblumengewächse weitverbreitet, die für sie gebräuchliche Benennung Teufelskralle – ladinisch *griflas des diavel,* graubündisch *pasta del diavel* – ist nach den krallenförmigen Blüten gebildet. Die häufigste Art ist die Kugelige Teufelskralle oder Kugelrapunzel *(Ph. orbiculare).* Die kalkliebende Pflanze mit ihren bis 30-blütigen tiefblauvioletten Köpfchen findet sich in Wiesen, Torfmooren und auf steinigen Matten vom Vorland bis 2500 m.
Blütezeit: Mai bis September.
Nur zehn- bis zwölfblütig ist der halbkugelige Blütenstand bei der Art *hemisphaericum.* Auf kalkfreien Magerwiesen, auf Geröll- und Schutthalden ist sie oft anzutreffen. Keine Rapunzel steigt so hoch wie sie, die noch in 3600 m Höhe gefunden wurde.
Blütezeit: Juli und August.
Die fraglos augenfälligste Rapunzelart der Kalkalpen von Tirol, Kärnten und Oberitalien – von der Talsohle bis weit über 2000 m – ist die Schopfige Teufelskralle *(Ph. comosum),* eine Blume von seltener Schönheit. Die am Grunde bauchig aufgeblasene, hellrosa bis hellviolette Blumenkrone verengt sich zu einem dunkelvioletten, röhrenartigen Schnabel, aus dem der weiße Griffel mit zwei gebogenen Narben herausragt. Die streng an Kalk- und Dolomit-Felsspalten gebundene Schopfrapunzel dürfte wohl in den südlichen Alpen als Reliktpflanze alle Eiszeiten überdauert haben. Vor 400 Jahren hat sie *Guilandino* am Monte Baldo gefunden und als *Rapuncolo montana* [Bergrapunzel] beschrieben, gegen Ende des 18. Jahrhunderts bekam sie *Franz Xaver von Wulfen* in den Gailtaler Alpen zu Gesicht. Heute muß dieses Kleinod der alpinen Flora im Hinblick auf seine Seltenheit unter Naturschutz gestellt werden (Pflückverbot!).
Blütezeit: Juni und Juli.

Tragant. Unter den alpinen Schmetterlingsblütlern gibt es etliche, die der Bergwanderer nicht übersehen sollte, sind sie doch Schmuckstücke der Bergwiesen. Zu ihnen gehören die Tragante und Spitzkiele, arktisch-alpine Arten, die aus den Steppengebieten Asiens stammen dürften.

◁

Bild 94: Eine Idylle am Weg: Kuhfladen-Ringdüngerlinge *(Anellaria semiovata),* stattliche Blätterpilze des Hochgebirges.

Halbkugel-Rapunzel *(Phyteuma hemisphaericum)*. Daneben zwei Phasen der Entfaltung der Einzelblüte. Oben: Die Kronblätter bleiben am oberen Rande miteinander vereinigt und pressen so die sich öffnenden Staubbeutel an die Griffelbürste heran. Teilweise nach Kugler (verändert).

In kalkfelsdurchsetzten Blaugras-Horstseggen-Halden und Nacktriedtriften (zwischen 1500 und 2800 m) findet sich der Alpen-Tragant *(Astragalus alpinus)*, eine häufig niederliegende Pflanze mit nickenden, zu zwölft bis fünfzehnt an einer Traube stehenden Blüten: Fahne violett, Flügel weiß, Schiffchen mit stumpfer, violetter Spitze. Über einen Meter lang wird die tiefreichende, unterirdische Ausläufer bildende Pfahlwurzel des gelblich-weiß blühenden Gletscher-Tragants *(A. frigidus)*, auch *Gratlinse* genannt. Im Alpenraum von der Dauphiné bis zu den Karpaten verbreitet, bewohnt er Grate, steile, rasige Hänge und Felsbänder (bis 2700 m).
Beide Tragante blühen im Juli und August.
Den Traganten sehr ähnlich, von ihnen lediglich durch das gespitzte Blütenschiffchen unterschieden, sind die Spitzkiele *(Oxytropis)*. Der hellgelb blühende Alpen-Spitzkiel *(O. campestris)* wird, was bei Leguminosen selten vorkommt, vom Weidevieh gemieden, im Gegensatz zum Gebirgs-Spitzkiel *(O. montana)*, der eine wertvolle Futterpflanze der alpinen Weiden darstellt. Dieser Bergspitzkiel ist eine rasenbildende Halbrosettenstaude mit langgestielten Trauben blauvioletter Schmetterlingsblüten. Beide Arten besiedeln Schutthalden und Schwemmböden, nicht selten dringen sie auf windexponierten Graten auch in offene Polsterseggenrasen ein; sie steigen von 1700 bis über 2800 m auf.
Blütezeit: Juli und August.

Veilchen. Weit verbreitet in der subalpinen und alpinen Zone sind die *Bergveigel.* In Flachmoorgesellschaften stellt sich bereits im Mai das Sumpf-Veilchen *(Viola palustris)* ein, mit seinen zarten, lilafarbenen Blütchen leicht zu übersehen. An lange von Schnee bedeckten Stellen und berieselten Felsen, in Schluchten und feuchtem Geröll wächst das goldgelbe Bergveilchen *(V. biflora)* – das *Almveigl* Kärntens, das *Bärgveieli* des Berner Oberlandes, das *Bergviönli* des Churfirstengebietes. Dieses zierliche Pflänzchen, eine arktisch-alpine Veilchen-Art, blüht von Mai bis August und übersteigt in den Walliser Bergen die Dreitausendergrenze.
In dieser Höhe wächst auch das schöne Alpen-Stiefmütterchen *(V. calcarata),* das besonders auf basischen bis neutralen Böden in Blaugrashalden, Täschelkrautfluren und Gletscherweidenspalieren gedeiht (1600–3000 m). Die großen Blüten dieses langspornigen Veilchens sind in der Regel dunkelviolett, zuweilen auch gelb oder weiß und haben ein leuchtend gelbes Saftmal. Im Berner Oberland heißt dieses Veilchen *Bergvijeli,* aber merkwürdigerweise auch *Berggilge* [schweiz. Gilge = Lilie].
Zur Flora des alpinen Kalkschuttes zwischen 2000 und 2900 m gehört auch das Geröll-Veilchen *(V. cenisia),* auch Mont-Cenis-Stiefmütterchen genannt. Seine ziemlich großen Blüten sind hellviolett mit goldgelbem Schlundfleck.
Mit der Farbe ihrer Blüten locken die Bergveilchen die Insekten aus weiterer Entfernung an; die Nahorientierung, nämlich den Weg zum Blüteneingang, übernehmen ›Saftmale‹, welche der Pflanze ihr ›Gesicht‹ geben. *Sprengel,* der ›Vater der Blütenbiologie‹, nennt in seinem Werk ›Das entdeckte Geheimniß der Natur im Bau und in der Befruchtung der Blumen‹ (1793) diese auffälligen Saftmale treffend »Leitzeichen«. Die *Viola*-Besucher dringen in den nektarbergenden Sporn, stoßen dabei an die Narbe und lockern dadurch den Zusammenhalt der Staubbeutel, worauf der Pollen auf das Tier herabrieselt. *Viola calcarata* besitzt einen bis 25 Millimeter langen Sporn, dessen Nektar normalerweise nur Faltern zugänglich ist. Demgegenüber ist der Sporen des Gelben Bergveilchens kurz und weit, weshalb auch Schwebfliegen und kurzrüsselige Bienen als Bestäuber auftreten.

Weide. Blockreiche Matten, Schutthänge und Schneemulden sind der Lebensbereich der verbreiteten Alpen- oder Gletscherweiden. Dank ihres durchwegs niederen, zwerghaften Wuchses sind sie in der Lage, heftigste Winterstürme und strenge Kälte, mithin sehr extreme Bedingungen, zu ertragen.

Die sicherlich schönste unter den alpinen Zwergweiden ist die Netzweide *(Salix reticulata)* mit ihren kriechenden, überall wurzelnden Stämmchen. Ihre fast runden, rötlich geaderten Lederblätter sind auf der Oberseite glänzend dunkelgrün, unterseits aber bläulichweiß. Ein recht erfreulicher Anblick sind die schlank-walzigen Blütenkätzchen: Kätzchenschuppen, Narben und Staubbeutel sind hübsch rot gefärbt. Die Netzweide bevorzugt kalkreichen Boden und siedelt gern als Unterwuchs in der Zwergstrauchheide, an offenen Stellen der Nacktriedflur und des Polsterseggenrasens, aber auch auf Schneeböden, wo sie im Verein mit *Salix retusa* das ›Gletscherweidenspalier‹ bildet. Verbreitung von 1700–2500 m, vereinzelt bis 3000 m.

Der von *Linné* einst als der kleinste unter allen Bäumen bezeichneten Krautweide *(S. herbacea)* begegnen wir auf von Schmelzwasser gut durchfeuchteten Humus-Schuttböden, in den Alpen steigt sie kaum jemals unter die Waldgrenze herab. Sie ist die Leit- und Charakterpflanze von Schneetälchen-Gesellschaften, wo sich, wie wir wissen, eine Auslese niedriger, mit kürzester Vegetationszeit auskommender Pflanzen, wie Alpen-Hahnenfuß, Alpen-Wegerich, Zwergruhrkraut u. a., zusammenfindet. Die kleinen, kreisrunden Blätter von *Salix herbacea* sind zart und gelbgrün; zierlich und wenigblütig sind die Kätzchen, die mit den prachtvoll purpurnen Staubbeuteln dem Bergwanderer aus dem Grün der Blatt-Teppiche entgegenleuchten. Gerne suchen die Schneehühner in den dichten Beständen der Krautweide Unterschlupf – in Salzburg heißt sie darum auch *Schneehünlweid.* Ihre Verbreitung erstreckt sich über den ganzen Gebirgszug von den Seealpen bis Niederösterreich, in den Zentralalpen steigt sie über 3300 m.

Eine wichtige Rolle als Schuttfestiger auf losen Geröllhalden und Schutthängen des Kalkgebirges spielt die zwischen 1600 und 3000 m vorkommende Stumpfblättrige Weide *(S. retusa),* die sich hier als kriechender Spalierrasen mit ihren langen, zähen Wurzeln und Zweigen förmlich verankert und mit ihrem Astwerk den hangab

rutschenden Schutt staut. Bei ihr sind die männlichen Blütenkätzchen eiförmig und kurz gestielt, die deutlich gestielten weiblichen Kätzchen lockerblütig, die Staubbeutel auch hier leuchtend purpurrot.
An den vielfach hochalpinen Wuchsplätzen der Zwergweiden sind die Temperaturverhältnisse so ungünstig und die Vegetationszeit so kurz, daß die Stoffproduktion nur denkbar gering sein kann. Ein in 2600 m Höhe wachsendes Stämmchen der Stumpfblättrigen Weide hatte nach den Untersuchungen von *Eberle* mit ca. 45 Jahresringen eine mittlere Ringbreite von nur 0,10 Millimeter! Auch der jährliche Längenzuwachs ist minimal. So wurden an den Zweigen der Netzweide Jahresabschnitte von 3 bis 24 Millimeter, bei der Krautweide von 2 bis 4 Millimeter und bei der Stumpfblättrigen Weide solche von oft nur 1 bis 2 Millimeter Länge gemessen.
Wohl weisen der Narbenbau und das Vorhandensein von Nektarien bei den alpinen Zwergweiden auf Insektenbestäubung hin, doch zeigen Beobachtungen, daß der Windblütigkeit eine besondere Bedeutung zukommt – dies beweisen auch die Funde von Pollen arktischer Weiden in späteiszeitlichen Ablagerungen. Wie sonst bei den Weiden ist die Frucht auch hier eine zweiklappig aufspringende Kapsel, die die winzigen, mit einem silbrigen Haarschopf gezierten Samen freigeben. Sie sind unwahrscheinlich leicht, so bietet sich in den baumfreien, windreichen Hochgebirgsregionen eine Verbreitung durch Luftströmungen geradezu an.
Blütezeit der Zwergweiden: Juni bis August.

Wollgras. Ein prächtiger Schmuck von Sümpfen und Mooren sind die Wollgräser; den reizvollen Anblick bietet freilich nicht der blühende, sondern der fruchtende Bestand, denn erst nach dem Verblühen wachsen die Fruchtstände zu flockig-weichen, schneeweißen Haarschöpfen aus, die mit ihrer Leichtigkeit besonders gut an die Verbreitung durch den Wind angepaßt sind. Auf sie beziehen sich

Bild 95: Aus der rissigen, flechtenüberzogenen Felswand leuchten die rosaroten Blütenkelche der Behaarten Primel *(Primula hirsuta)*. »Schrofenrösl« heißt in Tirol diese unter Naturschutz stehende Felsprimel, die schon Clusius im 16. Jahrhundert kannte.

die zahlreichen Benennungen: *Wollrosel* (Tirol), *Mooswolle* (Kärnten), *Side[n]gras* [Seidengras] (Thurgau), *Pflamm* [Flaum] (Salzburger Land), *Flümli* (Schwyz). Namen wie *Moosfeder* (Pinzgau), *Federe[n]-ried* (Muotatal, Schwyz), *Geißbärtli* (Unterwalden), *Katzenschweif* (Oberbayern) und *Riedchütz* [Chütz = struppiges Haupthaar] (St. Gallen) weisen gleichfalls auf die Fruchthaare des Wollgrases hin. Recht sinnig ist der Kärntner Name *Hujauf,* der auf die im Wind fortfliegenden Wollflöckchen anspielt [hui = Ausruf für schnell, geschwind].

Das nur auf die Alpen beschränkte, nach dem Schweizer Naturforscher *Johannes Scheuchzer* benannte Wollgras *Eriphorum scheuchzeri* besiedelt oberhalb von 1500 m (bis 2900 m) die Verlandungszonen von Tümpeln und kleinen Bergseen. Dieses arktisch-alpine Riedgras blüht im Mai und Juni.

Wulfenie. Die interessanteste und artenreichste Pflanzenwelt wird in den Alpen immer dort zu finden sein, wo die Wanderwege der Eiszeitflora einander schneiden, und dort, wo Pflanzen die Eiszeiten an unvergletschert gebliebenen Stellen überdauern konnten. Kärnten ist ein solches Gebiet, seine Pflanzenwelt ist eine Flora ungewöhnlicher Fülle und großer Gegensätze. In der Schütt beispielsweise, dem großen Bergsturzgebiet am Südfuß der Villacher Alpen, findet man auf engstem Raum Pflanzengesellschaften, wie sie sich sonst in langen Zeiträumen zu entwickeln pflegen oder in den Höhengürteln übereinanderwachsen: Fels- und Schuttflora, Rasen- und Zwergstrauchgesellschaften, herrliche Nadel- und Laubwälder. Hier, wo der Weg der Vegetation aus dem Süden mit dem aus dem Osten zusammentrifft, finden wir neben südlichen Pflanzen, etwa der Sockenblume *(Epimedium alpinum),* dem Roten Seifenkraut *(Saponaria ocimoides)* und verschiedenen Orchideen, solche östlicher Herkunft (z. B. *Gladiolus illyricus)* und auch hochalpine Arten. Für das Überdauern der Vegetation in der Eiszeit an eisfrei gebliebenen Stellen gibt die Koralpe, der sanft gewölbte Gebirgszug, über welchen Kärntens Ostgrenze verläuft und der in den höchsten Teilen mit dem ›Großen Speikkogel‹ immerhin noch 2141 m erreicht, wohl das schönste Beispiel. In diesem Raum gibt es Endemiten, Pflanzen, die nur hier vorkommen, etwa die beinahe mannshohe Sturzbach-Gemswurz *(Doronicum cataractarum)* und der winzige Glimmer-Steinbrech *(Saxifraga paradoxa),* der ausschließlich im Regenschutz unter überhängenden Felsen gedeiht. Sehr reich an seltenen und interessanten Arten ist der Ostteil der Karawanken, der von den eiszeitlichen Vergletscherungen nur teilweise mit Eis überdeckt war. Hier treffen wir neben dem Enzian *Gentiana froehlichii,* dem Steinkraut *Alyssum ovirense,* dem Hornkraut *Cerastium julicum,* dem Eisenhut *Aconitum tauricum ssp. hayekianum,* dem Mohn *Papaver kerneri* und weiteren anderen Kärntens botanische Kostbarkeit Nummer eins und Nationalblume, die Wulfenie *(Wulfenia carinthiaca).* Sie, die vom Himalaja bis nach Afghanistan weitverbreitet ist, wächst in den Alpen nur auf engbegrenztem Raum um den Gebirgsstock des Gartnerkofels in den Gailtaler Alpen zwischen 1400 und 1800 m, darüber hinaus in den nordalbanischen und montenegriner Bergen, wo sie erst zu Beginn unseres Jahrhunderts bekannt geworden ist. Erstmals hat dieses prächtige, breitblättrige Braunwurzgewächs, das auf den Wiesen der Kühweger und Watschiger Alm in Massenbeständen auftritt, mit seinen blauvioletten Blütentrauben *Franz Xaver von Wulfen* im Jahre 1779 entdeckt. Er nannte es »die neue blaue Blume, die kein Botanist je gesehen oder beschrieben hat und die ein neues Geschlecht ausmacht unter meinem Namen«. Die Wulfenie – der Kärntner Volksmund nennt sie schlicht und einfach den *Kuhtritt* – blüht in den Monaten Juli und August.

Wundklee. Bereits vor über 400 Jahren wurde der auf Bergwiesen, an Felsbändern und Geröll weitverbreitete Wundklee *(Anthyllis vulneraria ssp. alpestris)* als *vulneraria rustica* [bäuerliches Wundkraut] von *Conrad Gesner* erwähnt. Seinen Namen verdankt dieser Schmetterlingsblütler der Ähnlichkeit mit dem Klee und seiner früheren volksmedizinischen Verwendung als Wundmittel. Wegen der Blütenform heißt unsere Pflanze in Oberbayern *Pantöfferl,* im Aargau *Herreschüele* und in Südtirol *Muttergottesschühlein;* nach dem krallenförmig gekrümmten Blütenschiffchen im Kitzbühler Raum *Hennakroin* [Hühnerkralle], nach dem zottig behaarten Blütenkelch wird der Wundklee im Zillertal *Bärendazn,* in der Steiermark *Katzenbratzal* und *Schofwujn* [Schafwolle] genannt. Auf den von Hummeln und langrüsseligen Bienen begehrten Honiggehalt spielen die im Schweizerischen geläufigen Namen *Hunigsuggen* [Honigsauger] und *Hummelsuggen* [Hummelsauger] an.

Die Volksmedizin hat jahrhundertelang das *Herba Vulnerariae* vor allem bei schlecht verheilenden Wunden und Geschwüren angewendet. Daneben galt der Wundklee, im Unterwallis beispielsweise, als Mittel gegen das ›Verschreien‹ des Viehes durch Druden und Hexen.

Der kalkreichen Boden zwischen 1200 und 3000 m bevorzugende Alpen-Wundklee hat weißliche bis goldgelbe Blüten, die sich zu großen Köpfchen zusammenschließen. Er ist eine wertvolle Futterpflanze, besonders für Schafe und Ziegen, und blüht von Mai bis August.

Eine eigene Verwandtschaftsgruppe bildet der Wundklee mit dem Hornklee *(Lotus corniculatus),* der zu den verbreitetsten Wiesenpflanzen des ganzen Alpengebietes gehört. Mit Hilfe seiner kräftigen und sehr langen Pfahlwurzel wird er zu einem wertvollen Pionier auf Schutthalden, Bachalluvionen und Moränen. Er stellt keine großen Bodenansprüche, und Höhenschranken scheint es für ihn nicht zu geben, denn noch in 3000 m Höhe hat man ihn gefunden. Blütezeit: Mai bis September.

Zwerg-Eberesche. Als *Mälpi* [Mehlbeere] ihrer eßbaren, etwas mehligen Früchte wegen wurde die Zwerg-Eberesche *(Sorbus chamaemespilus)* bereits im 16. Jahrhundert beschrieben. Auf kalkreichen Böden in Lärchen- und Zirbenwäldern, in Legföhrenbeständen, Grünerlen- und Alpenrosengebüschen bildet dieses bis weit in die subalpine Stufe verbreitete Rosengewächs gelegentlich größere Bestände. Der Strauch wird oft nur einen halben Meter hoch, kann aber auch eine Höhe von zwei Metern und mehr erreichen. Die kleinen hellrosa Blüten stehen in filzigen Doldenrispen und haben aufrechte Kronblätter, so daß sie fast geschlossen aussehen. Die ovalen Scheinfrüchte sind zunächst hellbraun, werden später aber schwärzlich. Wie die Chronik zu berichten weiß, sollen im Hunger-

▷

Bild 96: Den Alpenampfer *(Rumex alpinus)*, eine stattliche Knöterichstaude, findet man mit Sicherheit in der Nähe von menschlichen Siedlungen, von Almhütten und Berghöfen.

jahr 1817 in Zernez im Engadin die Früchte unserer Eberesche, mit Mehl vermengt, zu Brot verbacken worden sein.
Blütezeit: Juni und Juli.

So weit dieses kleine ABC der bekanntesten und verbreitetsten Alpenpflanzen. Was neben den botanischen Texten aus dem volkskundlichen Bereich mitgeteilt wurde, stammt aus alten und ältesten Quellen, aus frühen botanisch-medizinischen Handschriften, insbesondere aber aus den Kräuterbüchern des 16. Jahrhunderts, in denen sich viel Volkskundliches über unsere Alpenpflanzen findet, so daß es nahelag, sie häufiger heranzuziehen – was freilich nicht heißt, daß wir alles, was da in diesen dickleibigen Folianten in wohlgesetzten Worten dargeboten wird, als bare Münze nehmen müssen. Immerhin lassen etliche dieser alten naturwissenschaftlichen Dokumente das Bestreben erkennen, sich über bloßes Buchwissen zu erheben und die Pflanzen nach der Natur zu beschreiben und durch tüchtige Holzschneider in möglichster Naturtreue abbilden zu lassen, denn es ist »die rechte Malereykunst umb viler ursach willen keineswegs zu verwerffen«, meint *Hieronymus Bock.* Der besondere Reiz eines solchen Quellenstudiums liegt aber darin, daß sich die ›Väter der deutschen Botanik‹ mit Eifer um das Für und Wider der Anwendung von Kräutern bei »allerley Haußkrankheiten« von Mensch und Tier bemühen und daß sie sich nicht scheuen, in aller Freimütigkeit gegen »heidnischen Aberglauben« und so manches »schandtliche Narrenwerck«, das mit den Pflanzen allenthalben getrieben wird, zu wettern – wenn es sein muß, auch gegen die hochgelehrten »Doctores« zu schelten, die sich »der Einfach ding schemen«.
Auch über die Namen der Kräuter und Stauden gab es zu allen Zeiten ein Hin und Her, »vil zänck und meinung«: *Discorides* hält dafür – *Marcellus Vergilius* sagt – *Theophrastus* schreibt – *Cunradt Geßnerus* von Zürich meldet – schließlich »dahien ists kommen/dz uns die Weiber lehren müssen/ dz ich mich/ meiner Person nit bescham/ ja auch von eine Kind zu lehren« *(Bock).* Namen sind keineswegs ›Schall und Rauch‹, am wenigsten, wie es scheint, in der Botanik, denn sehr oft sind gerade die mundartlichen Benennungen ein Schlüssel zum Verständnis der Pflanzen und ihrer Stellung im Glau-

ben und Brauchtum des Volkes. Wir haben an zahlreichen Beispielen gesehen, wie mannigfaltig die Motive sind, nach denen die alpenländische Bevölkerung – weitab aller botanischen Systematik – die Bergflora benennt. Wer möchte leugnen, daß sie eine gute, zu oft recht trefflichen Vergleichen neigende Beobachtungsgabe besitzt! Wer in den Bergen unterwegs ist, wird es heutzutage wohl schwer haben, Volksbotanisches in Erfahrung zu bringen. Sicher: Manche Almerin, manch alter Senne und Wurzelgraber mag noch Blumennamen ›von früher‹ kennen und wissen, was z. B. ein Bauchwehbleaml ist, ein Kuhdrecknagerl, eine Rahmdocken, eine Schinderblüh*). Von ihnen wird der Bergwanderer vielleicht auch noch die eine oder andere ›Bleamlg'schicht‹ oder eine alte Rezeptur aus Urahnens Haus- und Kräuterapotheke mit auf den Weg bekommen. Aus dem Munde der jungen Leut' wird er von alledem kaum mehr etwas erfahren.

So geht von Generation zu Generation immer mehr verloren, was selbst im Gewand des Naiven und Originellen durchaus interessant und aufschlußreich sein kann. Namen und Redensarten, soweit sie »aus dem mund der gemein Leut« gesammelt sind, verdeutlichen oft mehr als gescheite, langatmige Ausführungen.

* Edelweiß – Alpenkreuzkraut – Ferkelkraut – Alpenrose.

Alpenpflanzen unter Naturschutz

✦ Vollkommen geschützte Pflanzenarten: Pflückverbot, Beschädigungsverbot, Handelsverbot.
+ Teilweise geschützte Pflanzenarten: Verbot des Ausgrabens oder Beschädigens der unterirdischen Teile (Wurzeln, Wurzelstöcke, Zwiebeln) oder der Rosetten.
○ Pflanzenarten mit Sammelverbot: Verbot des Sammelns für den Handel oder für gewerbliche Zwecke.

Bärlappgewächse
Alle einheimischen Arten
+ Bayern
○ Steiermark, Vorarlberg

Farne
Straußfarn – *Matteuccia struthiopteris*
✦ Bayern, Steiermark, Vorarlberg, Schweiz
Hirschzunge – *Phyllitis scolopendrium*
✦ Bayern, Steiermark, Schweiz
+ Kärnten
○ Vorarlberg
Borstiger Schildfarn – *Polystichum setiferum*
✦ Schweiz
Frauenhaar – *Adiantum capillus-veneris*
✦ Schweiz

Eibengewächse
Eibe – *Taxus baccata*
✦ Bayern, Liechtenstein

Kieferngewächse
Bergkiefer – *Pinus mugo*
✦ Bayern
Zirbelkiefer – *Pinus cembra*
✦ Vorarlberg
○ Kärnten

Zypressengewächse
Gewöhnlicher Wacholder – *Juniperus communis*
✦ Bayern
○ Kärnten, Steiermark, Vorarlberg
Zwergwacholder – *Juniperus communis ssp. nana*
✦ Bayern
○ Steiermark

Sadebaum – *Juniperus sabina*
✦ Solothurn
+ Salzburg
○ Steiermark, Vorarlberg

Gräser
Haar-Pfriemengras – *Stipa capillata*
✦ Bayern
Federgras – *Stipa pennata*
✦ Bayern, Steiermark
Monte-Baldo-Segge – *Carex baldensis*
✦ Schweiz

Liliengewächse
Feuerlilie – *Lilium bulbiferum*
✦ Bayern, Österreich, Liechtenstein, Schweiz, Südtirol
Türkenbund – *Lilium martagon*
✦ Bayern, Österreich, Liechtenstein, Schweiz, Südtirol
Krainer Lilie – *Lilium carniolicum*
✦ Kärnten
Hundszahn – *Erythronium dens-canis*
✦ Schweiz, Südtirol
+ Steiermark
Maiglöckchen – *Convallaria majalis*
+ Bayern, Österreich, Liechtenstein

Narzissengewächse
Schneeglöckchen – *Galanthus nivalis*
✦ Südtirol
+ Bayern, Österreich
Märzenbecher – *Leucojum vernum*
✦ Südtirol
+ Bayern, Österreich, Liechtenstein

Knabenkrautgewächse
Frauenschuh – *Cypripedium calceolus*
✦ Bayern, Österreich, Liechtenstein, Schweiz, Südtirol
Waldvögelein – *Cephalanthera*
(alle einheimischen Arten)
✦ Bayern, Österreich, Liechtenstein, Schweiz, Südtirol
Dingel – *Limodorum abortivum*
✦ Steiermark, Liechtenstein, Schweiz

Waldhyazinthe - *Platanthera*
(alle einheimischen Arten)
✦ Bayern, Österreich, Schweiz
+ Liechtenstein
Große Händelwurz - *Gymnadenia conopea*
✦ Bayern
+ Liechtenstein
○ Kärnten, Steiermark
Schwarzes Kohlröschen - *Nigritella nigra*
✦ Bayern, Kärnten, Salzburg, Schweiz, Südtirol
+ Liechtenstein
○ Tirol, Vorarlberg
Rotes Kohlröschen - *Nigritella miniata*
✦ Bayern, Kärnten, Liechtenstein, Schweiz, Südtirol
○ Tirol, Vorarlberg
Ragwurz - *Ophrys* (alle einheimischen Arten)
✦ Bayern, Österreich, Liechtenstein, Schweiz, Südtirol
Hundswurz - *Anacamtis pyramidalis*
✦ Bayern, Schweiz
+ Liechtenstein
○ Kärnten
Knabenkraut - *Orchis* (alle einheimischen Arten)
✦ Bayern, Schweiz
+ Salzburg, Liechtenstein
○ Kärnten, Steiermark
Kuckucksblume - *Dactylorhiza*
(alle einheimischen Arten)
✦ Bayern, Schweiz
+ Kärnten, Salzburg
○ Steiermark
Riemenzunge - *Himantoglossum hircinum*
✦ Bayern, Steiermark, Schweiz
+ Liechtenstein

Nelkengewächse
Stengelloses Leimkraut - *Silene acaulis*
✦ Bayern, Steiermark
○ Kärnten, Salzburg
Alpennelke - *Dianthus alpinus*
✦ Schweiz
Gletschernelke - *Dianthus glacialis*
✦ Schweiz

Hahnenfußgewächse
Pfingstrose - *Paeonia officinalis*
✦ Schweiz, Südtirol
Trollblume - *Trollius europaeus*
✦ Bayern, Salzburg
○ Steiermark, Vorarlberg
Schwarze Nieswurz - *Helleborus niger*
✦ Südtirol
+ Bayern, Österreich
Gemeine Akelei - *Aquilegia vulgaris*
✦ Bayern, Salzburg, Steiermark
Alpenakelei - *Aquilegia alpina*
✦ Liechtenstein, Schweiz
○ Vorarlberg
Dunkle Akelei - *Aquilegia atrata*
✦ Bayern, Salzburg, Steiermark, Südtirol
○ Kärnten, Tirol
Hoher Rittersporn - *Delphinium elatum*
✦ Schweiz
+ Liechtenstein
Eisenhut - *Aconitum* (alle einheimischen Arten)
+ Bayern, Tirol
○ Steiermark, Vorarlberg
Alpenwaldrebe - *Clematis alpina*
✦ Südtirol
Leberblümchen - *Hepatica nobilis*
+ Bayern
○ Steiermark
Großes Windröschen - *Anemone sylvestris*
✦ Bayern, Steiermark, Schweiz
○ Kärnten
Alpenanemone - *Pulsatilla alpina*
✦ Bayern, Salzburg, Steiermark, Südtirol
○ Tirol, Vorarlberg
Schwefelanemone - *Pulsatilla alpina ssp. sulphurea*
✦ Bayern, Salzburg, Steiermark, Liechtenstein
Bergküchenschelle - *Pulsatilla montana*
✦ Südtirol
Wiesenküchenschelle - *Pulsatilla pratensis*
✦ Steiermark
○ Kärnten
Frühlingsküchenschelle - *Pulsatilla vernalis*
✦ Bayern, Kärnten, Salzburg, Steiermark, Tirol, Liechtenstein
Gewöhnliche Küchenschelle - *Pulsatilla vulgaris*
✦ Bayern, Tirol, Schweiz
Frühlingsadonisröschen - *Adonis vernalis*
✦ Bayern, Steiermark, Schweiz

Mohngewächse
Weißer Alpenmohn - *Papaver sendtneri*
✦ Schweiz
Gelber Alpenmohn - *Papaver rhaeticum*
✦ Schweiz

Sonnentaugewächse
Sonnentau – *Drosera* (alle einheimischen Arten)
+ Bayern, Kärnten
○ Steiermark, Vorarlberg

Dickblattgewächse
Hauswurz – *Sempervivum*
(alle einheimischen Arten)
+ Bayern, Steiermark, Liechtenstein
Großblütige Hauswurz –
Sempervivum grandiflorum
✦ Schweiz
Gelbe Hauswurz – *Sempervivum wulfenii*
✦ Schweiz

Steinbrechgewächse
Steinbrech – *Saxifraga* (alle einheimischen Arten mit Rosetten und Polstern)
+ Bayern, Steiermark
○ Kärnten

Rosengewächse
Silberwurz – *Dryas octopetala*
✦ Solothurn

Rautengewächse
Diptam – *Dictamnus albus*
✦ Bayern, Steiermark, Schweiz, Südtirol

Seidelbastgewächse
Steinröschen – *Daphne striata*
✦ Bayern, Kärnten, Steiermark, Südtirol
+ Liechtenstein
○ Tirol, Vorarlberg
Lorbeerseidelbast – *Daphne laureola*
✦ Salzburg, Steiermark
Gemeiner Seidelbast – *Daphne mezereum*
✦ Bayern, Österreich, Schweiz
+ Liechtenstein

Doldenblütler
Alpenmannstreu – *Eryngium alpinum*
✦ Kärnten, Vorarlberg, Liechtenstein, Schweiz

Heidekrautgewächse
Behaarte Alpenrose – *Rhododendron hirsutum*
✦ Bayern
+ Kärnten, Liechtenstein
○ Salzburg, Vorarlberg
Rostrote Alpenrose – *Rhododendron ferrugineum*
✦ Bayern, Schweiz (Jura)
+ Kärnten, Liechtenstein
○ Steiermark, Voarlberg
Zwergalpenrose – *Rhodothamnus chamaecistus*
✦ Bayern, Südtirol

Schlüsselblumengewächse
Stengellose Schlüsselblume – *Primula vulgaris*
+ Bayern, Steiermark
○ Kärnten, Tirol
Aurikel – *Primula auricula*
✦ Bayern, Österreich, Schweiz, Südtirol
+ Liechtenstein
Clusius' Schlüsselblume – *Primula clusiana*
✦ Bayern, Steiermark
Hohe Schlüselblume – *Primula elatior*
+ Bayern, Kärnten, Steiermark
Mehlprimel – *Primula farinosa*
✦ Bayern, Steiermark
Klebrige Schlüsselblume – *Primula glutinosa*
✦ Salzburg
Behaarte Schlüsselblume – *Primula hirsuta*
✦ Bayern
Zwergschlüsselblume – *Primula minima*
✦ Bayern, Steiermark
Wiesenschlüsselblume – *Primula veris*
+ Bayern, Kärnten, Steiermark
Schweizer Mannsschild – *Androsace helvetica*
✦ Schweiz
+ Bayern, Steiermark
Milchweißer Mannsschild – *Androsace lactea*
✦ Schweiz
+ Steiermark
○ Kärnten
Alpenveilchen – *Cyclamen purpurascens*
✦ Bayern, Salzburg, Steiermark, Schweiz
○ Kärnten, Vorarlberg

Enziangewächse
Fieberklee – *Menyanthes trifoliata*
✦ Liechtentein
Gelber Enzian – *Gentiana lutea*
✦ Bayern, Kärnten, Schweiz, Südtirol
+ Salzburg, Tirol
○ Vorarlberg
Punktierter Enzian – *Gentiana punctata*
✦ Bayern, Kärnten, Salzburg, Südtirol
+ Tirol
○ Steiermark, Vorarlberg

Purpurenzian - *Gentiana purpurea*
- ✦ Bayern, Schweiz
- + Salzburg, Tirol
- ○ Steiermark, Vorarlberg

Schwalbenwurzenzian - *Gentiana asclepiadea*
- ✦ Bayern, Schweiz
- + Kärnten, Salzburg
- ○ Steiermark, Vorarlberg

Bayerischer Enzian - *Gentiana bavarica*
- ✦ Bayern
- + Salzburg
- ○ Kärnten, Steiermark, Vorarlberg

Kurzblättriger Enzian - *Gentiana brachyphylla*
- + Salzburg
- ○ Kärnten, Steiermark, Tirol, Vorarlberg

Fransenenzian - *Gentiana ciliata*
- ✦ Bayern, Salzburg, Steiermark, Schweiz
- ○ Kärnten, Vorarlberg

Stengelloser Enzian - *Gentiana clusii*
- ✦ Bayern, Schweiz
- + Salzburg
- ○ Kärnten, Tirol, Vorarlberg

Deutscher Enzian - *Gentiana germanica*
- ✦ Bayern, Salzburg, Steiermark, Schweiz
- ○ Kärnten, Vorarlberg

Keulenenzian - *Gentiana acaulis*
- ✦ Bayern, Kärnten, Salzburg, Steiermark, Schweiz
- ○ Tirol, Vorarlberg

Brauner Enzian - *Gentiana pannonica*
- ✦ Bayern, Kärnten, Südtirol

Lungenenzian - *Gentiana pneumonanthe*
- ✦ Bayern, Salzburg, Steiermark, Schweiz
- ○ Kärnten, Vorarlberg

Frühlingsenzian - *Gentiana verna*
- ✦ Bayern, Schweiz
- + Salzburg
- ○ Kärnten, Steiermark, Tirol

Rauhblattgewächse

Himmelsherold - *Eritrichum nanum*
- ✦ Schweiz

Lippenblütler

Nordischer Drachenkopf - *Dracocephalum ruyschiana*
- ✦ Schweiz

Rachenblütler

Alpenleinkraut - *Linaria alpina*
- ✦ Solothurn

Großblütiger Fingerhut - *Digitalis grandiflora*
- ✦ Bayern, Salzburg
- ○ Kärnten

Gelber Fingerhut - *Digitalis lutea*
- ✦ Bayern, Steiermark
- ○ Kärnten

Glockenblumengewächse

Straußglockenblume - *Campanula thrysoidea*
- ✦ Liechtenstein

Schopfteufelskralle - *Phyteuma comosum*
- ✦ Südtirol

Korbblütler

Alpenaster - *Aster alpinus*
- ✦ Salzburg, Schweiz

Edelweiß - *Leontopodium alpinum*
- ✦ Bayern, Kärnten, Salzburg, Steiermark, Vorarlberg, Liechtenstein, Schweiz, Südtirol
- ○ Tirol

Echte Edelraute - *Artemisia mutellina*
- ✦ Bayern, Österreich, Liechtenstein, Schweiz, Südtirol

Schwarze Edelraute - *Artemisia genipi*
- ✦ Kärnten, Salzburg, Steiermark, Tirol, Vorarlberg, Schweiz, Südtirol

Arnika - *Arnica montana*
- + Bayern
- ○ Steiermark, Vorarlberg

Silberdistel - *Carlina acaulis*
- ✦ Schweiz
- + Bayern
- ○ Steiermark, Vorarlberg

Wollige Kratzdistel - *Cirsium eriophorum*
- + Liechtenstein

Alpenscharte - *Centaurea rhapontica*
- + Liechtenstein

Bemerkung: In der Region Trient-Tiroler Etschtal - in vorstehender Übersicht kurz mit Südtirol bezeichnet - verbietet das Gesetz zum Schutze der Alpenflora generell, in Höhen über 1500 m Polster- und Rosettenpflanzen sowie Geröll- und Felsenpflanzen mitzunehmen oder zu beschädigen.

Wichtig! In Naturschutzgebieten sind **alle Pflanzen** ohne Ausnahme vollkommen geschützt.

Hinweise auf das Schrifttum

Abkürzung: Jahrbuch = Jahrbuch des Vereins zum Schutze der Alpenpflanzen und -tiere.

BÄCHTOLD-STÄUBLI: Handwörterbuch des Deutschen Aberglaubens, 10 Bde. Berlin und Leipzig 1927 ff.

BELLSCHAN, E.: In Kärnten übliche Volksheilmittel aus dem Pflanzenreich. In: Carinthia II 43/44 (1934).

BESCHEL, R.: Lichenometrie im Gletschervorfeld. Jahrbuch 22 (1957).

BINZ, A. und BECHERER, A.: Schul- und Exkursionsflora für die Schweiz. 13. Aufl., Basel 1968.

BOCK, H.: New Kreutterbuch. Straßburg 1539.

BONNIER, G.: Cultures expérimentales dans les Alpes. Revue générale de Botanique, 1890.

BRAUN-BLANQUET, J.: Die inneralpine Trokkenvegetation. Stuttgart 1961.

BRUNFELS, O.: Contrafayt Kreuterbuch. Straßburg 1532.

CLUSIUS, C.: Rariorum aliquot stirpium per Pannoniam, Austriam . . . observatarum historia. Antverpiae 1583.

DANESCH, O. und E.: Alpenblumen. Zürich 1969.

- Orchideen Mitteleuropas. Bern 1962.

EBERLE, G.: Vertraute Pflanzenwelt. Frankfurt-Main 1962.

- Stein, Kraut und Tier. Frankfurt-Main 1956.
- Wacholder und Sadebaum. Jahrbuch 25 (1960)
- Liliengewächse der Alpen. Jahrbuch 27 (1962)
- Begegnung mit den Gletscherweiden. Jahrbuch 23 (1958).

EGLI, M.: Benennungsmotive bei Pflanzen an schweizerischen Pflanzennamen untersucht. Dissert. Zürich. Bülach 1930.

ENGEL, F. M.: Flora magica. München 1966.

- Life around us. New York 1966.
- Die Giftküche der Natur. Hannover 1982.
- Das große Buch vom Wald. München 1973.

ERLACHER, K.: Das Naturschutzgebiet Kaisergebirge. Jahrbuch 30 (1965).

FIRBAS, F.: Waldgeschichte Mitteleuropas. Jena 1949.

FOTT, B.: Algenkunde. Stuttgart 1971.

FRENZEL, B.: Vegetationsgeschichte der Alpen. Stuttgart 1972.

FREY, G.: Hoher Ifen - des Allgäus größtes Naturschutzgebiet. Jahrbuch 30 (1965).

FUCHS, L.: New Kreutterbuch. Basel 1543.

FÜLLER, F.: Alpine und nordisch-alpine Orchideen. Wittenberg Lutherstadt 1972.

GAMS, H.: Die nacheiszeitliche Geschichte der Alpenflora. Jahrbuch 10 (1938).

- Die Alpenmoore. Jahrbuch 23 (1958).
- Afrikanische Elemente der Alpenflora. Jahrbuch 30 (1965).

GARCKE, A.: Illustrierte Flora. Hamburg 1972.

GESNERUS, C.: Descriptio Montis Fracti sive Montis Pilati, ut vulgo nominant, juxta Lucernam in Helvetia. Tiguri 1555.

GRAF, J. und A.: Der Alpenwanderer. 4. Aufl. München 1975.

HALLER, A. VON: Historia stirpium indegenarum Helvetiae inchoata. Bernae 1768.

HEGI, G.: Illustrierte Flora von Mitteleuropa. Volkstümliche Pflanzennamen gesammelt und bearbeitet von Heinr. Marzell. 13 Bde. München 1906–1931.

- Alpenflora, 20. Aufl. München 1965.

HEINE, H.: In Memoriam Albrecht von Haller. Jahrbuch 23 (1958).

HORTUS SANITATIS GERMANICE, Mainz 1485.

JENNY-LIPS, H.: Vegetationsbedingungen und Pflanzengesellschaften auf Felsschutt. Beih. Bot. Centralbl. 46,2 (1930).

KARL, J.: Blaikenbildung auf Allgäuer Blumenbergen. Jahrbuch 26 (1961).

- Die Naturschutzgebiete in den Chiemgauer Alpen. Jahrbuch 34 (1969).
- und SCHAUER, TH.: Naturschutzgebiet Ammergebirge. Jahrbuch 40 (1975).

KERNER, A.: Das Pflanzenleben der Donauländer. Innsbruck 1863.

KNAPP, R.: Einführung in die Pflanzensoziologie. Stuttgart 1971.

KOHLHAUPT, P.: Alpenblumen, 2 Bde. Stuttgart 1964/67.

- und REISIGL, H.: Blumenwelt der Dolomiten.

Bozen 1972.
Kosch, A.: Was find ich in den Alpen? 11. Aufl. Stuttgart 1973.
Kraus, O.: Es geht jetzt um die Buckelwiesen! Jahrbuch 23 (1958).
Kugler, H.: Blütenökologie. Stuttgart 1970.
- UV-Musterungen bei Alpenblumen. Jahrbuch 36 (1971).
Ladurner, J. und Reisigl, H.: Die Welt der Alpen farbig. Innsbruck 1970.
Lense, F.: Die Naturschutzarbeit der Bergwacht. Jahrbuch 41 (1976).
Lonitzer (Lonicerus), A.: Kreuterbuch. New zugericht. Frankfurt-Main 1557.
Lorz, A.: Kommentar zum Naturschutz-, Tierschutz- und Jagdrecht. München 1967.
Lötschert, W.: Pflanzen an Grenzstandorten. Stuttgart 1969.
Lukan, K.: Das große Ostalpenbuch. Wien 1969.
Mägdefrau, K.: Die ersten Alpen-Botaniker. Jahrbuch 40 (1975).
Marzell, H.: Wörterbuch der deutschen Pflanzennamen. Bish. Lieferungen A-O. Leipzig 1970.
- Die heimische Pflanzenwelt im Volksbrauch und Volksglauben.
Leipzig 1922.
- Bayerische Volksbotanik. Nürnberg 1925.
- Zirbe und Bergkiefer in der alpenländischen Namengebung. Jahrbuch 28 (1963).
- Der Wacholder in der Namengebung und im Brauchtum der Alpenländer. Jahrbuch 31 (1966).
Matthiolus, P.A.: Commentarii in sex libros Dioscoridis Anarzabei de materia medica. Venetiis 1554. Deutsch: New Kräuterbuch. Venedig 1562.

Mayer, H.: Zur Waldgeschichte des Steinernen Meeres (Naturschutzgebiet Königssee). Jahrbuch 30 (1965).
- Wälder des Ostalpenraumes. Stuttgart 1974.
Moser, W.: Einblicke in das Leben von Nivalpflanzen. Jahrbuch 32 (1967).
Müller, Th. und Kast, D.: Die geschützten Pflanzen Deutschlands. Stuttgart 1969.
Oechslin, M.: Der Waldbannbrief von Andermatt am Gotthard. Jahrbuch 21 (1956).
Pischmann, H. und Reisigl, H.: Flora der Südalpen. 2. Aufl. Stuttgart 1965.
Poelt, J.: Bestimmungsschlüssel europäischer Flechten. Lehre 1969.
Rauh, W.: Alpenpflanzen, 4 Bde. Heidelberg 1958.
Reisigl, H.: Die Pflanzenwelt des Monte Baldo. Jahrbuch 29 (1964).
Rudolph, E.: Naturschutz in Oberbayern. Schriftenreihe für Naturschutz und Landschaftspflege, Heft 6. München 1975.
Schaede, R.: Die pflanzlichen Symbiosen. Stuttgart 1962.
Scharfetter, R.: Das Pflanzenleben der Ostalpen. Wien 1938.
Schauer, Th. und Caspari, C.: Alpenpflanzen, Alpentiere. München 1973.
Schweizer Naturschutz. Nationalpark-Sonderheft 4/5, 1939.
Tabernaemontanus, J.Th.: New Kreuterbuch. Das erste Buch. Frankfurt-Main 1588. Das ander Theyl . . . durch Nicol. Braun. Frankfurt-Main 1591.
Walter, H.: Einführung in die Phytologie. Bd. 4: Standortlehre. Stuttgart 1960.
- Die Vegetation der Erde in öko-physiologischer Betrachtung. Bd. 2: Die gemäßigten und arktischen Zonen. Stuttgart 1968.

Wilmans, O. und Rasbach, K.: Die Farnpflanzen Zentraleuropas. Heidelberg 1968.

Register

Seitenzahlen mit * verweisen auf Abbildungen

B

C

D

E

G

N

O

P

Q

R

S

T

U

V